Bremen

mit Bremerhaven

Sven Bremer

2. komplett überarbeitete und aktualisierte Auflage 2021

Inhalt

Bremens Szeneviertel

Tour 4: Ostertor und Osterdeich

Das Ostertor ist der Kiez der Bremer. Hier gibt es die meisten Cafés, Kneipen und Restaurants. Wer keine Lust hat auf die ewig gleichen Filialisten, ist auch in puncto Shopping richtig im „Viertel". Der Osterdeich an der Weser verwandelt sich im Sommer in eine kilometerlange Chill- und Grill-Area.

■ S. 60

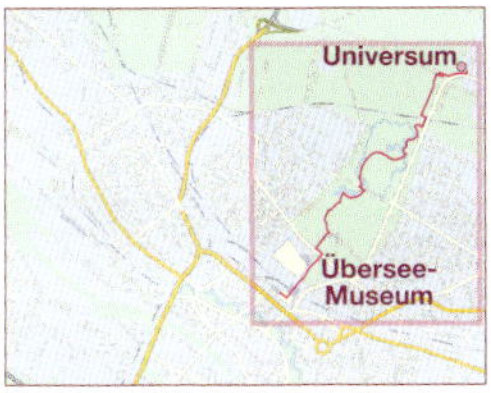

Bremens grüne Lunge

Tour 5: Zum Bürgerpark und Universum

Ein Park für Bürger von Bürgern. Einmal mehr eine Bremer Besonderheit – kommt der wunderschöne Landschaftspark doch seit Jahrhunderten ohne öffentliche Zuwendungen aus. Zwischen Park und Universität lädt das Universum Bremen zu einer spannenden Entdeckertour durch die Welt der Wissenschaft.

■ S. 78

Bremens jüngster Stadtteil

Tour 6: Die Überseestadt

Einst Welthafen, nun Stadtteil am Wasser. Wo einst die dicken Pötte anlegten, wird heute nobel residiert, gut gespeist und immer noch gearbeitet. Die Überseestadt ist Bremens jüngster Stadtteil – ein Quartier im steten Wandel.

■ S. 90

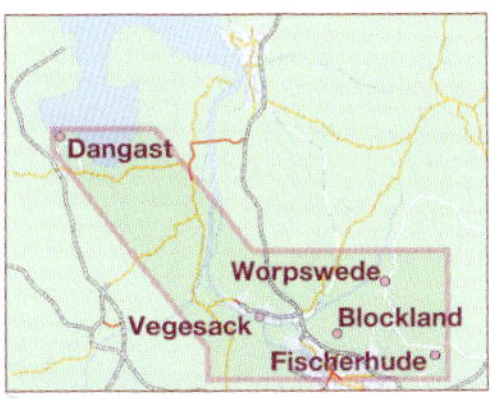

Ausflugsziele

Bremens kleine Schwester

Bremerhaven

Bremerhaven lockt Touristen vor allem mit den „Havenwelten" am Weserdeich, einem maritimen Vorzeigequartier in der ansonsten eher grauen Seestadt. Highlights eines Bremerhaven-Besuchs sind das Deutsche Auswandererhaus und das Klimahaus 8° Ost.

■ S. 108

Nachlesen & Nachschlagen

Kompakt Auf einen Blick

Verzeichnisse

nachhaltig, ökologisch, regional

Mein Tipp Die besondere Empfehlung unseres Autors

Orientiert in

Bremen und Bremerhaven

Stadt und Stadtviertel ■

Sightseeing-Highlights ■

Essen und Ausgehen ■

Orientiert in Bremen

Stadt und Stadtviertel

Eine Besonderheit Bremens ist, dass ein Teil des Stadtstaates knapp 60 km vom Marktplatz entfernt liegt. Seitdem die Hansestadt 1827 ein Areal an der Wesermündung vom Königreich Hannover kaufte, gehört Bremerhaven zum Zwei-Städte-Staat Bremen. Die touristischen Highlights findet man rund um den Bremer Marktplatz und in den Bremerhavener Havenwelten.

Bremer Wappen und Flagge

Bremens rot-weiß gestreifte Flagge wird gerne als „Speckflagge" bezeichnet. Das offizielle Bremer Wappen zeigt einen silbernen Schlüssel auf rotem Grund, und im Hinblick auf Hamburgs Wappen heißt es spöttisch an der Weser: Hamburg mag ja das Tor zur Welt sein, aber Bremen hat den Schlüssel dazu.

Deutschlands elftgrößte Stadt

Die Stadt Bremen liegt inmitten von Niedersachsen, rund 60 km von der Nordsee entfernt. Auf einer Fläche von rund 325 km² lebten Ende 2017 557.000 Menschen. Damit wurde Bremen von Leipzig überholt und ist nur noch die elftgrößte Stadt Deutschlands. Gemeinsam mit Bremerhaven kommt das Bundesland Bremen auf rund 683.000 Einwohner. Das bremische Stadtgebiet zieht sich von Südosten nach Nordwesten entlang der Weser. Nördlich der Häfen beginnt Bremen-Nord mit den drei Stadtteilen Vegesack, Burglesum und Blumenthal. Vom nördlichsten Zipfel der Hansestadt, dem Bunker Valentin in Farge-Rekum, bis zum Bremer Kreuz im Südosten ist es eine halbe Weltreise, immerhin gute 40 km. Von der Bremer Innenstadt bis zum Flughafen auf der Neustadt-Seite ist es hingegen nur ein etwas größerer Katzensprung.

Stadt am Fluss

Bremens Altstadt liegt zwischen den Wallanlagen als östliche Begrenzung und der Weser auf der anderen Seite. Gemeinhin wird zur Altstadt der Bereich zwischen dem Brill und dem Ostertor gezählt. Nach dem Zweiten Weltkrieg verwaiste das Gebiet an der Weser. Erst im Zuge des Projektes „Stadt am Fluss" vor der EXPO 2000 rückte die Stadt wieder näher ans Wasser. Die Neugestaltung der Schlachte, des historischen Hafens an der Weser, hat Bremen touristisch attraktiver gemacht. Der Marktplatz mit Rathaus und Roland gehört sowieso zu den schönsten in Deutschland. Etwas weiter in Richtung Osten und ebenfalls in Wesernähe liegt das Ostertor, wenn man so will das „Kreuzberg" der Hansestadt.

Neustadt

Die heutige Alte Neustadt entstand im Verlauf des 17. Jh., als es den Bremern auf der östlichen Weserseite zu eng wurde. Auch hier gibt es im Flüsseviertel einige typische Altbremer Häuser. Lange hieß es in Bremen, wer auf der Neustadtseite wohnt, der wohnt auf der „falschen" Seite. Inzwischen haben vor allem Studenten die Neustadt für sich entdeckt, weil die Mieten hier günstiger sind, und sie beleben den einst tatsächlich relativ langweiligen Stadtteil. Direkt an der Weser liegt das Naherholungsgebiet Stadtwerder, Namensgeber für den mehrfachen deutschen Fußballmeister Werder Bremen.

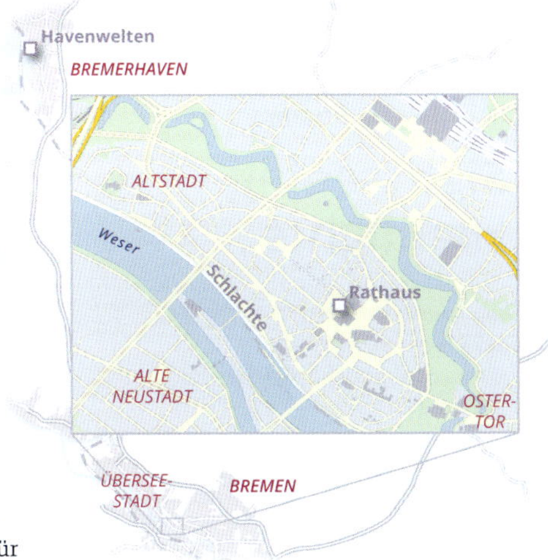

Häfen/Überseestadt

Die stadtbremischen Häfen bzw. das, was von ihnen übrig geblieben ist, liegen nordwestlich der Innenstadt. Heute entsteht hier die Überseestadt, ein städtebauliches Experimentierfeld, eine Spielwiese für Investoren und (Star-)Architekten. Liverpool, Hamburg oder London haben es vorgemacht und Bremen konnte von den Fehlern lernen, die dort begangen wurden. Hat Bremen aber nur bedingt. Hafenbecken wurden zugeschüttet, anstatt Wohnen am Wasser zu ermöglichen. Zunächst entstanden fast ausschließlich Behausungen für die Besserverdiener, Infrastruktur wurde kaum geschaffen. Aber aus Fehlern lernt man, und es bleibt spannend, wie aus dem einstigen Welthafen ein Stadtteil entstehen soll, der neues Wohnen mit altem Hafengewerbe vereint.

Weitere Stadt- und Ortsteile

Die Stadtteile Walle, Gröpelingen und Oslebshausen liegen entlang der ehemaligen stadtbremischen Hafengebiete. Der Bremer Westen ist traditionell die Gegend der kleinen Leute, früher überwiegend der Werft- und Hafenarbeiter. In diesen Stadtteilen wurden im Zweiten Weltkrieg die meisten Häuser zerbombt. Die wohlhabenderen Bremer wohnen eher im Osten der Innenstadt, in Schwachhausen oder in den ländlichen Ortsteilen Oberneuland und Borgfeld, an die sich das Blockland anschließt: Bremens bäuerlicher Ortsteil und Naherholungsgebiet mit der Wümme, attraktiven Radwegen und zahlreichen Gasthöfen.

Bremerhaven

Bremerhaven ist eine verhältnismäßig junge Stadt, entstand erst, als Bremen 1827 wegen der zunehmenden Versandung der Weser ein Areal an der Wesermündung dazukaufte. Heute hat die kleine Schwester Bremens rund 114.000 Einwohner, die auf einer Fläche von knapp 94 km² leben. Längst können Häfen, Schifffahrt oder Fischerei den Bremerhavenern nicht mehr genug Arbeit geben. „Fishtown" ist das Sorgenkind des Zwei-Städte-Staats mit einer vergleichsweise hohen Arbeitslosigkeit. Touristisch interessant ist die Stadt durch die Havenwelten mit dem Deutschen Schifffahrtsmuseum, dem Deutschen Auswandererhaus und dem Klimahaus 8° Ost.

Orientiert in Bremen

Sightseeing-Highlights

Die meisten Sehenswürdigkeiten in Bremen liegen nur einen Steinwurf auseinander und selten mehr als zwei von der Weser entfernt. Der Marktplatz mit Roland, Rathaus und den Stadtmusikanten ist Bremens „gute Stube", die Böttcherstraße die „heimliche Hauptstraße" der Hansestadt – und jenseits des Bürgerparks sorgt ein Wal für Furore.

UNESCO-Welterbe

Das Bremer Rathaus und der Roland wurden 2004 gemeinsam von der UNESCO zum Weltkulturerbe ernannt – als „einzigartiges Zeugnis" für die Entwicklung von bürgerlicher Autonomie und Marktrechten in Europa.

Am Marktplatz

■ **Bremer Rathaus:** Viele Touristen stehen staunend vor dem Bremer Rathaus mit seiner prachtvollen Fassade im Stil der Weserrenaissance. In der historischen Oberen Rathaushalle wird gefeiert, wenn es etwas zu feiern gibt (Schaffermahlzeit, Werder-Meisterschaften – zuletzt leider seltener). Im Ratskeller lagern überaus edle Tröpfchen, die allenfalls die Queen von England mal probieren durfte. → Tour 1, S. 18 und S. 24

■ **Bremer Stadtmusikanten:** Die meisten Handy-Fotos und Selfies in Bremen werden in einer etwas abgelegenen Ecke hinter dem Rathaus gemacht. Dort steht die Plastik der Bremer Stadtmusikanten von Gerhard Marcks: Esel, Hund, Katze und Hahn sind genau genommen ja nie in der Hansestadt angekommen, dennoch eines der Wahrzeichen Bremens. → Tour 1, S. 25

■ **Bremer Roland:** Der Roland ist das Symbol für Freiheit und die Rechte der Bremer Bürger. Die mehr als 600 Jahre alte Statue des edlen Ritters haben die Bremer so richtig ins Herz geschlossen. Der Roland bekommt zu seinem Geburtstag einen Strauß Blumen, zu Zeiten des Freimarkts hängt man ihm ein großes Lebkuchenherz um und schenkt ihm ein paar bunte Luftballons. Und weil er ihnen so wichtig ist, wird der originale Kopf der größten Roland-Statue der Welt gut geschützt im Focke-Museum aufbewahrt. → Tour 1, S. 16

■ **St.-Petri-Dom:** Der mächtige Bremer Dom ragt knapp hundert Meter in den Himmel. Vor mehr als 1200 Jahren wurde hier auf einer Weserdüne der erste Dom errichtet. In seinen heutigen Ausmaßen entstand das überwiegend im gotischen Stil umgebaute Gotteshaus erst im Laufe der Jahrhunderte. Zu Zeiten der Reformation war der Dom über hundert Jahre geschlossen, sein prachtvolles Erscheinungsbild innen wie außen erhielt er erst bei umfangreichen

Renovierungsmaßnahmen Ende des 19. und Anfang des 20. Jh. → Tour 1, S. 29

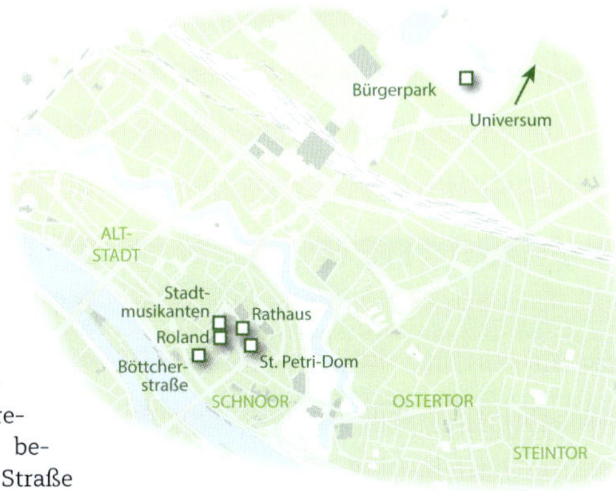

Historisches Bremen

■ **Böttcherstraße:** Die einstige Straße der Fassmacher (Böttcher) wird heute gern als Bremens heimliche Hauptstraße bezeichnet. Sie ist mehr Gasse als Straße und darf als einzigartiges Gesamtkunstwerk durchgehen. Anfang des 20. Jh. ließ der Bremer Kaffeekaufmann Ludwig Roselius die baufälligen Häuser überwiegend im expressionistischen Stil umbauen. → Tour 2, S. 40

■ **Schnoor:** Der Schnoor ist das älteste Quartier in Bremen. Die schmalen Kopfsteinpflaster-Gassen in dem ehemaligen Viertel der Fischer und Handwerker locken zum Bummeln und zum Shoppen, zudem gibt es dort einige gute Restaurants. Besonders Amerikaner und asiatische Touristen geraten oft völlig aus dem Häuschen, wenn sie die winzigen und bisweilen arg schiefen Häuser erblicken. → Tour 3, S. 52

■ **Bürgerpark:** Im wahrsten Sinne des Wortes ein Park von Bürgern für Bürger. Seit seiner Entstehung 1866 wird der Bürgerpark fast ausschließlich durch Spenden der Bremer Bürger finanziert. Mit seinen Wiesen und Wäldern, Wasserläufen und Seen, den Brunnen und denkmalgeschützten Gebäuden ist er mehr als nur Bremens „grüne Lunge". → Tour 5, S. 81

Wissenschaft erleben

■ **Universum:** Zwischen Stadtwald und Universität gelegen, war das Universum bei der Eröffnung im Jahr 2000 das erste ScienceCenter seiner Art in Deutschland. Wissenschaft zum Anfassen, zum Ausprobieren, zum Erleben und zum Staunen. Inzwischen wurde der markante Bau, der an einen glitzernden Wal oder an eine Muschel erinnert, um den EntdeckerPark und die SchauBox erweitert und umfassend modernisiert. → Tour 5, S. 83

Havenwelten in Bremerhaven

■ **Klimahaus Bremerhaven 8° Ost:** Museum, Science-Center und Erlebnispark in einem. Hier begibt man sich auf eine Reise einmal um die ganze Welt auf dem 8. Längengrad – daher der Name. Im Klimahaus warten weitere Ausstellungsbereiche (u. a. das World Future Lab und ein Wetterstudio). → Bremerhaven, S. 109

■ **Deutsches Auswandererhaus:** Besucher schlüpfen in die Rolle eines der Abertausenden von Emigranten, die Deutschland einst via Bremerhaven verlassen haben, um ihr Glück in der Neuen Welt zu suchen. 2012 wurde ein erster Erweiterungsbau eröffnet, in dem über 300 Jahre deutsche Einwanderungsgeschichte präsentiert werden. 2019 wurde der Grundstein für den zweiten Erweiterungsbau gelegt, der ein Pop-Up-Museum, die Academy of Comparative Migration Studies (ACOMIS) und ein Besucherforschungszentrum beherbergen soll. Durch die Verbindung von historischer sowie der aktuellen Aus- und Einwanderungssituation gilt das Auswandererhaus als erstes Migrationsmuseum in Deutschland. → Bremerhaven, S. 111

Essen und Ausgehen

Gute Restaurants jeglicher Couleur sind über die ganze Stadt verteilt, aber spätestens, wenn man in Bremen die Nacht zum Tag machen will, landet man im Ostertor oder im Steintor, dem Bremer „Viertel". Kein Geheimtipp mehr, aber definitiv eher fürs Jungvolk ist die Kneipenlandschaft in der Bremer Neustadt.

Ausführliche Restaurantbeschreibungen befinden sich am Ende jeder Tour.

Eine Liste aller Restaurants bieten wir Ihnen ab S. 170.

Alle Kneipen und Klubs sowie Theater- und andere Bühnen finden Sie im Kapitel Kultur- und Nachtleben ab S. 130.

Bremer Küche

Die typische Bremer Küche ist im Grunde genommen eine norddeutsche Regionalküche: Labskaus, Knipp sowie Grünkohl und Pinkel sind die regionalen Klassiker. Von den Bremer Spezialitäten wird man nicht satt: als da wären der Bremer Babbeler, eine Pfefferminz-Lutschstange, der Bremer Kluten, ein Pfefferminzfondant mit Schokolade, oder der Bremer Klaben, ein stollenartiger Kuchen. Angeblich ist das Bremer Kükenragout das „Nationalgericht", eine Komposition aus jungen Stubenküken mit Rinder- oder Kalbszunge sowie mit Krabben- und Krebsfleisch. Aber das kennt kaum ein Mensch und es steht höchst selten auf den Speisekarten. In Traditionshäusern findet man zuverlässig das Knipp auf der Karte. Knipp war früher ein „Arme-Leute-Essen". Hergestellt wird es aus Hafergrütze sowie allerlei Zutaten vom Schwein (so genau will man das gar nicht wissen). Es wird kross gebraten und ist – serviert mit Bratkartoffeln und sauren Gurken – eine Delikatesse. Ende Februar bis Ende März kommen Stinte auf den Teller. Die kleinen Fische riechen nach grüner Gurke (!) und schmecken, in Roggenschrot paniert, kross in Butter gebraten am besten. Das weltberühmte Beck's Bier ist seit 2008 Teil der weltgrößten Brauereigruppe Anheuser-Busch InBev. Lecker sind auch das Kräusenbier aus dem Hause Haake Beck sowie die das Kellerpils und das Hanseat 2.0 der Bremer Union Brauerei.

Ansonsten bietet die Gastronomie-Szene Bremens fast die ganze Bandbreite, viele gute Restaurants sind im Ostertor beheimatet, dort findet man auch die meisten Imbisse. Was fehlt, ist die absolute Spitzenküche. Schon seit Jahren leuchtet kein Michelin-Stern mehr am Bremer Gastro-Himmel.

3 Tipps zum Essengehen

■ **„Medoo" – französische Bistroküche:** Eingerichtet im Stil eines französischen Bistros, stehen auch einige Klassiker der französischen Küche auf der täglich wechselnden Karte. Die Atmosphäre könnte man wohlwollend als lebhaft beschreiben, anders gesagt, es ist abends schon ziemlich laut in dem fast immer rappelvollen Restaurant. → Tour 4, S. 72

■ **„Das Kleine Lokal" – Gourmetküche:** Das Kleine Lokal dürfte das Restaurant in Bremen sein, das sich noch am ehesten an der klassischen Gourmetküche orientiert. Das Feinschmecker-Restaurant im Souterrain ist wirklich klein, aber auch wirklich fein. Das gilt sowohl für die Speisen als auch für die erlesenen Weine. → Tour 4, S. 72

■ **„El Mundo" – international:** Bremens größtes Restaurant ist zwar nicht das beste, aber definitiv eines der beliebtesten. Das liegt an dem wirklich guten Preis-Leistungs-Verhältnis und wohl auch am besonderen Ambiente im Schuppen Eins in der Überseestadt. Im Sommer sitzt man draußen direkt am Hafenbecken. → Tour 6, S. 99

Bremer Kultur- und Nachtleben

Bremen ist keine Partymetropole. An der Discomeile in Bahnhofsnähe gibt es die meisten Klubs, die von Mainstream bis Elektro alles spielen. Die Amüsiermeile an lauen Sommerabenden ist die Schlachte. Und ganzjährig „versacken" kann man in den Kneipen und Bars im Ostertor und Steintor. Im Bereich des Sielwalls und am sogenannten „Bermuda-Dreieck" gibt es einige „Spelunken", wo bis in die späte Nacht hinein gefeiert wird. Vorteil in Bremen: Es gibt keine Sperrstunde. Kulturell hat Bremen einiges zu bieten, vom Theater am Goetheplatz über Weltmusik und Punk im Kulturzentrum Schlachthof, diversen Musik,- Theater- und Literatur-Festivals bis hin zu Elektro-Klubs auf ausrangierten Binnenschiffen.

3 Tipps für 3 Abende

■ **Bermuda-Dreieck:** Wer einfach nur mit Freunden feiern will, der ist am Bermuda-Dreieck (Humboldtstraße/Fehrfeld/Römerstraße) richtig. In der Capri-Bar hockt man in den Grotten einer ehemaligen Animier-Bar, den letzten Absacker nimmt man im Heartbreak Hotel. → S. 136

■ **Sneak-Preview in der Schauburg:** Seit über 20 Jahren präsentiert die Schauburg jede Woche eine Sneak-Preview, also Filme in Originalsprache, die deutschlandweit noch nicht gezeigt wurden. Die Einführungen von Marc Sifrin besitzen inzwischen Kultcharakter. Von Blockbuster bis Experimental-Film kann an den Sneak-Montagen alles dabei sein. → S. 135

■ **Quiznight in der Heldenbar:** In der Kneipe im Ostertorsteinweg 105 finden regelmäßig kleine Konzerte statt, brechend voll wird es aber vor allem, wenn sie zur Quiznight „Rum und Ehre" einlädt. Als Startkapital braucht man laut Betreiber nix als gute Laune.

Tierisches Wahrzeichen Bremens: die Stadtmusikanten

Unterwegs mit

Sven Bremer

Sven Bremer – ehrlich, kein Scherz, kein Pseudonym – ist 1963 in Bremen geboren. Er lebt und arbeitet seitdem in seiner Heimatstadt – wenn er nicht für diverse Magazine und Verlage durch die Weltgeschichte reisen darf. Weil es mit dem Profifußball nichts geworden ist, wurde Sven Bremer zunächst Sportredakteur. Seit 2003 schreibt er als Freelancer Geschichten über Fußball und Radsport sowie viele, viele Reisereportagen. Er hat zudem schon mehrere andere Reiseführer, Fußballbücher und diverse Radsport-Bücher verfasst. Dieser Reiseführer über Bremen ist eindeutig eine Herzensangelegenheit.

Wo gibt es die beste Pizza, wo kann man gut chillen, wo sind die besten Radstrecken rund um Bremen und was geht ab bei der Schaffermahlzeit? All das weiß ich. Aber so einiges, was ich noch über Bremen wusste, war dann doch eher „gefährliches Halbwissen". Auch deshalb hat die Recherche Spaß gemacht, ich habe viel gelernt über diese spannende und liebenswerte Stadt. Ich hoffe, der Reiseführer kommt nicht als unkritische Lobhudelei eines Lokalpatrioten rüber. Bremen hat wunderschöne Ecken, auch wenn auswärtige Tatort-Fans das kaum glauben mögen. Im Bremer Tatort wird nämlich überwiegend das zerrockte Bremen gezeigt. Die altehrwürdige Hansestadt ist beides: eine weltoffene, pulsierende Großstadt und Provinz. Bremen ist hoch verschuldet und bei PISA fast immer Letzter. Gleichzeitig ist die Uni als besonders exzellent ausgezeichnet worden, an kaum einem deutschen Wirtschaftsstandort fällt das Bruttoinlandsprodukt so hoch aus wie hier. Und in Bremen kennt fast jeder jeden. Das ist nett und deutet auf Gemütlichkeit und Solidarität hin – aber eben auch auf „Filz", der bis in die Politik reicht. Aber auf jeden Fall ist Bremen eine Reise wert!

In eigener Sache

Wegen der andauernden Corona-Pandemie sind Museen, Restaurants, Veranstaltungen usw. kurzfristig nur eingeschränkt oder gar nicht zu besuchen. Deswegen können nicht alle Informationen in diesem Buch auf dem aktuellen Stand sein. Wir danken Ihnen für Ihr Verständnis und bitten Sie, gelegentlich einen Blick auf unsere Internetseiten zu werfen, wo wir Sie über Ihr Reisegebiet auf dem Laufenden halten. Wenn Sie mögen, können Sie diesen Service mit eigenen Erfahrungen vor Ort unterstützen. Schreiben Sie uns unter info@michael-mueller-verlag.de, Stichwort „Reisebuch-Updates". Wir sind dankbar für jeden aktuellen Hinweis.

Wege durch

Bremen und Bremerhaven

Im Zentrum

Tour 1

Eine gewisse Zurückhaltung gilt als hanseatische Tugend. Geht es um ihre „gute Stube", dann legen die Bremer diese Zurückhaltung schon mal ab und behaupten selbstbewusst, ihr Marktplatz mit Roland und Welterbe-Rathaus sei der schönste in ganz Deutschland.

- **Roland**, mehr als 600 Jahre altes Symbol der Freiheit, S. 16
- **Rathaus**, Perle der Weserrenaissance und UNESCO-Weltkulturerbe, S. 18
- **Stadtmusikanten**, Bremer Wahrzeichen, obwohl Esel, Hund, Katze und Hahn nie in Bremen angekommen sind, S. 25
- **Bleikeller im Dom**, gruselige Gruft mit mumifizierten Leichen, S. 32

Rathaus, Roland & Stadtmusikanten

Rund um den Marktplatz

Der Marktplatz ist unbestritten das Zentrum Bremens, die „gute Stube" ihrer Stadt, wie die Bremer zu sagen pflegen. Hier steht der Roland, seit 2004 gemeinsam mit dem Rathaus von der UNESCO zum Weltkulturerbe ernannt. Vis-à-vis findet man den Schütting, einst als Gildehaus der Bremer Kaufmannschaft errichtet, und an der Südostseite tagt das Landesparlament im 1966 errichteten Haus der Bürgerschaft. Etwas abseits des eigentlichen Marktplatzes ragt der St.-Petri-Dom knapp hundert Meter in den Himmel. Etwas versteckt hinter dem Eingang zum Ratskeller steht die Plastik der weltberühmten Bremer Stadtmusikanten.

Treffpunkt auch vieler Bremer bei ihren Verabredungen in der Innenstadt ist der Roland. Von hier aus hat man fast alle Sehenswürdigkeiten am historischen Marktplatz im Blick. In welcher Reihenfolge man sie besichtigt, ist jedem Besucher selbst überlassen. Unmittelbar an den Marktplatz schließt der Domshof mit dem St.-Petri-Dom an.

Spaziergang

Symbol für Freiheit und Bürgerrechte

Bremer Roland

Seit nun mehr als 600 Jahren steht er auf dem Bremer Marktplatz unweit des Rathauses – der Bremer Roland. Stolz und gleichzeitig freundlich schaut er in die Welt, dieser aparte junge Rittersmann mit seiner Langhaarfrisur, die im Jahr 1404 ganz offensichtlich modern

war. Den Bremern war und ist er geradezu heilig, wobei der Begriff „heilig" eher in die Irre führt. Der Bremer Roland symbolisiert seit jeher die Freiheit und die Rechte der Bürger. Mit der Errichtung der Roland-Statue setzten sie ein Zeichen gegen die alleinige Macht der Kirchenfürsten, die vor kaum etwas zurückschreckten. Erzbischof Albert II. jedenfalls ließ rund fünfzig Jahre vor dem Bau des bis heute erhaltenen steinernen Rolands dessen hölzernen Vorgänger von seinen Schergen umstoßen und abbrennen.

Errichtet wurde der Bremer Roland zeitlich noch vor dem Rathaus. Er war nicht der Einzige; im Mittelalter schmückten viele Roland-Statuen die Marktplätze vor allem nord-ostdeutscher Städte. Und kopiert wurde der Bremer Roland später auch gerne. Einer ziert eine Kirche im New Yorker Stadtteil Brooklyn, einer die ecuadorianische Hauptstadt Quito und einer erfreut die Besucher eines Freizeitparks in Japan. In Brasilien wurde gar eine Stadt namens Rolândia gegründet; ihr spendeten Bremer Kaufleute Ende der 1950er-Jahre eine Roland-Statue.

Der Bremer Roland ist jedoch nicht nur das Original, er ist auch der größte. 5,47 m misst die aus einem besonderen Kalkstein gehauene Statue, die auf einem 60 cm hohen Podest thront. Gestützt wird der edle Rittersmann von einem Pfeiler, den ein gotisch anmutender Baldachin krönt, sodass das Denkmal insgesamt auf eine Höhe von etwas über zehn Metern kommt. 170 Bremer Mark, damals eine stolze Summe, bekamen die Steinmetze Claws Zeelleyher und Jacob Olde einst von den Kaufleuten für ihre Arbeit. Den Bremern ist er seitdem viel mehr wert. Weil sie natürlich ganz besonders in Kriegszeiten darum fürchteten, hatten sie ihrem Roland während des Zweiten Weltkriegs eigens einen maßgeschneiderten Bunker verpasst und mauerten ihn rundherum ein. Seit 1973 steht er unter Denkmalschutz, 2004 wurde er, gemeinsam mit dem Rathaus, in die UNESCO-Weltkulturerbe-Liste aufgenommen.

Das Schwert des Rolands steht weniger für seine Kampfeslust, als für die Gerichtsbarkeit; seine Handschuhe für das freie Marktrecht Bremens, was sich dadurch erklärt, dass der Kaiser den Städten im Mittelalter symbolisch einen Handschuh überreichte, wenn er ihnen das Marktrecht erteilte. Das kaiserliche Wappen mit dem doppelköpfigen Adler auf seinem Schild verdankt der Bremer Roland allerdings den dreist, aber von den Bremer Bürgersleuten offensichtlich gut gefälschten kaiserlichen Urkunden.

„Vryheit do ik ju openbar" verkündet die Inschrift auf dem goldverzierten Schild.

Umschrift auf dem Schild des Rolands:

Vryheit do ik yu openbar
de karl und mennich vorst vorwar
desser stede ghegheven hat,
des dankt gode is min radt.

Auf Hochdeutsch:

Freiheit verkündige ich euch
die Karl und mancher andere Fürst, fürwahr,
dieser Stadt gegeben hat.
Dafür dankt Gott, dies ist mein Rat.

Dass der Roland so spitze Knie hat, soll einen ganz und gar banalen Grund haben: Das Maß zwischen den beiden Knien beträgt eine sogenannte Bremer Elle (ca. 55 cm) und soll den Händlern als Maßstab gedient haben. Eindeutig mehr gerätselt bzw. gestritten wurde über die Bedeutung der Figur zu seinen Füßen: Bis heute hält sich die Sage, dass es sich dabei um jenen Krüppel handelt, der anno 1032 ein Areal umrundete, das der Stadt schließlich von der Gräfin Emma geschenkt wurde und heute den Bürgerpark bildet (→ S. 78).

Dass der Roland immer noch den Bremer Marktplatz ziert, ist übrigens auch der Gutgläubigkeit Napoleons zu verdanken. Der französische Kaiser wollte die Statue während der Besatzung zu Beginn des 19. Jh. eigentlich in den Louvre nach Paris bringen lassen. Doch die cleveren Bremer redeten es ihm aus: Der Roland sei künstlerisch von viel zu geringem Wert – und so blieb er auf dem Marktplatz stehen in seiner ganzen Pracht – was nicht ganz richtig ist. Denn der originale Kopf wird seit 1983 im Focke-Museum ausgestellt, der Roland auf dem Marktplatz erhielt eine Kopie.

Bis heute ist der Roland *das* Wahrzeichen der Stadt und der Sage nach bleibt Bremen so lange eine freie Stadt, wie er auf dem Marktplatz steht. Sicherlich auch deshalb hängen ihm die Bremer zur Zeit des Freimarktes liebevoll ein großes Lebkuchenherz um und schmücken ihn mit bunten Luftballons. Und alljährlich an seinem Geburtstag, dem 5. November, bekommt der steinerne Geselle einen bunten Strauß Blumen geschenkt.

Perle der Weserrenaissance

Rathaus

Der Roland stand bereits auf dem Marktplatz, da begannen 1405 die Bauarbeiten am Bremer Rathaus, die bis 1409 andauerten. Der zunächst im spätgotischen Stil errichtete Bau war – wie der Roland – als ein Zeichen des Bürgertums an die Kirche zu deuten: „Schaut her, ihr klerikalen Herrscher, das Bürgertum ist auf dem Vormarsch." Ausgedrückt wurde das neue Selbstbewusstsein insbesondere durch die überlebensgroßen Figuren an der Südseite, die den Kaiser und seine sieben Kurfürsten darstellten. Nur einen hatten die Auftraggeber dort nicht verewigen lassen – den damaligen Landesherren, den Erzbischof von Bremen.

Die Bremer Bürger bauten ihr Rathaus direkt an die Grenze des damaligen Dombezirks, genau neben den Palast des Erzbischofs und provozierten den damaligen Machthaber zudem damit, dass das Rathaus in seinen Abmessungen größer war als der Bischofspalast. Das in seiner Grundfläche rund 40 m mal 16 m große Gebäude erhielt bereits den Ratskeller, eine Untere Halle für das Marktvolk sowie eine Obere Rathaushalle, Versammlungsort und Repräsentationsraum für den Rat der Stadt. Ziemlich genau zweihundert Jahre später wurde die zum Markt gewandte Seite umfassend verändert, während die beiden schmalen Seiten an der Nordwest- und an der Südostfront des Gebäudes weitgehend erhalten blieben. Insofern darf man durchaus behaupten, dass das Bremer Rathaus das einzige europäische Rathaus des Spätmittelalters ist, das nie zerstört wurde.

Rund um den Marktplatz → Karte S. 37

Bremens gute Stube: Rathaus, Dom und Haus der Bürgerschaft

Inspiriert für die Neugestaltung Ende des 16. Jh. wurden die Bremer Bürger durch die prächtigen Bauten in den reichen Bürgerstädten Flanderns, in Gent, Brügge oder Antwerpen – und sie kopierten sie dennoch nicht. Der Rat beauftragte den Architekten Lüder von Bentheim mit der Neugestaltung der Fassade. Dieser hatte in den Jahren zuvor bereits mehrere Bauten in der Stadt im Stil der Weserrenaissance errichtet. So wie von Bentheim es damals plante und realisierte, präsentiert sich das Bremer Rathaus weitgehend auch heute noch. Die Bremer sagen, dass es das schönste Rathaus in ganz Deutschland sei. Der ehemalige Leiter der Bremer Kunsthalle, Emil Waldmann, nannte es „eines der großartigsten Denkmale genialer Stilverschmelzung“. Und etwas muss schon dran sein, denn sonst hätte die UNESCO den Bau 2004 nicht als Weltkulturerbe ausgezeichnet.

Die Umgestaltung des Bremer Rathauses, die 1608 begann, wurde das Lebenswerk von Bentheims, der im Jahr der Fertigstellung 1613 starb. Und es wurde definitiv geklotzt und nicht gekleckert. Der komplette Mittelteil der Fassade wurde abgerissen und durch einen gläsernen Erker ersetzt, der von einem prächtigen Renaissancegiebel gekrönt wird. Die gotischen Spitzbogenfenster mussten eckigen Fenstern weichen. Die Pracht des Gebäudes drückt sich jedoch vor allem in dem reichhaltigen Fassadenschmuck aus, ein wahres Meisterwerk der Bildhauerkunst. Immer noch sind nicht alle Figuren und Symbole entschlüsselt, immer noch zerbrechen sich Kunsthistoriker ihre Köpfe darüber, was die Baumeister und Künstler aus dem beginnenden 17. Jh. ausdrücken wollten.

Über jedem der Arkadenbögen – in den sogenannten Zwickeln – tummeln sich Frauenfiguren, teilweise nur leicht bekleidet, teilweise wie der liebe Gott sie schuf. Engel und Fabeltiere bevölkern die Arkaden, auf den darüber liegenden Friesen findet man Darstellungen der Sternzeichen, der Schwächen und Tugenden der Menschheit, aber durchaus auch Politisches. Auf einem der Friese außerhalb der sogenannten Mittelrisaltis hockt ein Mann rittlings auf einem anderen. Er drückt ihn zu Boden, entwendet seinem Widersacher das Schwert. Schaut man genauer hin, erkennt man in dem Opfer den Papst, dessen Stab in seinem eigenen Hintern steckt. Einmal mehr drückt sich in der Darstellung – erschaffen rund hundert Jahre nach der Reformation – das Aufbegehren gegen die Allmacht der katholischen Kirche aus.

Die meisten Betrachter, die versuchen, die ungeheure Fülle der Figuren zu erfassen, verrenken sich im Bereich des zweiten Arkadenbogens (von links aus betrachtet) den Hals. Sie sind auf der Suche nach der Gluckhenne, die irgendwo an der Rathausfassade gemeinsam mit ihren Küken im Nest sitzt – gehalten von einer Frauengestalt. Diese Henne, so die Legende, soll verantwortlich gewesen sein für die Ansiedlung der späteren Stadt Bremen im Jahre 778 n. Chr. Der Gründungsmythos lautet folgendermaßen: Auf der Flucht vor Feinden sahen einige Flussfischer am Ufer der Weser eine Henne, die im Abendlicht ihre Küken zu einem sicheren Ort in den Dünen brachte – just als die Sonne durch die dunklen Wolken brach. Die Fischer, die arm waren und denen nichts so wichtig war wie ihre Freiheit, sahen darin ein Zeichen: Wo eine Glucke mit ihren Jungen ihr Nest baut, da würden auch sie frei und sicher leben können.

So hübsch die Geschichte auch sein mag, sie ist der blühenden Fantasie der Erzähler und des Sagenschreibers Friedrich Wagenfeld entsprungen, der sie 1845 als Erster aufgeschrieben hatte. In Wahrheit steht die Gluckhenne wohl – neben den erwähnten anderen Tugenden – für „Custodia", was sich als die Fürsorglichkeit des Rates gegenüber seinen Bürgern interpretieren lässt; korrespondierend mit einer gegenüberliegenden Darstellung („Vigilantia") einer Frau, die einen Hahn auf der Hand trägt, was ebenfalls für Wachheit oder Schutz steht.

Im Bremer Ratskeller lagern unbezahlbare Tropfen

1909 bis 1913 wurde an der Seite in Richtung Dom das **Neue Rathaus** angefügt, dreimal so groß wie das Alte Rathaus und dennoch kaum wahrnehmbar im Gesamtensemble. Genau so sollte der im Neorenaissance-Stil errichtete Anbau sein, nicht das Gesamtbild störend, unauffällig, zweckmäßig – insofern auch ein Meisterwerk. Im Inneren des Neuen Rathauses befinden sich u. a. der Kaminsaal, daran angrenzend das Gobelinzimmer (in dem man sich das Ja-Wort geben kann), der Senatssaal und der große Festsaal mit seinem imposanten Jugendstil-Leuchter.

An der Westseite des **Alten Rathauses** führt eine Treppe hinunter in den **Ratskeller**, eine hinauf in die **Untere Rathaushalle**, einen der bedeutendsten Profanbauten der späten Gotik. Die in drei Längsschiffe gegliederte Halle – getragen von mächtigen Eichenbalken – mit einem einfachen Steinfußboden und weiß gekalkten Wänden hat ihr mittelalterliches Antlitz weitgehend bewahrt und wird überwiegend als Ausstellungsraum genutzt.

Ein Stockwerk höher geht es deutlich prächtiger und schmuckvoller zu. Und man vermag gar nicht zu sagen, was nun das Prunkstück im Inneren des Bremer Rathauses ist – die Güldenkammer oder die **Obere Rathaushalle.** Hier begrüßten die Bremer Bürgermeister von jeher ihre Gäste aus aller Welt, die sich ins Goldene Buch der Stadt eintrugen. Und hier wird und wurde gefeiert, beispielsweise bei der Schaffermahlzeit, dem ältesten noch zelebrierten Brudermahl der Welt (→ S. 22). Und schon so manches Mal musste man um die prachtvolle historische Einrichtung bangen, wenn die nicht mehr ganz nüchternen Spieler des SV Werder hier Meisterschaften und Pokalsiege feierten.

Beeindruckende acht Meter beträgt die Deckenhöhe der Halle. Unterhalb der ornamental bemalten Eichenholzdecke fallen die mächtigen Kronleuchter und die bis zu 450 Jahre alten Schiffsmodelle ins Auge. Die Kanonen der Schiffsmodelle wurden früher tatsächlich mit Pulver gefüllt und zu besonderen Anlässen wurde aus ihnen Salut geschossen. Auffällig und besonders wertvoll sind die Wandbilder von Bartholomäus Bruyn in der Halle: Eines (aus dem Jahr 1532) stellt die Gründung Bremens dar, ein weiteres, „Das salomonische Urteil", gilt als Symbol und gleichzeitig als Ermahnung zu guter und weiser Rechtsprechung.

Die **Güldenkammer** wurde wahrscheinlich bereits während des großen Umbaus zu Beginn des 17. Jh. von Lüder von Bentheim geplant. Eine zweigeschossige Kammer, die der Baumeister wie einen Schrein in die Obere Rathaushalle hineinbauen ließ, ein fein ziseliertes Portal, eine filigran verzierte, barocke Wendeltreppe, die in das obere Stockwerk führte sowie „güldene" Ledertapeten machten den Versammlungsraum zu einer ganz besonderen Schatzkammer. Anfang des 20. Jh. glänzte rein gar nichts mehr gülden. Der Raum war arg vernachlässigt worden, außer ein paar kaputten Stühlen war er nackt und leer – ehe sich Heinrich Vogeler in der Güldenkammer austoben durfte. Der junge Künstler aus der nahen Künstlerkolonie Worpswede hatte 1903 einen Wettbewerb zur Neugestaltung des Raumes gewonnen und verzauberte zwei Jahre später die Kammer in ein wunderschönes, fantasievolles, üppiges Jugendstil-Ensemble, wie es in der Form heute weltweit nur noch ganz selten erhalten ist. Reiher und Rosen verarbeitet der Künstler thematisch in seiner ornamentalen Kunst, die Wände zieren selbsterklärend goldene Tapeten. Seither werden Staatsgäste, aber auch andere wichtige Persönlichkeiten in der Güldenkammer empfangen und verwöhnt.

Rathaus-Führungen finden Mo–Fr um 11, 12, 15 und Sa zusätzlich um 16 Uhr statt, So nur um 11 und um 12 Uhr. Eintritt 6,50 €, zu buchen über die BTZ (www.bremen-tourismus.de).

Rund um den Marktplatz → Karte S. 37

Bremen im Kasten

Schaffermahlzeit

Bremens ehemalige Häfen sind im ständigen Wandel, das Haus Seefahrt hingegen wahrt Traditionen seit Jahrhunderten. Paradebeispiel dafür ist die Bremer Schaffermahlzeit. Dabei handelt es sich um das älteste, alljährlich ausgetragene Brudermahl der Welt, ausgerichtet seit 1545. Das Haus Seefahrt (ursprünglich „Arme Seefahrt") wurde einst gegründet, um die Seefahrer zu unterstützen, ihnen mit der „Rente" unter die Arme zu greifen bzw. den Witwen und Waisen der auf dem Meer gebliebenen Seefahrer zu helfen. Insofern gilt das Haus Seefahrt als der älteste noch bestehende Sozialfonds in Europa.

Die Schaffermahlzeit war einst ein einfaches Abschiedsessen, das Kaufleute und Reeder ihren Kapitänen spendierten, bevor diese nach dem Winter wieder auf große Fahrt gingen. Heutzutage werden während der Veranstaltung Kontakte geknüpft, Seilschaften gefestigt, Geschäfte eingefädelt, Politik gemacht. Seit 1952 findet die Schaffermahlzeit immer am zweiten Freitag im Februar statt. Geladen sind rund 300 Teilnehmer, je hundert kaufmännische und hundert seemännische Mitglieder des Hauses Seefahrt sowie hundert Gäste aus Politik, Wirtschaft und dem öffentlichen Leben. Jeder dieser Gäste darf nur einmal in seinem Leben an der Veranstaltung teilnehmen. Darunter waren seit Heinrich Lübke u. a. alle Bundespräsidenten und sämtliche Bundeskanzler und die Bundeskanzlerin. Die drei ausrichtenden Schaffer werden gewählt und rekrutieren sich aus den kaufmännischen Mitgliedern des Hauses Seefahrt. Sie haben etwas „ge-

Hepp, hepp, hepp – hurra: Die Schaffermahlzeit kann beginnen

schafft", weshalb ihnen die Ehre zuteil wird, sie müssen aber auch für den ganzen Spaß bezahlen. Die sechs Kapitäns-Schaffer werden nach der Reihenfolge ihres Eintritts in die Stiftung Haus Seefahrt benannt und haben das Recht, lebenslang an der Schaffermahlzeit teilzunehmen.

Bei der Schaffermahlzeit gibt es eine strenge Kleiderordnung: Das Tragen von Frack ist für die Männer vorgeschrieben (bislang hat sich nur der Philosoph Martin Heidegger geweigert, sich in einen Frack zu werfen), und so mutet es an wie eine Parade von Pinguinen, wenn die Teilnehmer vom Schütting hinüber zum Rathaus gehen. Nur die Kapitäne und Militärs dürfen ihre Uniform tragen.

Auch der Ablauf ist strengen Regeln und einem minutiös geplanten Ritual unterworfen. Sobald sich die Tür der Oberen Rathaushalle für die Teilnehmer öffnet, stimmt das Hanseatische Salonorchester Richard Wagners „Einzug der Gäste" aus der Oper Tannhäuser an. Die Tische sind seit jeher in der Form von Neptuns Dreizack angeordnet und das opulente Sechs-Gänge-Menü wird durch den Verwaltenden Vorsteher des Hauses Seefahrt mit dem Ruf „Schaffen, schaffen unnen un boven – unnen un boven schaffen" eröffnet, was übersetzt ins Hochdeutsche so viel bedeutet wie „Essen fassen, Essen fassen unter Deck und an Deck, unter Deck und an Deck Essen fassen."

Und auch die Speisenfolge ist seit Jahrhunderten unverändert, wobei die Gäste – mit Ausnahme des Löffels für die Hühnersuppe – nur ein Besteck bekommen. Das muss reichen und es muss mit dem bereit gelegten Löschblatt nach jedem Gang abgewischt werden. Zwischen den Gängen werden reichlich Reden gehalten, wobei exakt nach der ersten Rede des zweiten Schaffers auf das Staatsoberhaupt und das Vaterland die dritte Strophe des Deutschlandliedes geschmettert wird. Klatschen ist übrigens verpönt bzw. streng untersagt: Die Beiträge werden mit einem „Hepp, hepp, hepp – hurra!" bedacht. Der Hühnersuppe folgen Stockfisch, ein eigens für die Schaffermahlzeit gebrautes, dickflüssiges Seefahrtsbier, Kohl und Pinkel, Kalbsbraten und als sechster und letzter Gang Rigaer Butt, Sardellen, Wurst, Zunge, Chester- und Rahmkäse sowie ein Fruchtkorb. Wenn das alles verspeist ist, wird Tabak aus langen Tonpfeifen geraucht, dazu wird Mokka gereicht.

So weit, so ehrenwert. Frauen allerdings waren bei den traditionsbewussten „Pfeffersäcken" jahrhundertelang ausgeschlossen. Lediglich am Seefahrtsball nach dem Essen durften sie teilnehmen, während der eigentlichen Schaffermahlzeit waren sie unerwünscht – was regelmäßig zu Protesten geführt hatte. 2004 durfte eine Kapitänin als erste Frau überhaupt teilnehmen, 2007 dann ließ man die Kanzlerin mitmachen. Angela Merkel positionierte sich außergewöhnlich deutlich für ihre Verhältnisse und kritisierte die anachronistische und chauvinistische Haltung des Hauses Seefahrt. Zunächst vergebens. Bis 2015 blieb es dabei: Frauen durften beim Ball hübsch aussehen und tanzen, aber nicht am Festakt teilnehmen. Doch dann lenkten die konservativen Herren endlich ein: An der 471. Schaffermahlzeit im Februar 2015 durften als Gäste die Politikerinnen Ursula von der Leyen und Annegret Kramp-Karrenbauer sowie die Unternehmerinnen Nicola Leibinger-Kammüller und Isolde Liebherr teilnehmen. Im Januar 2020 ernannte die Generalversammlung des Hauses Seefahrt Janina Marahrens-Hashagen zu einer der drei Schaffer, die 2022 das Brudermahl ausrichten sollen. Die Unternehmerin war im Jahr zuvor als erste Frau zur Präses der Bremer Handelskammer gewählt worden.

„Nur über meine Leiche"

Ratskeller

Wer im Bremer Ratskeller (Eingang an der Westseite neben dem Aufgang zur Unteren Halle) einen Wein kaufen möchte, der kann sich in die angeschlossene Weinhandlung begeben und dort einen sehr anständigen Tropfen für 10 bis 15 Euro erstehen. Er könnte aber auch bis zur nächsten Versteigerung warten und mitbieten um eine der kostbaren Raritäten, wie beispielsweise einen Rüdesheimer Apostelwein aus dem frühen 18. Jh. Die letzte Flasche, die von diesem guten Schluck unter den Hammer kam, lag bei etwa 15.000 Euro. Einige Weine, die in den Regalen des Bremer Ratskellers liegen und reifen und reifen und reifen – und nach Hunderten von Jahren immer noch trinkbar sind – könnten wohl höchstens Scheichs oder chinesische Milliardäre kaufen. Aber noch nicht einmal das, denn sie sind unverkäuflich. Im Rosekeller, den man bei einer besonderen Führung besichtigen kann, duftet es überaus intensiv; hier lagert im sogenannten Rosefass auch der älteste noch trinkbare Weißwein der Welt, der Rüdesheimer Rosewein, Jahrgang 1653. Besagte Scheichs haben noch kein Angebot abgegeben, aber ein Chinese wollte vor einigen Jahren eine Flasche kaufen. Summen, für die man ein Einfamilienhaus kaufen könnte, waren da im Spiel. Doch der Bremer Kellermeister Karl-Josef Krötz stellt jedes Mal klar, wenn wieder so ein unmoralisches Angebot eingeht: „Nur über meine Leiche!" Nur ganz selten durfte wichtiger Bremen-Besuch – wie Queen Elizabeth II. im Jahr 1978 – von dem edlen Tropfen kosten. Insgesamt erstrecken sich die Katakomben über ca. 5500 m² unterhalb des Rathauses, des Liebfrauenkirchhofs, des Neuen Rathauses und des Domshofs. In dem 600 Jahre alten Kellergewölbe lagern mehr als 1200 verschiedene Sorten.

Wer einfach nur ein gutes Glas Wein kosten oder eine regionale Spezialität probieren möchte, ist im gastronomischen Bereich des Bremer Ratskellers gut aufgehoben. Während in so manchem Privathaushalt unter den ordentlich aufgeräumten Wohnräumen ein chaotischer und muffiger Keller wartet, setzt sich im Bremer Rathaus die Pracht auch unterirdisch fort – zumindest in dem Teil, der heute als Restaurant genutzt wird. In den riesigen Prunkfässern der Großen Säulenhalle, die man als Besucher als erstes betritt, wird kein Wein mehr gelagert. Das größte dieser vier gigantischen, bunt bemalten und reich verzierten Holzfässer (Affenfass, Löwenfass, Drachenfass und Delfinfass) würde das Volumen von 37.000 Flaschen fassen. Auffällig beim Betreten der von 20 Säulen getragenen Historischen Halle sind die kleinen Separées zur Marktplatzseite, die den hübschen plattdeutschen Namen „Priölken" tragen. In diesen kuscheligen Kabinen wurde traditionell nicht etwa herumgeknutscht, hier wurden Geschäfte zwischen den Kaufleuten und heimgekehrten Kapitänen abgewickelt. Integriert in die Halle ist der Bereich „Vor dem Bacchus" mit einem weiteren Prunkfass und der Abbildung des Rolands. Unter strenger Beaufsichtigung durch den Weingott Bacchus werden im gleichnamigen Keller aus dem Jahr 1620 Weinproben abgehalten. Sehenswert im Hauff-Saal sind die von den Geschichten des Bremer Dichters inspirierten Gemälde von Max Slevogt, darunter eine Darstellung der Stadtmusikanten.

Im Bremer Ratskeller finden zahlreiche Veranstaltungen statt, u. a. thematische Dinner (Krimi-Dinner, Dinner in Concert, Dracula-Dinner). Wer einmal in den „Keller kieken" will, der geht zur offenen Führung, jeweils Sa um 11 und 13 Uhr (12 €) oder zu den verschiedenen Kellerführungen inkl. Weinverkostung. Eintritt je nach Führung 15 bis 35 €. Infos unter www.ratskeller-bremen.de oder www.ratskeller.de.

Esel, Hund, Katze und Hahn

Bremer Stadtmusikanten

Ein wenig versteckt hinter dem Eingang zur Unteren Rathaushalle und dem Ratskeller findet man die Plastik der Bremer Stadtmusikanten. Irgendwann in den 1990er-Jahren hat sich ein Witzbold einmal eine sogenannte B-Mannschaft für die Bremer Stadtmusikanten ausgedacht. Da trägt ein Schwein auf seinem Rücken ein Huhn, das wiederum einen Fisch trägt – und zuoberst schwebt noch ein Schmetterling. Dabei dürfte jedes Kind wissen, dass das Quartett aus Grimms Kinder- und Hausmärchen aus Esel, Hund, Katze und Hahn besteht. Die Stadtmusikanten gelten wie der Roland als Wahrzeichen der Stadt, obwohl die vier tapferen Gesellen genau genommen nie in Bremen angekommen sind. Der Germanist und Journalist Gerrit Reichert behauptete in einer wissenschaftlichen Studie aus dem Jahr 2009 sogar, die Geschichte hätte sich gar nie im Bremer Umland, sondern im Ostwestfälischen abgespielt. Aber davon wollen die Bremer so rein gar nichts wissen.

An vielen Orten in der Stadt findet man Abbildungen oder Skulpturen der Stadtmusikanten. Sie wandern auf einem Wasserrohr am Sieben-Faulen-Brunnen in der Böttcherstraße entlang, ein Fresko ziert eine Wand im Ratskeller, eine weitere Plastik befindet sich im Kaiserzimmer des Ratskellers, eine andere im Stadtteil Huchting. Die bekannteste Darstellung der weltberühmten Märchenfiguren aber findet man hier an der Westseite des Rathauses: die Bronzeplastik des Künstlers **Gerhard Marcks.** 1951 hat er die Stadtmusikanten erschaffen, doch die Bremer mussten bis 1953 warten, ehe das Werk aufgestellt wurde – und das zunächst auch noch als Leihgabe. Von den Nationalsozialisten wurden die Werke von Marcks als entartete Kunst gebrandmarkt, einige seiner Objekte sogar eingeschmolzen. Nach dem Zweiten Weltkrieg dann war Marcks ein gefeierter Star der internationalen Kunstszene; seine Stadtmusikanten wurden zunächst im niederländischen Arnheim und in der Hamburger Kunsthalle ausgestellt. Erst 1955 konnte Bremen das Kunstwerk mithilfe von Spenden zahlreicher Bürger für 20.000 D-Mark erwerben.

Bremens bekanntestes Quartett

Seitdem haben Abertausende von Touristen die Hufe des Esels mit beiden Händen umfasst, sodass sie ganz blank poliert sind. Das Umfassen der Hufe soll angeblich Glück bringen. Beide Hufe mit beiden Händen, betonen die Touristenführer immer wieder, denn sonst heißt es: „Da schüttelt ein Esel dem anderen die Hand." Dass sich viele inzwischen mit ihren Smartphone-Kameras und Selfie-Sticks an den Stadtmusikanten mindestens wie ein Esel benehmen, sei nur am Rande erwähnt …

Bremen im Kasten

Bremens Banksy

Seit Mai 2020 ist Bremen um ein Kunstwerk reicher. Wenn man so will, hat die Stadt jetzt ihren eigenen Banksy. Also einen Streetart- bzw. Underground-Künstler, der sich nicht zu erkennen gibt. Am Eingang zu den Wallanlagen am Herdentorsteinweg stand eines schönen Morgens eine Bronzeskulptur. Sie stellt einen gebückt gehenden Mann mit Kapuzenjacke und Mütze dar, der einen Einkaufswagen schiebt. Bremens Bürgermeister Andreas Bovenschulte fand das, wie er auf Facebook mitteilte, „ein bisschen illegal und anarchisch", aber gleichzeitig setzte er sich dafür ein, dass das Kunstwerk bleiben darf.

Die Frage „Ist das Kunst oder kann das weg?" stellt sich in diesem Fall nicht. Die Kunstversteher in Bremen sind sich einig, dass es sich um ein ernstzunehmendes Kunstwerk handelt. Es sei, so ein Sprecher der Kulturbehörde, eindeutig ein Werk im Bremer Stil der figürlichen Bildhauerei. Von Amts wegen ist es aber verboten, und deshalb – aber gleichzeitig auch, um das Werk zu schützen – wurde flugs ein Bauzaun um die Skulptur gezogen, durch den die Passanten die neue Attraktion in den Wallanlagen nun bestaunen und fotografieren können. Der Erschaffer des Werks meldete sich wenige Wochen später und erklärte, anonym bleiben zu wollen – aus Sorge, haftbar gemacht zu werden. Lediglich ein paar Tipps, wie die Standfestigkeit seines Werks gewährleistet werden könne, gab er den Behörden. Die wiederum versprachen dem unbekannten Künstler quasi Amnestie. „Das Kunstwerk muss sichtbar bleiben", sagte Bremens Kulturstaatsrätin Carmen Emigholz.

Erste Rats- und Marktkirche Bremens

Unser Lieben Frauen

Von den Stadtmusikanten sind es nur ein paar Schritte hinüber zur Kirche Unser Lieben Frauen. Nach dem St.-Petri-Dom ist die Liebfrauenkirche das zweitälteste Gotteshaus in Bremen. Außerhalb des Dombezirks gelegen, war sie die Rats- und Marktkirche Bremens. Wo zuvor bereits die hölzerne Sankt-Veits-Kirche stand, wurde Mitte des 12. Jh. ein steinerner Neubau errichtet, von dem heute noch der romanische Südturm erhalten ist. Weil auch dieser Bau bald den Anforderungen der schnell wachsenden Siedlung namens Bremen nicht mehr gewachsen war, wurde ab 1229 die bis heute weitgehend erhaltene, dreischiffige Hallenkirche im frühgotischen Stil errichtet. Im Zweiten Weltkrieg wurde die Liebfrauenkirche durch Luftangriffe schwer beschädigt, der Nordturm brannte vollständig aus. Bei der Renovierung wurde im Kircheninneren der Putz entfernt, an den sichtbaren roten Backsteinen lässt sich so gut die fast 1000-jährige Baugeschichte des Gotteshauses ablesen. Ihre ganz besondere Atmosphäre erhielt das Gotteshaus durch die Gestaltung der Buntglasfenster in den 1960er- bis 1970er-Jahren durch den französischen Maler Alfred Manessier, die das Kircheninnere in ein mildes und geradezu sphärisches Licht tauchen.

Unser Lieben Frauen, Kirchhof 27. Mo–Sa 11–16 Uhr, Gottesdienst: So 10.30–11.30 Uhr.

„Buten un binnen, wagen un winnen"

Schütting

Zurück auf dem Marktplatz schlendert man vorbei an den denkmalgeschützten Häusern der Nordwestseite des Marktes mit dem Deutschen Haus samt Raths-Café, der Raths-Apotheke und dem Haus der Stadtsparkasse zum Schütting. „Buten un binnen, wagen un winnen" („Draußen und drinnen – wagen und gewinnen") lautet seit 1899 der Wahlspruch der Bremer Kaufleute, der an der Fassade zu lesen ist. Bereits mehr als 300 Jahre zuvor ließen sich die Bremer „Pfeffersäcke" das prächtige Gildehaus am Marktplatz bauen. Erstmals 1444 wurde der Name Schütting für einen Vorgängerbau urkundlich erwähnt, wobei der Ursprung des Namens nicht vollständig geklärt ist. Die gängige Theorie ist, dass sich Schütting aus dem Norwegischen ableitet. In Bergen, einer der wichtigsten Partnerstädte Bremens in der Blütezeit der Hanse, hießen Häuser, die im Winter Schutz boten, „Scoting" oder „Skotting". Theorie Nummer zwei, die zumindest inhaltlich dasselbe meint: Das Wort lehnt sich an das niederdeutsche Wort „schütten" an, was ebenfalls schützen bedeutet. Weniger wahrscheinlich ist, dass das Gildehaus den Namen Schütting erhielt, weil die Bremer Kaufleute hier ihre Gelder zusammenschütteten.

In den Jahren 1537/38 jedenfalls ließen sie sich an der Südseite des Marktes ein prächtiges Haus im Renaissancestil Flanderns erbauen. 1594 erhielt das Gebäude seinen immer noch erhaltenen Schiffsgiebel. 1673 soll hier im Schütting die erste Kaffeestube im deutschsprachigen Raum eröffnet haben, urkundlich belegt ist das immerhin ab 1679. Seit 1849 ist der Schütting der Sitz der Handelskammer Bremen, 1899 wurde die Fassade neu gestaltet: Unter dem Wappen mit dem dreiköpfigen Adler ist eben jener Spruch („Buten un binnen, wagen un winnen") zu lesen, den der damalige Bürgermeister Otto Gildemeister der Gilde der Bremer Kaufleute verpasste. Im Zweiten Weltkrieg wurde das Haus bei einem Bombenangriff schwer getroffen, die prächtige

Sitz der Bremer „Pfeffersäcke": der Schütting

historische Inneneinrichtung fiel fast komplett den Flammen zum Opfer. 1951 wurde der Schütting wieder eröffnet, die komplette Sanierung dauerte bis 1956. Das Kupferdach mit den charakteristischen Gauben erhielt das Gebäude sogar erst wieder im Jahr 2009.

Umstrittener „Radiokasten"

Haus der Bürgerschaft

Vom Portal des Schüttings aus hat man einen wunderbaren Blick hinüber zum Rathaus, zum Dom und dem Haus der Bürgerschaft. Beschlossen wurde der Bau des neuen Bremer Parlamentsgebäudes bereits in den frühen 1950er-Jahren. Doch was anstelle der abgerissenen Neuen Börse direkt am Marktplatz entstehen sollte, das barg einigen Zündstoff. Jahrelang schimpften, diskutierten und protestierten die Bremer, ehe das Haus der Bürgerschaft am altehrwürdigen Marktplatz im September 1966 schließlich eingeweiht werden konnte. Viel zu modern erschien der Entwurf des renommierten Berliner Architekten Wassili Luckhardt. So einen komischen „Radiokasten" wollten die meisten Bremer nicht in ihrer „guten Stube" stehen haben. Eine eigens gegründete Gesellschaft zog gegen Luckhardt zu Felde und präsentierte historisierende Entwürfe: Eine Reihe von Giebelhäusern, wie auf der gegenüberliegenden Seite, stellten sich die konservativen Kritiker vor. Sie erhielten überwältigenden Zuspruch aus der Bevölkerung – aber die Modernisierer gaben nicht auf. Architekt Luckhardt zog noch berühmtere Kollegen wie Mies van der Rohe und Walter Gropius zu Rate. Immer wieder wurde der ursprüngliche Entwurf verändert, ergänzt, bis es schließlich grünes Licht für den Neubau gab.

Es war unter anderem dem damaligen Bremer Bürgerschaftspräsidenten August Hagedorn zu verdanken, dass sich der Entwurf durchsetzte. Immer wieder appellierte er „Mut zum Neuen" an den Tag zu legen. Das Haus der Bürgerschaft sei, so die Befürworter, durchaus ein sichtbarer Bruch mit der Vergangenheit, aber keinesfalls ein Gegensatz zur bestehenden Architektur in der

Blick aus dem Bürgerschaftsgebäude auf den Marktplatz

Nachbarschaft. Der Arkadengang des neuen Gebäudes in Richtung Dom nehme die Rathausarkaden auf, die acht hochgezogenen Fensterelemente seien eine Antwort auf die des Schüttings und des Rathauses, zudem würden sich die historischen Häuser am Markt in den Fenstern des Parlamentsgebäudes spiegeln. Das lange Ringen um das moderne Haus der Bürgerschaft sei schließlich, so Hagedorn, „zum Segen unserer parlamentarischen Arbeit und zum Besten unseres Marktplatzes" geschehen. Einer seiner Nachfolger, Christian Weber, sieht in dem Gebäude „gebaute Demokratie" verwirklicht. Offenheit und Transparenz drücke das Haus aus, das bereits 1992 unter Denkmalschutz gestellt wurde. Viele Bremer haben sich mehrheitlich nicht nur abgefunden mit dem markanten Gebäude, sie verteidigen es inzwischen sogar gegenüber Besuchern, die sich über den modernen Kasten am Marktplatz wundern.

Sowohl die Plenarsitzungen als auch die Ausschusssitzungen der Bremischen Bürgerschaft sind öffentlich. Während der Öffnungszeiten der Bürgerschaft (Mo–Do 9–17.30 Uhr, Fr bis 16.30 Uhr) kann zudem der Skulpturengarten mit Werken von Gerhard Marcks besichtigt werden. Infos zu Führungen unter www.bremische-buergerschaft.de.

Bremen im Kasten

Bremer Loch

Zwischen Bürgerschaftsgebäude und Dom tut sich das Bremer Loch auf. Wer etwas Gruseliges dahinter vermutet, liegt falsch. Das Bremer Loch ist eine Art Gullydeckel mit Einwurfschlitz und entpuppt sich als eine unterirdische Spar- bzw. Spendendose. Wer eine Münze hineinwirft, wird mit den „Gesängen" der Bremer Stadtmusikanten belohnt. Das Geld kommt der Wilhelm Kaisen Bürgerhilfe zugute.

Wechselhafte Geschichte

St.-Petri-Dom

In westlicher Richtung zwischen Rathaus und Bürgerschaft steht der Bremer Dom. Übersehen kann man ihn eh nicht. Rund 90 Meter ragen die Türme in den Himmel. Eine bewegte Geschichte hat der St.-Petri-Dom hinter sich, seit hier vor mehr als tausend Jahren auf einer Weserdüne der erste Dom zu Bremen errichtet wurde. Als Bremen im Jahr 789 zum Bischofssitz ernannt wurde, veranlasste der erste Amtsinhaber namens Willehad den Bau eines hölzernen Doms. Drei Jahre später lag dieser nach Auseinandersetzungen während der Sachsenkriege in Schutt und Asche. Wie die Holzkirche ausgesehen haben könnte, darüber kann man nur spekulieren. Der Chronist Adam von Bremen schwärmt von seiner „wunderbaren Schönheit". Schon wenige Jahre später (805) wurde hier das erste steinerne Gotteshaus gebaut, welches wiederum im Jahr 1041 in großen Teilen einem Brand zum Opfer fiel.

Inzwischen wirkte der mächtige Erzbischof Adalbert in der Stadt, er wollte Bremen zu einer Art „Rom des Nordens" machen. Tatsächlich war der Bischofssitz zu Bremen bereits im 11. Jh. der geistlich-weltliche Mittelpunkt Nordeuropas. Und dazu gehörte natürlich auch ein repräsentativer Dom, dessen Wiederaufbau ab 1042 begann und dessen Material zum Teil aus den hohen Mauern des Dombezirks stammte, die Adalbert abreißen ließ.

Eigens aus der Lombardei in Italien hatte der machthungrige Bischof Steinmetze engagiert, die dem Sandsteinbau den richtigen Schliff geben sollten. Man orientierte sich hinsichtlich der äußeren Gestaltung am Kölner Dom sowie am Inneren des Doms zu Benevent in Süditalien. Es entstand eine dreischiffige, flach gedeckte Pfeilerbasilika mit zwei bis heute erhaltenen Krypten, über denen sich zwei Chöre erhoben.

Um 1250 begannen die Einwölbung des bis dahin mit einer Flachdecke ausgestatteten Doms und der Bau des Westwerks mit den beiden Türmen, zudem erhielt das Gotteshaus größere Fenster. All das nahm rund 100 Jahre in Anspruch. Ende des 15. Jh., Anfang des 16. Jh. wurde das romanische Nordschiff im Stil der Gotik umgewandelt. Mit dem Südschiff hatte man gleiches vor, doch die Reformation und der Dreißigjährige Krieg (1618–1648) kamen dazwischen; von 1561 bis 1638 war der Dom geschlossen, 1638 wurde er wieder eröffnet. Im selben Jahr krachte der baufällige Südturm in sich zusammen, knapp 20 Jahre später brannte der Nordturm ab, der Dom blieb erneut fast 80 Jahre geschlossen.

Ruine und Renovierung

Fast 150 Jahre wurde lediglich geflickschustert an dem einst so prächtigen Sakralbau. Der Dombezirk gehörte damals noch nicht zur Freien Reichsstadt Bremen, sondern abwechselnd zu Schweden, Dänemark oder dem Königreich Hannover, erst 1803 wurde er bremisch. Den neuen, nach der Reformation zunächst calvinistischen, später evangelisch-lutherischen Domherren galt das Wort der inzwischen auf Deutsch übersetzten Bibel mehr als die Bildsprache der alten kirchlichen Kunstwerke. Sie bauten eine prächtige Kanzel, von der das Wort Gottes verkündet wurde. Andere Kunstwerke aus dem Dom hingegen wurden verramscht, gingen Bremen so unwiderruflich verloren. Der Dom war inzwischen annähernd zu einer Ruine verfallen, ehe 1888 mit Hilfe von Bremer Bürgern, allen voran dem schwerreichen Kaufmann Franz Schütte, eine umfassende Restaurierung begann – und der Dom weitgehend sein heutiges Gesicht verpasst bekam. Bereits 1893 waren die beiden exakt 92,31 m hohen Türme an der Westfassade fertig. 1901 waren auch die umfassenden Innenarbeiten abgeschlossen, die maßgeblich in der Ausmalung nach byzantinischem Vorbild bestanden. Im Zweiten Weltkrieg zerstörten Bomben fast ein Drittel des Nordschiffs, u. a. die alten Fenster. Nach einer ersten Renovierung 1951 fanden in den 1970er- und 1980er-Jahren weitere Baumaßnahmen im 1973 unter Denkmalschutz gestellten St.-Petri-Dom statt.

Rundgang im Dom

Beim Eintreten von der Marktplatzseite her gelangt man in die romanische **Westkrypta**, 1066 geweiht und damit der älteste Teil des Doms. Ins Auge fällt das Relief Jesus Christus (1050) mit Schlüssel und Buch, ein bedeutendes Frühwerk romanischer Kunst in Deutschland. Während das Buch die Bedeutung der Missionskirche im Mittelalter hervorhebt, haben die Bremer den Schlüssel, den Christus an den Schutzpatron Petrus übergab, zu ihrem Wappenzeichen gemacht. Davon kündet auch eine Szene auf dem teilweise erhaltenen alten Chorgestühl (ca. 1360–1380) in einer der Seitenkapellen im Südschiff. Sehenswert in der Westkrypta ist zudem noch das Bronzetaufbecken auf vier Löwenreitern aus dem 13. Jh. sowie die filigrane historische Silbermann-Orgel aus dem 18. Jh.

Die schweren **Domtüren** an der Marktplatzseite zeigen Szenen aus dem Alten und Neuen Testament. Die Darstellungen der Israeliten und Juden tragen deutlich antisemitische Züge. Die Bremer Domgemeinde ist sich der Tatsache eigener Angabe nach bewusst, anerkennt auch ihren Anteil in der Vergangenheit an der Shoa und versteht die Eingangstüren des Doms als Mahnmal und Aufforderung an die Besucher, Rassismus eine Absage zu erteilen.

Rund um den Marktplatz → Karte S. 37

Im Inneren des Bremer Doms

Das Gewölbe der gegenüberliegenden frühsalischen **Ostkrypta** ist in seiner Form seit mehr als tausend Jahren unverändert. Hier hat die St.-Petri-Gemeinde den sogenannten „Raum der Stille" geschaffen, der Menschen aller Kulturen und Religionen zu einer stillen Pause, zur inneren Einkehr und zum Gebet einlädt. Unmittelbar neben der Ostkrypta befindet sich seit 1987 das **Dom-Museum,** das einen reichen Schatz an mittelalterlichen Funden aus den Gräbern der Bremer Erzbischöfe präsentiert, die bei Ausgrabungen in den 1970er- und 1980er-Jahren entdeckt wurden. Eher zufällig stieß man 1985 im Untergeschoss des Museums auf Wandmalereien, die wohl aus der Zeit um 1414 vor der Altarweihe stammen.

Verteilt im Inneren des Doms, an Pfeilern des Mittelschiffs oder an den Wänden, sind die **Epitaphe** zu bewundern: reich bebilderte, steinerne Gedenktafeln zu Ehren verstorbener Würdenträger, überwiegend aus dem 16. und 17. Jh. Aus derselben Epoche stammt die reich mit biblischen Figuren verzierte barocke **Kanzel** (1638) in der Mitte des Gotteshauses. Den Schalldeckel schmückt eine Figur des auferstandenen Christus mit Siegesfahne. Ein wenig versteckt auf dem Ostchor, am Fuße eines Rundbogen-Portals zur Sakristei, findet man die kleine **Dom-Maus.** Die Maus war im Mittelalter ein Symbol für das Unreine und Böse, für Hexen und Teufel. Welche Funktion im Dom sie genau hatte, ist ungewiss. Definitiv ist sie – wie oft verbreitet – kein Zeichen für Handwerker, die daran erkennen sollten, dass sie den Dom „arm wie eine Kirchenmaus" verlassen würden, weil der Bauherr ihnen den Lohn nicht zahlen würde.

Turmbesteigung

256 Stufen muss man erklimmen, ca. 57 m hoch geht es auf die Aussichtsplattform des Bremer Doms. Eng und finster ist der Aufstieg auf den Wendeltreppen. Vom Dom bekommt man eigentlich nichts mit, aber oben wird man mit einem tollen Ausblick belohnt. Einziges Ärgernis: Durch die Gitter kann man nur unzureichend fotografieren.

Bleikeller

Acht Leichen zählen zu den beliebtesten Sehenswürdigkeiten in Bremen. Acht Leichen, die im Bleikeller des Doms in mumifiziertem Zustand in ihren Särgen liegen und dem einen oder anderen Besucher einen gehörigen Schauer über den Rücken jagen. Im Bleikeller, einst in der Ostkrypta untergebracht, wurde tatsächlich das Blei für die Bedachung und die Orgeln gelagert und verarbeitet. Und hier wurden im Mittelalter die Toten aufgebahrt, deren Identität nicht bekannt war, die keine Angehörigen in Bremen hatten. Anno 1698 entdeckten neugierige Gesellen des Orgelbauers Arp Schnitger die Särge, öffneten sie und fanden die mumifizierten Leichen. Man nahm lange Zeit an, dass das dort gelagerte Blei oder eine angebliche Radioaktivität des Bleis für die Mumifizierung der Leichen verantwortlich waren. Inzwischen ist man sich sicher, dass es allein die extrem trockene Luft war, die die Leichen derart konserviert hat. Ähnlich lange hielt sich die Mär, dass es sich bei einem der Toten um einen Dachdecker handle, der bei Reparaturarbeiten in die Tiefe gestürzt war. Als man sich darüber bewusst wurde, dass der vermeintliche Dachdecker keinerlei Knochenbrüche hatte, fand man bei einer Röntgenuntersuchung eine Kugel in seinem Rücken. Vermutlich handelt es sich um einen Soldaten aus den Zeiten des Dreißigjährigen Krieges. Die St.-Petri-Gemeinde hat mitnichten Freunde des Horror-Genres in ihren Reihen; sie wollen vielmehr mit dem Bleikeller daran erinnern, dass das Leben endlich ist. „Die Mumien halten uns also einen Spiegel vor, indem sie uns an die eigene Vergänglichkeit erinnern", ist auf einer Tafel am Eingang zu lesen.

Öffnungszeiten Dom: Ganzjährig Mo–Fr 10–17 Uhr, Sa 10–14 Uhr und So 14–17 Uhr (Juni bis Sept. Mo–Fr und So bis 18 Uhr).

Turmbesteigung: April/Mai und Okt. Mo–Fr 10–16.30 Uhr, Sa 10–13.30 Uhr, So 14–16.30 Uhr; Juni bis Sept. Mo–Fr 10–17.30 Uhr, Sa 10–13.30 Uhr, So 14–17.30 Uhr. Eintritt 2 €, erm. 1 €; Kombiticket Turm und Bleikeller 3 €, erm. 1,40 €.

Bremen im Kasten

Domtreppen fegen

Traditionen und Brauchtum werden in Bremen gern gepflegt, auch wenn sie mitunter ein bisschen albern daherkommen oder zu einem Besäufnis verkommen. Der Brauch des Domtreppenfegens geht auf das Jahr 1890 zurück. Männer, die bis zu ihrem 30. Geburtstag noch nicht unter der Haube sind, werden – traditionell in Frack und Zylinder gewandet – zu den Domtreppen geführt und müssen selbige fein säuberlich fegen. Damit das mit dem Fegen – zum Klange einer Drehorgel oder auch dem Wummern eines Ghettoblasters – auch halbwegs Sinn macht, streuen Freunde und Bekannte Kronenkorken auf die Treppen. Und damit sich der Treppenfeger auch richtig lächerlich macht, werden ihm zum Fegen Wattestäbchen, Zahnbürsten oder lustig präparierte Besen zur Verfügung gestellt. Von ihrem Treppenfeger-Job erlöst werden die Junggesellen erst, wenn sie von einer von drei Zeugen beglaubigten Jungfrau freigeküsst werden. Zurück geht der Brauch wohl auf den Glauben, dass Unverheiratete, die bis zum Alter von 30 Jahren kinderlos geblieben waren, nach dem Tod dazu verurteilt würden, sinnlose und niedere Arbeiten zu verrichten.

Rund um den Marktplatz → Karte S. 37

Bleikeller: April/Mai und Okt. Mi–Fr 10–16.45 Uhr, Sa 10–13.45 Uhr, So 12–16.45 Uhr; Juni bis Sept. Mo–Fr 10–17.45 Uhr, Sa 10–13.45 Uhr, So 12–17.45 Uhr. Eintritt 2 €, erm. 1 €; Kombiticket Turm und Bleikeller 3 €, erm. 1,40 €.

Dom-Museum: Mo–Fr 10–16.45 Uhr, Sa 10–13.30 Uhr, So 14–16.45 Uhr. Eintritt 6 €, Schüler 2 €, Audioguide 1 €. www.dommuseum-bremen.de.

Führungen durch den Dom finden jeden 1. Sonntag im Monat sowie mittwochs jeweils um 15 Uhr statt. Kombinierte Dom- und Museumsführung jeden 2. und letzten Samstag. Eintritt 6 €, erm. 4 €. Besondere Schließzeiten unter www.stpetridom.de.

Platz mit Potenzial

Domshof

Nördlich bzw. nordöstlich des Doms erstreckt sich der Domshof. Der Platz ist ein bisschen das Waisenkind der historischen Bremer Innenstadt. In den heutigen Ausmaßen gibt es ihn mehr oder minder schon seit dem 14. Jh. Im Laufe der Jahrhunderte fanden hier Ritterturniere und Hinrichtungen statt (→ Gesche Gottfried, Kasten S. 34), Militärparaden wurden abgehalten, es gab Demonstrationen gegen und für alles Mögliche, auf der Großleinwand wurde mit Werder gezittert, gejubelt (oder geweint). Aber ein Platz zum Leben und Verweilen, zum Wohlfühlen und „Kaffeesieren" ist der Domshof nie gewesen. Die Bemühungen, den Platz attraktiver zu machen, ziehen sich seit Jahren hin wie ein ausgelutschter Kaugummi. Irgendwie kommen die Bremer nicht so richtig voran.

In den Morgenstunden von Montag bis Samstag wird der Domshof als **Wochenmarkt** genutzt, danach ist es dort zumeist reichlich öde. Daran hat auch der Anschluss an die Sögestraße via Domshof- bzw. Katharinen-Passage im Jahr 1998 nicht wirklich etwas geändert. An der Nordseite des Platzes mussten 1999 einige Bäume dem gläsernen **Domshof-Forum** weichen. Unter diesem Namen kennt es kaum ein Bremer, schließlich war von Beginn an das Café Alex dort beheimatet.

Beim Brunnenbau in der Nähe des Doms durften die Bremer zwischen drei Modellen wählen. Warum es letztendlich der Entwurf des modernen **Neptunbrunnens** (1991) des Bildhauers Waldemar Otto wurde, fragen sich im Nachhinein zumindest all diejenigen, die damals nicht abgestimmt haben. Man ist sich weitgehend einig: Es handelt sich bei dem Brunnen um einen „Steh-im-Weg", der an „Scheußlichkeit" kaum zu überbieten ist. So war es jedenfalls in den ausliegenden Listen zu lesen. Verweilen will dort jedenfalls kaum jemand. Dabei hat man von dort aus den besten Blick auf den architektonisch überaus gelungenen Neubau der **Bremer Landesbank** (BLB). Das Unternehmen geriet 2016 nach nicht mehr bedienten Schiffskrediten in eine veritable Krise (man sprach von 400 Mio. Euro Verlusten) und verlor seine Eigenständigkeit an den Mehrheitseigner NORD/LB – das Gebäude der BLB erstrahlte paradoxerweise fast zeitgleich in neuem Glanz.

Im denkmalgeschützten Neorenaissance-Bau gegenüber (einst Sitz der Bremer Bank) an der Ecke Domshof/Sandstraße wurde 2016 eine Filiale von Manufactum samt eines Bistros mit Plätzen im Außenbereich eröffnet, wenig später im Haus nebenan die **Markthalle Acht.** Seit 2017 ist von einem Millionenprojekt die Rede, durch das der Platz aufgepeppt werden soll. Geplant waren einige Bäume rund um den Neptunbrunnen und Wasserfontänen vor dem Café Alex. Merkwürdigerweise verschwanden diese Pläne in irgendwelchen Schubladen; erst 2019 wurden neue Ideen publik. Die Verkehrsführung für Radfahrer soll verändert, feste Buden sollen installiert werden. Aber ob der Domshof damit von seinem Aschenputtel-Dasein erlöst wird, ist mehr als fraglich.

Ein Spuckstein für die Giftmörderin Gesche Gottfried

Man muss sich nicht wundern, wenn Banker im feinen Zwirn oder gut betuchte ältere Damen im Vorbeigehen plötzlich ausspucken. Denn in Bremen hat das Tradition. Mit dem Ausspucken am sogenannten Spuckstein auf der Nordseite des St.-Petri-Doms wollen die vorbeieilenden Bremer ihre Verachtung für die Giftmörderin Gesche Gottfried zum Ausdruck bringen.

Gottfried wurde 1828 unter dem Tatverdacht verhaftet, 15 Menschen vergiftet zu haben – darunter ihre Eltern, ihre Kinder, ihre Ehemänner Nummer eins und zwei sowie später auch noch ihren Verlobten. Gesche Gottfried tötete ihre Opfer mit „Mäusebutter", einer Mischung aus Schmalz und dem tödlichen Gift Arsen – damals ein gängiges Mittel, um Mäuse anzulocken und zu töten. Das erste Opfer war bereits 1813 ihr erster Ehemann Johann Gerhard Miltenberg – ein Trunkenbold, der seine Frau regelmäßig verprügelte. Knapp zwei Jahre später starben drei Kinder und Gesche Gottfrieds Eltern. Die Opfer hat sie während deren Leidenszeit scheinbar liebevoll und mit Geduld gepflegt, weshalb sie in der Stadt zunächst als „Engel von Bremen" wahrgenommen wurde. Und die Giftmörderin selbst veröffentlichte zu Herzen gehende Todesanzeigen in den Bremer Nachrichten. Nach dem Tod ihres zweiten Mannes Michael Christoph Gottfried im Jahr 1817 dauerte es weitere sechs Jahre, ehe ihr Verlobter Paul Thomas Zimmermann das Zeitliche segnete. Es folgten scheinbar wahllos sechs weitere Opfer, ehe ihr Vermieter der Giftmischerin schließlich auf die Schliche kam.

Am 6. März 1828, ihrem 43. Geburtstag, wurde Gesche Gottfried verhaftet. In der Zeit der rund dreijährigen Haft gestand sie all ihre Taten. Ihr Anwalt, Friedrich Leopold Voget, protokollierte den Inhalt der Vernehmungen, und das Bild, das sich daraus ergab, war klar: Gesche Gottfried war eine heimtückische Mörderin, die aus niederen Beweggründen tötete. Doch rund 150 Jahre später, nachdem die zwischenzeitlich verschollenen Protokolle wieder aufgetaucht waren, stellte sich heraus, dass Gottfried häufig falsch zitiert worden war. Es schien, als müsste die Geschichte über die Serienmörderin zumindest in Teilen neu geschrieben werden. Aus den Akten und Briefen Gottfrieds soll u. a. hervorgehen, dass viele aus ihrem Umfeld etwas wussten oder zumindest etwas ahnten – sie aber aus Mitleid deckten. Ärzte sollen falsche Totenscheine ausgestellt haben, sogar die überlebenden Opfer schützten Gesche Gottfried. Nach Ansicht des Autors Peer Meter war Gesche Gottfried eine psychisch kranke Frau. Sie selbst schilderte in ihren Briefen, sie habe eine innere Stimme gehört, die sie zu den Taten aufgerufen habe.

Gesche Gottfried wurde schließlich zum Tode verurteilt und am 21. April 1831 auf dem Domshof bei Bremens letzter öffentlicher Hinrichtung geköpft. 30.000 Zuschauer wollten das gruselige Spektakel sehen, wohl nicht nur aus purem Voyeurismus, sondern – so wird im damaligen „Bremischen Veranstaltungsblatt" berichtet – auch weil sie ihnen leid tat. Genau dort, wo damals das Schwert den Kopf abtrennte, befindet sich heute besagter Spuckstein.

ART.tours-Bremen (www.arttours-bremen.de), die Initiative kultur vor ort (www.kultur-vor-ort.de) sowie die Bremen-Lotsen (www.bremen lotsen.de) bieten thematische Gesche-Gottfried-Führungen an. Im Rundgang „Bremens düstere Seiten" spielt Gesche Gottfried ebenfalls eine Rolle; zu buchen über www.bremen-tourismus.de. Im Bremer Geschichtenhaus wird die Geschichte der Giftmörderin gespielt und erzählt.

Auszeit mitten in der Stadt: kaffeesieren in der Wallmühle

Praktische Infos

→ Karte S. 37

Essen & Trinken

Ratskeller 11, den Wein im Bremer Ratskeller haben im Lauf der vergangenen Jahrhunderte einige berühmte Menschen probiert: die Dichter Heinrich Heine und Theodor Fontane oder auch die gekrönten Häupter Kaiser Wilhelm II. und Queen Elizabeth. Heute kann man im Bremer Ratskeller ziemlich gut essen. Dafür sorgt schon Geschäftsführer Arnd Feye, der sich einst in Bremen mit seinem Restaurant L'Orchidée einen Michelin-Stern erkocht hat. Sterne-Küche kann man in den historischen Gewölben natürlich nicht erwarten, eher regionale Spezialitäten, aber auch Gutbürgerliches zu einem anständigen Preis-Leistungs-Verhältnis (Hauptgerichte überwiegend zwischen 11,50 und 20 €, Mittagstisch 7,90 €, Schoppen Wein ab 3,80 €). Tägl. 11–24 Uhr (Küche 12–23 Uhr). Am Markt, ✆ 0421/321676, www.ratskeller-bremen.de. S 2 und 3.

Stockhingers Bratwurstglöck'l 8, die Bremer hätten es auch gewusst, ohne dass das Gourmet-Magazin „Der Feinschmecker" Stockhingers Bratwurtsglöck'l lobend erwähnt hätte. In dem Pavillon auf dem Liebfrauenkirchhof gibt es 1-A-Bratwürste, für viele die besten der Stadt. Wobei man unterscheiden muss: Der Bremer isst zu mindestens 90 % die „vom Rost" für 3,20 €. Nicht selten hört man bei Stammgästen den Zusatz „aber eine schöne dunkle bitte". Im Angebot ist auch noch die Wurst aus der Pfanne und inzwischen gibt es bei Stockhingers auch Kartoffelsalat zur Wurst. Gleich gegenüber ist der Laden der Bremer Imbiss-Dynastie **Kiefert**. Das sei der Fairness halber erwähnt, denn die Bremer werden sich nie einig, wer die bessere Wurst brät – wobei der Autor eindeutig ein Stockhinger-Fan ist. Tägl. 9.30–23.30 Uhr. Unser Lieben Frauen Kirchhof, ✆ 0421/3398804. S 2 und 3.

Raths-Konditorei Stecker 12, bei schönem Wetter genießt man die Spezialitäten der Raths-Konditorei mitten auf dem Marktplatz, ansonsten drinnen im urgemütlichen Gastraum im Souterrain eines der schönen Bürgerhäuser an der Westseite des Marktplatzes. Stecker blickt auf eine über 100-jährige Geschichte zurück, die meisten der Kuchen- und Tortenspezialitäten sind auch heute noch handgemacht und haben zahlreiche Preise gewonnen, so zum Beispiel die original „Bremer Kluten". Im Stammhaus in der Knochenhauerstraße hat einst täglich Werder-Trainer Otto Rehhagel gesessen und bei Kaffee und Kuchen angeblich die Aufstellungen seiner Mannschaft ausgebrütet. Tägl. 10–18.30 Uhr. Am Markt 11, ☏ 0421/12593, www.konditorei-stecker.de.

D'Oro 15, eine Oase der Ruhe inmitten der Stadt. Zwischen Dom und dem Konzerthaus Glocke sitzt man im idyllischen Bibelgarten, lauscht dem Plätschern des Brunnens, lässt den Herrgott einen guten Mann sein und gönnt sich eine Pizza oder Pasta. Die Küche ist nicht gerade zum Niedernknien, aber in diesem Ambiente schmeckt tatsächlich alles einen Tick besser. Jedenfalls sitzt kaum jemand drinnen, selbst wenn es draußen noch etwas frisch ist. Von Mo bis Fr gibt es einen Mittagstisch mit Gerichten von 6,50 € (Suppe) über Ravioli für 9 € bis zu Hauptgerichten für 10 bis 13 €. Auf der Abendkarte finden sich italienische Klassiker wie Pizza und Lasagne, aber erstaunlicherweise auch so etwas wie Barbarieentenbrust mit Knödeln. Mo–Fr ab 11 Uhr, Sa/So ab 12 Uhr. Domsheide 6, ☏ 0421/3366888, www.doro-bremen.de. S 2, 3, 4, 6 und 8, Busse 24 und 25.

Markthalle Acht 10, der Bremer ist bekanntlich ein wenig stur, und so hat es eine Weile gedauert, bis er das Konzept der 2016 eröffneten Markthalle Acht am Domshof angenommen hat. Dabei ist das wirklich nicht schlecht. Das Motto der Betreiber ist: „Weniger, dafür besser". In der Halle jedenfalls sind diverse „Marktleute" versammelt, die dort ihre Speisen anbieten. Einen schnellen Mittagstisch bekommt man hier, allerdings nicht in Plastik, sondern auf richtigem Geschirr. Die Gastgeber in der Markthalle Acht setzen vielfach auf biologisch erzeugte Produkte oder zumindest auf regionale Zutaten. Von Italienisch über Asiatisch bis hin zu deutscher Küche, vielfach vegan und vegetarisch reicht das Angebot. Richtig spannend wird's an den Streetfood-Donnerstagen, wenn immer wieder neue Gastronomen für einen Tag in der Markthalle kochen und zudem verschiedene Künstler auftreten. Freitagabend (18–22 Uhr) legen DJs auf. Di–Mi 11–19, Do, Fr und Sa 11–22 Uhr. Domshof 8–12, ☏ 0421/33118311, www.markthalleacht.de.

Grashoff's Bistro 5, das Bistro in der Nähe der Wallanlagen etwas abseits des Spaziergangs ist die Institution schlechthin in der Bremer Gastronomie. Angeschlossen an einen exquisiten Delikatessenladen wird in Grashoff's Bistro seit 1968 eine exzellente Küche serviert, die lange Jahre auch mit einem Michelin-Stern dekoriert war. Das im französischen Ambiente gehaltene Bistro-Restaurant serviert überwiegend Klassiker der deutschen Küche. Das Niveau ist zweifelsohne hoch, die Preise sind es auch: Der im Dampf gegarte Schellfisch kostet 23,50 €,

Zur Freimarktszeit bekommt auch der Roland ein Freimarktsherz

Nachtleben
1 Gleis 9 (S. 134)
2 La Viva (S. 134)
3 Tower (S. 133)
7 Lemon Lounge (S. 137)
16 PAPP (S. 137)
Shopping (S. 38)
6 Go Bäng!
9 Bremer Ratskeller Weinhandel
10 Markthalle Acht
13 Manufactum
Essen & Trinken
(S. 35–38)
4 Kaffeemühle am Wall
5 Grashoff's Bistro
8 Stockhingers Bratwurstglöck'l/ Kiefert
10 Markthalle Acht
11 Ratskeller
12 Raths-Konditorei Stecker
14 Topaz
15 D'Oro
Tour 5 siehe S. 88/89
Tour 4 siehe S. 74/75
Hillmannplatz
Bahnhofstraße
Kino 46
Herdentorsteinweg
Mühle am Wall
Contrescarpe
Stadtgraben
Wallanlagen
Loriotplatz
Herdentor
Am Wall
Herdentorswallstraße
Papenstraße
Knochenhauerstraße
Wall-anlagen
Schweinehirt
Kleine Hundestraße
Carl-Ronning-Straße
Sögestraße
Schüsselkorb
Pelzerstraße
Lloydpassage
Katharinen-klosterhof
Museum-straße
Altstadt
Obernstraße
Queerenstraße
Katharinenstraße
Domshof Passage
Schlüsselkorb
Domshof-Forum
Bischofsnadel
Obern-straße
Unser Lieben Frauen Kirchhof
Bremer Landesbank
Große Waagenstraße
Kleine Waagenstraße
Stadtwaage
Domshof
Wochenmarkt
Seemannstraße
Theater-garten
Bremer Stadtmusikanten
Ratskeller
Rathaus
Markthalle Acht
Langenstraße
Marktplatz
Neptun-brunnen
Roland
Spuckstein
Wilhadistraße
Violenstraße
Ostertorswallstraße
Bredenstraße
Bremer Loch
Schütting
Am Dom
St.-Petri-Dom
Breden-platz
Haus der Bürgerschaft
Sandstraße
Lichtbringer
Bleikeller
Dom-Museum
Haus St.Petrus
Skulpturengarten
Böttcherstraße
Paula Modersohn-Becker Museum
Die Glocke
Ludwig-Roselius-Museum
Haus Atlantis
Marktstraße
Domsheide
Violenstraße
Martinistraße
Wachtstraße
Domsheide
Hurrel-berg
Buchtstraße
Balgebrückstraße
Dechanatstraße
Ostertorstraße
Stadtbibliothek Bremen
Wache 6
Lange Wieren
Am Landherrnamt
Hochschule
St.-Johann-Kirche
Tiefer
Hohe Straße
Schifferhaus
shakespeare company
Theaterschiff
Schnoorviertel
60 m
Tour 1: Rund um den Marktplatz

die Kalbsleber „Berliner Art" 24,50 € und der gebratene Seeteufel mit Kapern-Limonen-Sauce schon 29,50 €. Geöffnet hat Grashoff's Bistro in der Woche von 10 bis 20.30 Uhr (Küche 12–19.30 Uhr, Fr bis 21 Uhr, Sa 12–16 Uhr). Contrescarpe 80/Loriotplatz 1, ✆ 0421/14749, www.grashoff.de. S 4 und 6, Busse 24 und 25.

Wallanlagen/Kaffeemühle 4, ebenfalls einen Abstecher wert ist die Kaffeemühle am Wall. Zu Beginn des 19. Jh. wurden rund um die Bremer Altstadt die Wallanlagen angelegt, heute sind sie im wahrsten Sinne des Wortes ein Naherholungsgebiet, eine wunderbare stille und grüne Oase inmitten der Großstadt. Der schönste Abschnitt der langgestreckten Parkanlage mit ihren zahlreichen Skulpturen und Denkmälern befindet sich zwischen der Kunsthalle im Ostertor und dem Herdentorsteinweg. Das Wahrzeichen der Wallanlagen liegt allerdings etwas weiter nordwestlich: die einzige erhaltene Windmühle in den Wallanlagen aus dem Jahr 1833, ein beliebtes Fotomotiv. Die besten Schüsse macht man von der Brücke am Herdentorsteinweg. Einst waren es sechs Mühlen, übrig geblieben ist nur die Ansgaritormühle, auch Herdentorsmühle genannt und inzwischen nur noch als Kaffeemühle am Wall bekannt, in der man nicht nur Kaffee und Kuchen bekommt, sondern auch ganz anständig essen kann. Am Wall 212, ✆ 0421/14466, www.muehle-bremen.de.

Topaz 14, seit Jahren eines der besten Restaurants Bremens. Die Qualität hat sich auch gehalten, nachdem der langjährige Maestro Tom Schmidt den Laden verlassen hat und seine Frau Holle das Topaz in unmittelbarer Marktplatznähe mit ihrem Team alleine weiterführt. In einem stilvollen Bistro-Ambiente werden hier als Vorspeise oder Zwischengericht Leckereien wie Makrelentatar mit Queller und Schwarzwurzel (13,50 €) oder Wildschweinbratwurst (13,50 €) gereicht. Das klassische Wiener Schnitzel mit Gurkensalat (22,50 €) ist ebenso zu empfehlen wie der Kabeljau in Knippkruste (24,50 €) oder die Variationen von Sushi & Sashimi (21,50 €). Vier-Gänge-Überraschungsmenü für 49 €, Mittagstisch Mo–Fr ab ca. 9 €. Mo–Sa 12–21.30 Uhr. Langenstraße 2–4, ✆ 0421/77625, www.topaz-bremen.de. S 2, 3, 4, 6 und 8, Bus 24 und 25.

Shopping

Manufactum 13, das Edelkaufhaus, in dem es laut Eigenwerbung „die wirklich guten Dinge" gibt, hat im September 2017 seine Filiale in Bremen eröffnet. Definitiv ein Gewinn für die Bremer City, auch wenn man sich bisweilen über die Preise der Produkte ärgert. Aber der Laden in dem neoklassizistischen Bau, in dem jahrzehntelang die Bremer Bank (so hieß die ehemalige Dresdner Bank in Bremen) residierte, ist echt eine Wucht. Das Tageslicht in der ehemaligen Schalterhalle mit seinen Säulen und dem edlen Marmorfußboden fällt durch ein wunderschönes Glasdach, angegliedert an den Manufactum-Store ist ein brot & butter-Delikatessen-Tresen sowie ein Café, im Sommer kann man draußen auf dem Domshof sitzen. Mo–Sa 10–19 Uhr. Domshof 8–12, ✆ 0421/89776540, www.manufactum.de.

Bremer Ratskeller Weinhandel 9, ein beliebtes Mitbringsel sind die Ratskeller-Weine, die es im Shop im hinteren Bereich des Rathauses zu kaufen gibt. Im Angebot sind Hunderte von edlen, aber auch einfachen Tropfen. Soll es vielleicht ein Bechtheimer Hasensprung für 9,50 € sein oder lieber der Eiswett-Wein, ein edler Riesling für 27,50 €? Gern genommen werden der Stadtmusikanten-Weißwein (9,95 €), eine Cuvée aus edlen Pfälzer Weinen. Dass es hier die „original verkorkste" Oberföhringer Vogelspinne von Pahlhuber & Söhne aus den Loriot-Sketchen gibt, ist allerdings nur ein Gerücht (den und viele andere Loriot-Devotionalien gibt es dafür unweit vom Marktplatz im BUTLERS-Shop). Mo–Fr 9–18 Uhr, Sa 9.30–15 Uhr. Schoppensteel 1, ✆ 0421/337788, www.ratskeller.de. S 2 und 3.

Go Bäng! 6, Go Bäng passt eigentlich besser ins Ostertor, hat aber seinen Laden seit mehr als 25 Jahren in der Knochenhauerstraße – einst vorne „im Angesicht der Schweine", jetzt etwas weiter in Richtung Brill, gut versteckt zwischen Gravis und King Kong. Angefangen haben die Macher mit Postern, dazu gekommen sind Shirts, Aufnäher, Sticker, vieles davon mit politischer Botschaft. Die Go Bängs sind die letzten (und schon immer einzigen) Punks in der Bremer City. Irgendwann haben die Macher angefangen, eigene T-Shirts zu produzieren, witzig und mit Bremen- und/oder Fußball-Bezug. Wie zum Beispiel das Shirt mit dem Aufdruck „Ich persönlich finde den HSV eher uncool". Mo–Fr 10–19 Uhr, Sa 10–18 Uhr. Knochenhauerstraße 20–25 (Eingang in der Passage zwischen King Kong und Gravis), ✆ 0421/12132, www.gobaeng.de.

Einmal mehr die Stadtmusikanten; hier im Laternenausleger am Deutschen Haus

Heimliche Hauptstraße

Tour 2

Die Böttcherstraße ist ein einzigartiges Gesamtkunstwerk, eine „Stadt in der Stadt“. Die vielen expressionistischen Bauten aus dem frühen 20. Jh. galten unter den Nationalsozialisten als entartete Kunst. Über die Böttcherstraße führt der Weg an die Schlachte, Bremens wiederentdeckte maritime Meile.

- **Paula Modersohn-Becker Museum**, erstes Museum weltweit, das dem Werk einer Malerin gewidmet wurde, S. 42
- **Himmelssaal**, Art-déco-Ensemble im Haus Atlantis, S. 45
- **Weserburg**, moderne Kunst im Museum am Fluss, S. 46

Vom Marktplatz an die Weser

Böttcherstraße und Schlachte

Man könnte sie glatt übersehen, die Böttcherstraße. So schmal ist sie, eher eine Gasse als eine Straße. Und dennoch ist die Böttcherstraße Bremens „heimliche Hauptstraße“.

Die Geschichte der Straße geht bis ins Mittelalter zurück. Damals war sie die Verbindung zwischen Markt und Weser und sah freilich noch ganz anders aus. Anno dazumal lebten und arbeiteten hier die Fassmacher, „Küfer“ und „Böttcher“ genannt. Man kann schon sagen, dass die Fässer früher eine ähnliche Bedeutung hatten wie heute die Container, die Böttcher brachten es so zu Ansehen und einem gewissen Reichtum. Schließlich wurde vom Hering über Salz und Butter bis hin zu Teer und Schießpulver alles in Fässern verpackt und verfrachtet. Doch mit der Industrialisierung verlor nicht nur der Hafen an der Schlachte an Bedeutung, sondern auch die Fassmacher in der Böttcherstraße. Die Böttcherstraße verkam zusehends, es stank zum Himmel unweit des Marktes. Die Häuser waren in einem erbärmlichen Zustand und der Rat der Stadt beschloss um die Wende vom 19. zum 20. Jh. das komplette Areal abzureißen.

Zu Beginn des 20. Jh. begab es sich, dass die Besitzerinnen des Hauses Böttcherstraße Nr. 2 den Kaufmann Ludwig Roselius (→ S. 43) ansprachen mit der Bitte, er möge das dem Verfall geweihte Haus kaufen. Der junge Kolonialwarenhändler und Kaffeekaufmann erwarb das Anwesen (heute das Roselius-Haus) und machte es ab 1909 zur Zentrale seines Unternehmens. Der Gründer von Kaffee HAG und passionierte Kunstliebhaber Roselius hatte die Vision, die alte Böttcherstraße in ein Gesamt-

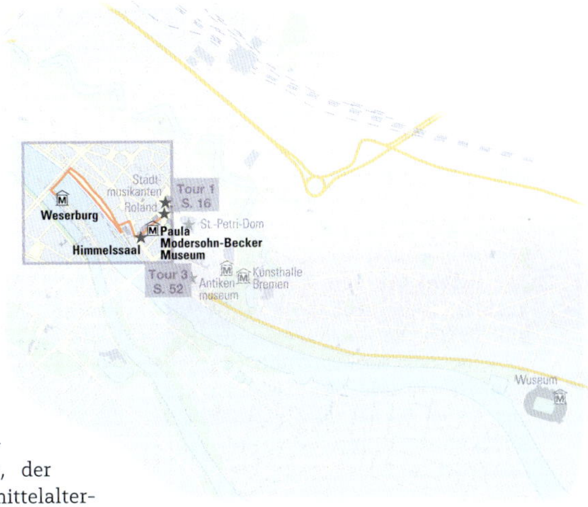

kunstwerk nach seinen Vorstellungen zu verwandeln. Mit den Architekten Eduard Scotland, Alfred Runge und Bernhard Hoetger begann er konkrete Pläne für die Umgestaltung der Böttcherstraße zu schmieden. Das Ergebnis war und ist bis heute eine eindrucksvolle Mischung: eine Verbindung von niederdeutscher Architektur, der Baukunst verschiedener mittelalterlicher Epochen und einer ganz und gar neuen, gewagten expressionistischen Architektur. Runge und Scotland knüpften eher an alte Traditionen an, während Hoetger sich ordentlich austoben durfte. Ihm hat die Nachwelt u. a. das Paula-Modersohn-Becker-Haus, das Haus Atlantis und das Robinson-Crusoe-Haus zu verdanken. Obwohl Hoetger und vor allem Roselius mit den Nationalsozialisten nicht nur sympathisierten, sondern sie geradezu verehrten, geriet das expressionistische Ensemble bei den Nazis auf die rote Liste. Die Böttcherstraße galt als entartete Kunst und sollte gar abgerissen werden. Wohl auch aufgrund Roselius' guter Verbindungen kam es nicht dazu. Der Gründer der Böttcherstraße starb 1943, ein Jahr bevor sein Lebenswerk bei Bombenangriffen stark zerstört wurde. Nach dem Zweiten Weltkrieg wurde das Gesamtkunstwerk fast komplett und originalgetreu wieder aufgebaut. Seit 1973 steht die komplette Böttcherstraße unter Denkmalschutz.

Dort, wo einst die Böttcher ihre Fässer hinrollten, liegt die Schlachte, der historische Bremer Hafen an der Weser. Der Name hat nichts mit „Schlacht" oder „schlachten" zu tun. Er hat seinen Ursprung in dem niederdeutschen Wort „Slagte" oder auch „Slait", was das Einschlagen der Pfähle zur Befestigung des Flussufers beschreibt. Bereits 1250 wurde das Areal erstmals urkundlich erwähnt und besiedelt, im 15. Jh. entstand hier eine hölzerne Kaianlage. Ende des 16. Jh. wurde das Hafenareal umfassend modernisiert, es wurde eine steinerne Kaimauer errichtet und die Schlachte wurde bebaut. Überwiegend waren es typische Kaufmannshäuser, die Wohn-, Kontor- und Lagerbereich unter einem Dach vereinten. Doch als im 19. Jh. die Hafenanlagen in Bremerhaven und im heutigen Walle/Gröpelingen entstanden, verlor die Schlachte als Stadthafen ihre Bedeutung. Im Zweiten Weltkrieg wurde das Areal weitgehend zerstört, die Trümmer beim Wiederaufbau warf man einfach in die Weser und befestigte sie anschließend. So entstand die untere Weserpromenade, auch Untere Schlachte genannt. Aber sowohl dieser Uferweg als auch die historische Promenade an der Oberen Schlachte waren über Jahrzehnte eine triste und langweilige Ecke mitten in der Stadt.

1985 dann wurde die Uferpromenade zur Fußgängerzone umgewidmet und trotzdem war an der Schlachte weiterhin „tote Hose". Erst zwischen 1993 und 2000 im Zuge des EXPO-Projekts „Stadt am Fluss" wurde das Areal am Wasser wirklich neu belebt und zu dem entwickelt, was es heute ist: Bremens erste Gastronomie-Adresse, eine maritime Bummelmeile und ein riesiger Biergarten in allerbester Lage. Die untere Promenade wurde hübsch gemacht, im Wasser wurden Pontons und Anlegestellen installiert, an denen Schiffe aller Art festmachen können. Die Geschichte von der lange Jahre stiefmütterlich behandelten Weserpromenade hat etwas von der Geschichte des Aschenputtels, das zur Prinzessin wurde. Oder, wie der Bremer Weser Kurier zum zehnjährigen Jubiläum der Schlachte titelte: „Vom Hinterhof zur Flaniermeile".

Durch die Böttcherstraße mit ihren markanten expressionistischen Backsteinhäusern, dem Paula Modersohn-Becker und dem Ludwig Roselius Museum gelangt man auf diesem Spaziergang an die Obere Schlachte, die maritime Meile in Bremens Innenstadt. Nach einem Besuch im Museum Weserburg geht es an der Unteren Schlachte zurück zum Martinianleger, wo u. a. das berühmte „Beck's-Schiff", die Alexander von Humboldt, liegt. Von der Weserburg aus bietet sich ein Abstecher zu einer Brauerei-Besichtigung bei Beck's an.

Spaziergang

Anbiederung an Adolf Hitler

Der Lichtbringer

Der Spaziergang beginnt direkt an der Westseite des Marktplatzes. Nach wenigen Schritten auf der Schüttingstraße fällt unweigerlich der „Lichtbringer" am Eingang zur Böttcherstraße ins Auge: ein großes vergoldetes Bronzerelief von Bernhard Hoetger, erschaffen im Jahr 1936. Es zeigt einen unbekleideten Jüngling (Erzengel Michael) mit gelocktem Haar, ein Schwert in der Hand haltend, das er gegen ein Fabelwesen wie einen Drachen oder eine Schlange richtet. Forscht man jedoch nach, so erfährt man, dass Roselius und Hoetger den Eingang umgestaltet hatten, nachdem ihre Kunst bei den Nationalsozialisten in die Kritik geraten war. Die zuvor dort angebrachte expressionistische Glasskulptur ersetzten sie durch den „Lichtbringer".

Hoetgers Werk ist nichts anderes als eine Anbiederung und eine Verherrlichung Adolf Hitlers. Der Künstler hoffte, damit auszudrücken, „wie sehr ich unseren Führer und seine Taten verehre". Es sollte, so Hoetger weiter, „ein Zeichen des Sieges unseres Führers über die Mächte der Finsternis" sein. Der Jüngling ist also sinnbildlich niemand anders als Hitler selbst, so die Deutungen der Kritiker. Bereits 2012 kündigte der Bremer Senat an, dort eine Hinweistafel anzubringen. 2013 bekräftigte die Fraktion der Linken in der Bürgerschaft die Forderung, um auf „das einzige öffentliche Hitler-Denkmal, das heute noch existiert", hinzuweisen. Bis heute vergebens. Bernhard Hoetger hatte sein Opportunismus übrigens nichts genützt; er wurde 1938 aus der NSDAP ausgeschlossen.

Erstes Museum für eine Malerin

Paula Modersohn-Becker Museum

Direkt am Beginn der Böttcherstraße auf der linken Seite befindet sich das Paula-Modersohn-Becker-Haus, das wiederum das Paula Modersohn-Becker Museum beherbergt. Das Museum in dem expressionistischen Backsteinbau mit den Art-déco-Elementen, den verspielten Malereien und Lichteffekten sowie den beiden markanten Türmen wurde 1927 eröffnet und war das erste Museum weltweit, das einer Malerin gewidmet wurde. Roselius war ein großer Bewunderer der Worpsweder Malerin, die erst nach ihrem Tod 1907 weltweite Anerkennung als eine der wichtigsten Vertreterinnen des frühen Expressionismus in Deutschland erhielt. Roselius hatte ganz offensichtlich eher ein Auge und ein Gespür dafür als andere.

Die ursprüngliche Sammlung des Mäzens wurde im Laufe der Jahrzehnte durch Neuankäufe und Leihgaben der Paula-Modersohn-Becker-Stiftung erweitert, und so präsentiert das Museum die Hauptwerke aus allen Schaffensphasen dieser Pionierin der modernen Malerei aus dem Beginn des 20. Jh. Seit 2005 ziert eine LED-Installation der US-amerikanischen Künstlerin Jenny Holzer als *Hommage For Paula Modersohn-Becker* das Treppenhaus des Museums.

Zudem zeigt das Museum die **Sammlung Bernhard Hoetger** (mit zahlreichen Werken des Architekten, Grafikers, Bildhauers und Malers), der maßgeblich an der Neugestaltung des Böttcherstraßen-Ensembles beteiligt war.

Im sogenannten **Handwerker-Hof** befindet sich der von Hoetger erschaffene **Sieben-Faulen-Brunnen.** Er ist entstanden nach einer Sage: Die Sieben Faulen waren sieben Brüder, die in Wahrheit gar nicht faul, sondern ziemlich schlau waren. Gleich gegenüber am Haus der Sieben Faulen (Nr. 7–9) zieren jene Brüder den Giebel. Und dort sind sie keineswegs als faule Gesellen dargestellt wie am Brunnen, sondern als aufrechte und stolze Burschen, die einige sinnvolle und arbeitssparende Erfindungen machten. Das Wasser am Brunnen plätschert übrigens aus einem Rohr, das die Bremer Stadtmusikanten zieren.

Di–So 11–18 Uhr. Eintritt 10 €, erm. 6 €. Böttcherstraße 8–10, ✆ 0421/3388222, www.museen-boettcherstrasse.de. S 2, 4, 6 und 8.

Bedeutende Sammlung

Ludwig Roselius Museum

Ein paar Schritte weiter in Richtung Weser, ebenfalls auf der linken Straßenseite, steht das Haus, in dem die Umgestaltung der Böttcherstraße Anfang des 20. Jh. ihren Anfang nahm.

Böttcherstraße und Schlachte → Karte S. 51

Beherbergt u.a. Werke von Lucas Cranach dem Älteren: das Ludwig Roselius Museum

Das Renaissance-Backsteingebäude mit seinem markanten Treppengiebel wurde Mitte des 16. Jh. auf einem Fundament aus dem 14. Jh. errichtet. Es wurde im Zweiten Weltkrieg fast vollständig zerstört, die Kunstwerke der Sammlung Roselius gottlob ausgelagert, sodass sie alle erhalten blieben. Der originalgetreue Nachbau des Hauses beherbergt heute das Ludwig Roselius Museum. Im Eingangsbereich findet man einige bedeutende Kunsthandwerks-Stücke wie die mittelalterliche Eichenholz-Skulptur des Hl. Christophorus, des Schutzpatrons der Schifffahrt, aus dem frühen 16. Jh., andere Exponate erinnern an die Kaufmannstradition Bremens in früheren Jahrhunderten. Highlight des Museums dürfte jedoch der Cranach-Raum sein, in dem einige Bilder von Lucas Cranach dem Älteren (1472–1553) ausgestellt sind, einem der wichtigsten deutschen Maler der Reformationszeit. Weitere Kunstwerke, Skulpturen, Gemälde und mittelalterlicher Schmuck sind im Gotischen Raum, im Treppenzimmer, in der Schatzkammer sowie im Oberlichtsaal und im Esszimmer zu bewundern.

Di–So 11–18 Uhr. Eintritt 10 €, erm. 6 €. Böttcherstraße 6, ✆ 0421/3388222, www.museen-boettcherstrasse.de. S 2, 4, 6 und 8.

Haus des Glockenspiels
in der Böttcherstraße

„Die Gedanken sind frei"

Haus St. Petrus und Haus des Glockenspiels

Im **Haus St. Petrus** (1923–1927 errichtet) gegenüber, geplant und gebaut von den Architekten Scotland und Runge, waren seit der Wiederbelebung der Böttcherstraße in den 1920-Jahren stets gastronomische Betriebe untergebracht. Roselius hatte einst vorgesehen, hier ein Fischrestaurant zu etablieren. Deshalb auch der Name Petrus, Schutzheiliger der Fischer. Hinter den Arkaden des Backsteinhauses verbirgt sich das Flett, eine in den 1920er-Jahren als Bauerndiele gestaltete Gaststätte. Das Flett beherbergt die Bremer Dependance der Ständigen Vertretung (STAEV), einer Kneipe, in der sich tatsächlich nicht selten Bremer Politiker sehen lassen – und in der „Kölsch" ausgeschenkt wird.

Wo sich die Böttcherstraße zu einem kleinen Platz verbreitert, steht das **Haus des Glockenspiels** aus dem Jahr 1934. Die Glocken aus feinstem Meißner Porzellan zwischen den beiden Backsteingiebeln spielen sieben Minuten lang alte Volksweisen, darunter das bekannte Lied „Die Gedanken sind frei". Zeitgleich dazu dreht sich das Mittelteil eines Mauerstücks und präsentiert von Hoetger entworfene und bunt gestaltete Holztäfelchen. Sie zeigen berühmte Atlantik-Überquerer, von den Wikingern über Columbus bis hin zu Charles Lindbergh und Graf Zeppelin. Im Inneren des Hauses befindet sich u. a. das Atlantis-Kino.

Glockenspielzeiten: Jan. bis März 12, 15 und 18 Uhr, April bis Dez. stündlich 12–18 Uhr.

Ein Stück vom Himmel

Haus Atlantis

Gleich neben dem Haus Glockenspiel steht das Haus Atlantis (1931), das einzige nach dem Zweiten Weltkrieg deutlich umgestaltete Bauwerk der Böttcherstraße. Das hatte politische Gründe, denn in der Architektur der ursprünglichen Fassade steckte eindeutig zu viel von der rassistischen Atlantis-Theorie des nationalsozialistischen Mythenforschers Hermann Wirth. Roselius war begeistert von Wirths Idee, die gesamte abendländische Kultur entstamme einem germanischen Volk, das gemeinsam mit der Insel Atlantis untergegangen war. Und so ließ er die Front des Hauses Atlantis von Bernhard Hoetger in einem futuristischen Stil aus der damals höchst ungewöhnlichen Materialkombination Glas, Holz und Stahlbeton errichten, was den kulturellen Führungsanspruch der germanischen Rasse dokumentieren sollte.

Im Zweiten Weltkrieg wurde auch das Haus Atlantis weitgehend zerstört und in den 1960er-Jahren der Architekt Ewald Mataré beauftragt, die Fassade neu zu gestalten. Durchaus im Stile, aber nicht im Sinne Hoetgers.

Im Originalzustand sind lediglich das Treppenhaus und der **Himmelssaal**, beides herausragende Beispiele des Art-déco in Deutschland (1930). Die elegante Wendeltreppe mit ihren 89 mit Glasbauelementen gestalten Stufen führt in den lichtdurchfluteten Himmelssaal. Man mag von Hoetger und seinen kruden Gedanken halten, was man will, als Architekt war der Mann großartig. Der Saal mit seiner Kuppel aus blauen und weißen Glasbausteinen haut einen schlichtweg um. Das gläserne Gewölbe wirkt wie ein Sternenzelt, an der Stirnseite „scheint“ eine riesige Sonnenscheibe und goldene Kugeln als Planeten schmücken das Gesamtkunstwerk. Schade, dass das überaus profane Gestühl den überwältigenden Gesamteindruck ein wenig stört.

Der Himmelssaal gehört inzwischen zum RadissonBlu-Hotel. Zwecks Besichtigung wendet man sich an die Rezeption des Hotels. Eintritt 3 €. Böttcherstraße 1, ✆ 0421/36960.

Pioniergeist

Robinson-Crusoe-Haus

Ganz am Ende dieser außergewöhnlichen Straße steht noch ein Haus mit einem ungewöhnlichen Namen: das Robinson-Crusoe-Haus. Was hat der Held aus Daniel Defoes Roman gleichen Namens mit Bremen zu tun? Zum einen stand Robinson Crusoe für Roselius als Symbol für hanseatischen Tatendrang und Pioniergeist. Zum anderen stammte Defoes Romanfigur ursprünglich aus Bremen. Als junger Mann ging er als Robinson Kreutzner nach England, dort wurde aus seinem deutschen Nachnamen das englische Crusoe. Im Erdgeschoss befindet sich heute das Kaffegeschäft Büchlers Bohne.

Bremens maritime Meile

Die Schlachte

Am Ende der Böttcherstraße stößt man auf die Martinistraße. Will man direkt an die Weser, nimmt man den Fußgängertunnel. Der Spaziergang geht hier jedoch weiter über die Ampel an der Martinistraße durch die Erste Schlachtpforte zur (oberen) Schlachte.

Seit 2000 ist die Schlachte eine absolute Touristenattraktion, obwohl es dort so gut wie keine Sehenswürdigkeiten

Böttcherstraße und Schlachte → Karte S. 51

gibt. Dafür finden Touristen die ganze Bandbreite an Gastronomie vor: vom italienischen Restaurant über bayerische Biergärten bis hin zu durchgestylter Event-Gastronomie. Es gibt Bremer, die behaupten, die Schlachte sei nur etwas für Delmenhorster (das sind die Menschen aus der kleinen Nachbarstadt, so etwas, was die Pinneberger für Hamburg oder die Troisdorfer für Köln sind). Tatsächlich bleiben die Viertelbewohner lieber im Viertel, ihnen ist die Gastro-Schlachte zu sehr „mainstream". Aber froh und ein bisschen stolz darüber, dass die Stadt wieder näher an den Fluss gerückt ist, sind dann doch alle Bremer.

Bis Anfang 2014 lag dort auch der detailgetreue Nachbau einer historischen Hansekogge. Eines Morgens an einem trüben Januarmorgen guckte allerdings nur noch der Mast aus dem Weserwasser heraus. Die „Roland von Bremen" war aufgrund eines defekten Ventils gesunken. Anfang 2020 vermeldeten Bremer Medien, dass die komplett sanierte Hansekogge noch im Sommer des Jahres an die Schlachte zurückkehren sollte; voraussichtlich wird es aber erst 2021 so weit sein.

Im Sommer brüllen sich hier die Marktschreier beim „Kajenmarkt" die Seele aus dem Leib, und Shanty-Chöre schmettern maritimes Liedgut. An der unteren Promenade wird jeden Samstag auf dem Flohmarkt Trödel verhökert. Und in der Adventszeit ergänzt der mittelalterliche „Schlachte-Zauber" den Bremer Weihnachtsmarkt.

Moderne Kunst

Museum Weserburg

Der Spaziergang führt auf der Oberen Schlachte bis zur Bürgermeister-Smidt-Brücke. Hier geht es über den Fluss zum Teerhof und zur Weserburg, einem absolut empfehlenswerten und international renommierten Museum für mo-

Die Schlachte bei Nacht

derne Kunst. In dem verschachtelten alten Speicherhaus werden auf mehreren Etagen Werke von den 1960er-Jahren bis zur Gegenwart gezeigt, immer wieder neu arrangiert und präsentiert. Die Weserburg ist nicht nur ein besonderes Museum, weil hier besondere Kunstwerke hängen, stehen, sich bewegen, klingen, flimmern. Es ist auch deshalb besonders, weil es das erste Sammlermuseum Europas war und bis heute ist. Die Werke der privaten Sammler umfassen eine ungeheure Bandbreite, eine Vielfalt an medialen Formen, von filigranen Zeichnungen über riesige Gemälde bis hin zu Skulpturen, Collagen und Installationen. Das Neben- und Miteinander der verschiedenen Sammlungen und ihrer jeweiligen Konzepte eröffnet immer wieder Überraschungen und neue Blickwinkel beim Betrachter. Namen wie Gerhard Richter und A.R. Penck oder Daniel Spoerri dürften sogar „Kunstbanausen" etwas sagen.

Es ist absolut sinnvoll, sich mit den ausliegenden DIN-A4-Blättern einzudecken, bevor man sich auf den Rundgang begibt. Denn die Kunstwerke scheinen für „Otto-Normalverbraucher" beim ersten Blick eher in die Kategorie „Ist das Kunst oder kann das weg?" zu gehören. Lässt man sich jedoch darauf ein, liest man nach über die Intentionen der Künstler, über den Kontext, in dem die Werke entstanden sind, geht das Kopfkino los. Man beginnt zu diskutieren, zu staunen, sich zu wundern, sich zu fürchten, sich zu ekeln oder sich zu freuen. Die Ausstellungen in der Weserburg wecken Emotionen, sie regen den Geist an, aber sie fordern auch, sie bewegen den Betrachter. Genau so soll es sein. Das Museum Weserburg versteht sich nicht nur aufgrund der geografischen Lage als ein „Museum im Fluss". Immer wieder werden neben den dauerhaft ausgestellten Sammlungen spannende Sonderausstellungen präsentiert, einmal wöchentlich gibt es Führungen.

Di–So 11–18 Uhr (Do 11–20 Uhr). Eintritt 9 €, erm. 5 €. Teerhof 20, ✆ 0421/598390, www.weserburg.de.

Schiffe gucken

Martinianleger und Martinikirche

Von der Weserburg führt der Weg wieder auf die Altstadtseite, diesmal direkt an der unteren Weserpromenade zurück in Richtung **Martinianleger.** Am Kai liegen historische Schiffe wie der Raddampfer „Weserstolz", das Pankoekschip „Admiral Nelson" und seit 2016 die „Alexander von Humboldt". Den meisten wird das 1906 in Bremen gebaute Schiff (damals unter dem Namen „Reserve Sonderburg" und als Feuerschiff im Einsatz) ein Begriff aus der Werbung für eine bekannte Bremer Biersorte sein. Das Bild, wie die „Alex" mit den markanten grünen Segeln über die Weltmeere kreuzt, dürfte bei den

Böttcherstraße und Schlachte → Karte S. 51

meisten mit dem Klang von Hans Hartz' und später Joe Cockers Reibeisenstimme verbunden sein („Sail away"). Ab Mai 2015 lag die zu einem Hotel- und Restaurantschiff umgebaute „Alexander von Humboldt" im Europahafen, seit Herbst 2016 kann man sie an der Schlachte besichtigen, etwas essen oder trinken oder sogar auf ihr übernachten (→ S. 50 und S. 157). Vom Martinianleger legen verschiedene Schiffe zu Fahrten auf der Weser und/oder in die Häfen ab.

Oberhalb der unteren Weserpromenade liegt die **Martinikirche,** eines der ältesten Gotteshäuser der Stadt. Um sie zu besichtigen, geht man die Rampe vom Martinianleger zur Ersten Schlachtpforte hinauf. Der spätgotische Backsteinbau an der Weser war über Jahrhunderte die Kirche der Bremer Kaufleute, weshalb sie auch „Ollermannskarken" genannt wurde, angelehnt an die sogenannten „Elterleute" der Kaufmannschaft. Die Bremer „Pfeffersäcke" hatten in St. Martini sogar einen eigenen Altar. Im Zweiten Weltkrieg wurde die Kirche stark beschädigt, erhalten blieb u. a. die filigran geschnitzte Kanzel aus dem späten 16. Jh. Wieder aufgebaut nach dem Zweiten Weltkrieg, wurde die Martinikirche kurz vor Weihnachten 1960 eingeweiht.

Zu Besuch bei Radio Bremen

Stephaniviertel

Hinter der Bürgermeister-Smidt-Brücke folgt der ruhigere Teil der Schlachte, man gelangt zum Funkhaus von **Radio Bremen.** Im Rahmen eines zweistündigen Rundgangs können Gruppen die Redaktionen und u. a. das Buten-und-binnen-Nachrichtenstudio besichtigen (Anfragen unter besuch@radiobremen.de).

Die **Stephanikirche** im nach ihr benannten Viertel ist von außen durchaus sehenswert, birgt aber keinerlei Kulturschätze im Inneren. Nennenswert hingegen ist der Status als Kulturkirche

Admiral Nelson und Alexander von Humboldt (r.)

Bremens. Hier finden zahlreiche Lesungen, Konzerte, Ausstellungen und Filmvorführungen statt.

Der Uferweg führt unter der Stephanibrücke hindurch in die Überseestadt. Entweder setzt man seinen Weg hier fort in Richtung der ehemaligen Bremer Häfen (→ Tour 6) oder man spaziert auf demselben Weg an der Weser zurück in Richtung Innenstadt.

Abstecher

Museum und Brauereiführung

Beck's-Besucherzentrum

Vom Museum Weserburg sind es nur ein paar Schritte entlang der Weser zur Brauerei.

Puristen meckern, dass das Beck's Bier nicht mehr so schmeckt wie früher, seitdem die Bremer Biermarke in der markanten grünen Flasche von internationalen „Food-Multis" geschluckt wurde. Aber das Bier zu trinken dürfte wohl nicht der Hauptgrund sein, um eine Führung auf dem Gelände an der Weser mitzumachen. Die dreistündige Tour durch die Beck's- und Haake-Beck-Brauerei an der Weser beinhaltet u. a. die Besichtigung des Museums, einen Einblick ins Sudhaus mit Malzsilos, Gär- und Lagertanks sowie ins Labor – und schließlich die Verkostung der hier produzierten Biere.

Mo–Mi 13, 15 (deutsch und englisch) und 17 Uhr, Do–Sa 11, 13 und 15 (deutsch und englisch) sowie 17 Uhr. Eintritt 13,90 €. Beck's und Haake-Beck Besucherzentrum, Am Deich 18/19, ✆ 0421/50945555, www.becks.de. S 6.

Bier von Welt

Praktische Infos

→ Karte S. 51

Essen & Trinken

meinTipp Osteria **3**, einer der besten Italiener der Stadt. Lange Jahre saßen hier die Kicker von Werder Bremen und ließen es sich nach Siegen so richtig gut gehen. Hatten sie verloren, dann wurden sie wenigstens mit erstklassiger, schnörkelloser Küche verwöhnt. In der offenen Küche werden Fisch und Fleisch gegrillt, es wird ordentlich auf Italienisch geflucht. Sonderwünsche, zum Beispiel Fegato alla salvia statt Leber auf venezianische Art, werden gerne erfüllt. Es kann schon mal sein, dass der Service ein wenig lässig daherkommt. Geschenkt, das Essen ist gut. Im Sommer sitzt man draußen direkt an der Schlachte. Pasta zwischen 9 und 14,50 €, Hauptgerichte ca. 19–27 €. Tägl. 12–1 Uhr. Schlachte 1, ✆ 0421/3398207, www.osteria-bremen.de. S 2, 3, 4, 6 und 8, Busse 24 und 25.

Alexander von Humboldt 7, etwas Besonderes ist es sowieso auf der „Alex" zu sitzen, aber tatsächlich ist auch die Küche auf dem historischen Schiff ganz in Ordnung, teilweise sogar richtig gut. Auf der monatlich wechselnden Speisekarte stehen regionale und saisonale Gerichte wie Labskaus (13,90 €), aber auch internationale Speisen. Im Winter ist auch auf der „Alex" Kohl- und Pinkelzeit, der Grünkohlteller mit Fleisch, Kochwurst und Pinkel kostet 15,50 €. Logisch, dass auf dem ehemaligen Beck's-Werbeschiff auch Beck's vom Fass und in Flaschen ausgeschenkt wird. Tägl. 11.30–21.30 Uhr. Anleger Schlachte 1 a, ✆ 0421/38039699, www.alex-das-schiff.de. S 1, 2, 3 und 6, Busse 26 und 27.

Restaurant Am Deich 8, das Restaurant ist der gastronomische Teil des Künstlerhauses Bremen auf der Neustadt-Seite der Weser. Es ist jetzt nicht die ganz große Küchenkunst, keine Sterne-Küche, aber eine durchaus leckere, kreative und abwechslungsreiche Küche, die in einem netten, ungezwungenen Ambiente serviert wird (monatlich wechselnde Speisekarte). Vor allem stimmt das Preis-Leistungs-Verhältnis: wirklich schmackhafte Suppen (Kastaniencreme- oder italienische Pastinakensuppe sind schon für 4,50 € zu bekommen), ein Rinder-Carpaccio vorweg für 5,70 €, Hauptspeisen wie Zanderfilet aus dem Backofen oder Asiatische Kalbsbäckchen kosten nicht mehr als 16 €, ein Lamm-Carrée in Walnusskruste keine 18 €. Dazu werden wirklich gute (Bio-)Weine gereicht. Di–So ab 18 Uhr. Am Deich 68, ✆ 0421/5979682, www.restaurant-am-deich.de. S 1, 2, 3 und 6.

Einzigartiges Gesamtkunstwerk: die Böttcherstraße

Ma 2, 2019 eröffnet, eine dieser hippen Locations, wie sie in allen deutschen Großstädten wie Pilze aus dem Boden sprießen. Da darf auch Bremen nicht fehlen. „Für Leib und Kehle" lautet das Motto des Etablissements, das so gut wie alles anbietet, was das Jungvolk so zu begehren scheint. Bowls (9–11 €), „Stullen", also belegte Brote, die Namen wie „Kleiner Rabauke" oder „Frecher Bursche" tragen (3–8,50 €), Burger zum selbst Zusammenstellen ab 10 € und Pizzen (5–15 €). Außerdem im Angebot: ein herzhaftes und in der Tat ziemlich leckeres Frühstück in den Versionen „Halbe Lutzi" (9 €) und „Volle Lutzi" (19 €). Drinnen laut, draußen direkt am Fluss. Mo–Fr 9–1 Uhr, Sa/So bis 2 Uhr. Schlachte 31, ✆ 0421/16337137, www.mazeit.de. S 2, 3, 4, 6 und 8, Busse 24 und 25.

Shopping

Werkschau-Laden 4, schon in den Gründungsjahren der neuen Böttcherstraße wurden im Werkschau-Laden die Produkte verkauft, die im Handwerker-Hof hergestellt wurden. Heute gibt es hier eine breite Palette eher hochwertiger Accessoires aus allen möglichen Materialien, Kunst und Kunsthandwerk, Schmuck, aber auch eine gehörige Portion „Nippes". Zudem findet man hier die kunterbunten Remember-Produkte vom Fahrrad über Socken und Mützen bis hin zu Eierbechern und Mousepads. Mo–Sa 10–19 Uhr, April bis Sept. auch So 11–16 Uhr. Böttcherstraße 8–10, ✆ 0421/3388226, www.werkschau-boettcherstrasse.de. S 2, 3, 4, 6 und 8, Busse 24 und 25.

Büchlers Beste Bohne 6, Ludwig Roselius' Geschäft war der Handel mit Kaffee und so darf natürlich in der Böttcherstraße auch ein Kaffeeladen nicht fehlen. In der ehemaligen Kaba-Probierstube im Robinson-Crusoe-Haus kann man die Produkte von Büchlers Beste Bohne nicht nur kaufen, sondern auch verkosten. Im Angebot sind erlesene und schonend geröstete Rohkaffees aus Äthiopien, Costa Rica,

Guatemala und Kolumbien – benannt wurden die verschiedenen Kaffeesorten nach Begriffen aus der Seefahrt. Mo–Fr 11–18 Uhr, Sa 10–18 Uhr und So 11–16 Uhr. Böttcherstraße 1, ✆ 0412/67324958, www.bremer-kaffeegesellschaft.de. S 2, 3, 4, 6 und 8, Busse 24 und 25.

Bremer Bonbon Manufaktur 5, die Bremer Bonbon Manufaktur verkauft seit 2009 in der Böttcherstraße eine bunte Mischung an „Bonschen", wie der Bremer sagt. Nach eigenem Rezept und nur echt mit dem Stadtmusikanten-Logo. 2017 eröffnete im Schnoor die Werkstatt, wo man sich anschauen kann, wie die Bonbons und Zuckerstangen entstehen. Mo–Sa 11–18 Uhr, April bis Dez. auch So 12–17 Uhr. Böttcherstraße 8, ✆ 0421/36491231, www.bremer-bonbon-manufaktur.de. S 2, 3, 4, 6 und 8, Busse 24 und 25.

HIFI CITY 1, die Gebrüder Andree und Michael Schmidt sind echte Freaks und brennen immer noch für ihr Business. Hifi City verkauft hochwertige Anlagen, High-End-Komponenten, Fernseher und Soundkonzepte von Burmester und Loewe über Geneva und Bang & Olufsen bis hin zu REVOX und SONOS. Die Atmosphäre ist so viel besser als in den Geiz-ist-geil-Technikmärkten und die Beratung natürlich auch. Nur mit dem Wunsch nach einem Fernsehgerät für 200 € sollte man den Fachleuten nicht kommen, da können sie schon mal ein bisschen schnippisch werden. Mo–Fr 10–19 Uhr, Sa 10–16 Uhr. Martinistraße 57, ✆ 0421/558694, www.hifi-city-bremen.de. S 2 und 3.

Bremens ältestes Viertel

Tour 3

Dieser relativ kurze Spaziergang führt durch den Schnoor, das älteste Viertel Bremens. Viele der kleinen, windschiefen Häuschen in dem mittelalterlichen Gängeviertel beherbergen inzwischen Läden mit Kunsthandwerk, Mode und Bremensien. Cafés, Kneipen und Restaurants laden zum Verweilen ein – der Tourismus hat den Schnoor voll im Griff.

Schnoor (Straße), Laden an Laden in mittelalterlichem Ambiente, S. 54

Bremer Geschichtenhaus, eine Reise durch die Jahrhunderte, S. 55

Schnoor Nr. 2, ältestes profanes Gebäude Bremens von 1401, S. 52

Gemütliche Gassen

Schnoorviertel

Der Schnoor wurde im 13. Jh. erstmals erwähnt, an anderer Stelle wird behauptet, dass hier bereits im 10. Jh. die Katen von Handwerkern, Fischern und Schiffern standen; das allerdings lässt sich nicht durch Quellen belegen. Fast noch wichtiger ist ein anderes Datum: der 3. Februar 1959, an dem der Bremer Senat ein Gesetz verabschiedete, das den Schnoor vor dem Abriss, aber auch vor Verunstaltungen durch scheußliche Betonbunker bewahrte. Wahrlich keine Selbstverständlichkeit in jenen Zeiten, wenn man bedenkt, welche Bauwut und welch Modernisierungswahn auch in Bremen in den 1960er- und 1970er-Jahren herrschte. Und es ist ein Segen, wenn man sieht, welches Kleinod mit diesem Gesetz gerettet werden konnte.

Das Schnoorviertel wurde behutsam mit staatlichen Zuschüssen und unter den wachen und gestrengen Augen der Denkmalschützer saniert. Man hatte bisweilen den Eindruck, die halbe Stadt beteilige sich an der Rettungsaktion bzw. der Verschönerung des Schnoors. Überall in Bremen suchte man historisches Baumaterial zusammen und verbaute es in den Gassen des alten Quartiers. Nicht alles ist also original, aber viele der Häuser stammen aus dem 16. und 17. Jh., die ältesten noch erhaltenen profanen Häuser in ganz Bremen sind das Haus Schnoor 15 (Brasilhaus) von 1402 und das Packhaus Schnoor 2 von 1401.

Den Namen Schnoor (niederdeutsch: Schnur) erhielten das Quartier und die „Hauptstraße“ gleichen Namens wohl nicht, wie vielfach behauptet, weil die Häuser hier aufgereiht wie an einer Schnur gebaut wurden. Vielmehr geht der Name vermutlich auf das alte Handwerk der Tau- und Seilmacher zurück, die hier ihrer Arbeit nachgingen. Aber darüber streitet man nach wie vor in Bremen.

Fakt ist, dass der Schnoor im Mittelalter ein blühendes Handwerker-Viertel war. Es entwickelte sich am Rande eines ehemaligen Franziskanerklosters samt Basilika, an deren Stelle die 1380 errichtete und bis heute erhaltene Kirche St. Johann trat. An die Lage an der Balge, einem ehemaligen Nebenfluss der Weser, erinnern noch Namen wie Balgebrückstraße und Hinter der Balge. Über den später versandeten bzw. zugeschütteten Nebenfluss der Weser konnten die Flussschiffer ihre Waren bis fast zum Markt und zum Dombezirk bringen. Weil die Schnoor-Bewohner auch ihre Latrinen in der Balge entsorgten, stank es bisweilen bis zum Himmel. Und der Rat der Stadt erließ ein Gesetz, dass die vorbeifahrenden Schiffer zumindest vor dem Entleeren der Fäkalienbehälter per Klingelzeichen gewarnt werden mussten.

Insbesondere im ausgehenden 19. Jh. und zu Beginn des 20. Jh. lebte in den engen Gassen des Schnoors überwiegend das Prekariat der Stadt. Vielen der zu bescheidenem Wohlstand gekommenen vorherigen Schnoor-Bewohnern war es zu eng geworden, rund um die damalige Altstadt wohnte es sich deutlich komfortabler.

Als das Schnoorviertel dann in den 1960er-Jahren wieder hübsch gemacht wurde, nutzten Künstler und Kunsthandwerker die Gunst der Stunde, zogen dort hin, eröffneten Läden, Ateliers und Werkstätten und sorgen seitdem für das besondere Flair. Wenngleich man eines ganz klar sagen muss: Der Schnoor ist in erster Linie eine Touristenattraktion.

Von der Schnoortreppe führt der Spaziergang an der Kirche St. Johann vorbei zum hübschen Platz am Stavendamm. Ab hier bummelt man durch die Straße, die genauso heißt wie das Viertel (Schnoor). Nach wenigen Schritten schon biegt man ab und passiert die lebendige Gasse mit dem skurrilen Namen Wüstestätte, wo sich ein Besuch im Bremer Geschichtenhaus anbietet. Schließlich geht es am Ottjen-Alldag-Brunnen vorbei zurück durch die Hauptgasse Schnoor.

Spaziergang

Irrenanstalt und Badestube

St.-Johann-Kirche und Stavendamm

Einen Spaziergang durch den Schnoor beginnt man am besten an der Schnoortreppe, die von der Balgebrückstraße hinunterführt. Nach wenigen Metern kann man einen Abstecher zur römisch-katholischen **St.-Johann-Kirche** machen, ein typischer Vertreter der Backsteingotik. Erbaut wurde das Gotteshaus bereits 1380 als dreischiffige Hallenkirche.

Im Zuge der Reformation wurde das Kloster geschlossen, die Kirche lange Jahre als Krankenhaus und „Irrenanstalt" genutzt. Erst seit Anfang des 19. Jh. finden hier wieder katholische Gottesdienste statt. Das Innere der Kirche, die 1871/72 umfassend renoviert wurde, ist vergleichsweise schlicht und besitzt keine besonderen kulturhistorischen Schätze.

Weiter geht es auf der Hohen Straße bis **Stavendamm** (Staven = beheizte Stuben). Sowohl der Platz als auch die sich kreuzenden Straßen heißen Stavendamm. Hier steht gegenüber vom historischen **Schiffer-Haus** (leider nicht mehr zu besichtigen) der **Badestubenbrunnen** samt der Skulptur „Beim Bade" des Bremer Bildhauers Jürgen Cominotto. Das Werk aus dem Jahr 1985 erinnert an die Badestuben, die die Menschen im Schnoor früher gemeinschaftlich nutzten. Wobei die Badehäuser ganz offensichtlich nicht nur dem Zwecke der Körperhygiene dienten, sondern auch dazu, sich menschlich etwas näher zu kommen – was das fröhlich-frivole Paar der Skulptur widerspiegelt. Angeblich soll einst auch der Bürgermeister des Öfteren in diesen Badestuben gewesen sein. Um unerkannt zu bleiben, soll er einen unterirdischen Gang benutzt haben, der das Rathaus mit dem Stavendamm verband. 2007 wurde die bronzene Plastik geklaut. Gut, dass der Künstler eine zweite angefertigt hatte, die seitdem wieder den kleinen Platz im Schnoor ziert. Im Sommer kann man hier wunderbar sitzen und „kaffeesieren", bevor man sich in die Hauptgasse Schnoor stürzt.

Freilichtmuseum & Gesamtkunstwerk

Schnoor und Wüstestätte

In der Hauptgasse des Schnoorviertels reihen sich die kleinen Häuser wirklich aneinander wie an einer Schnur aufgezogen und vor allem reiht sich heute Laden an Laden, Café an Café, Galerie an Galerie. Der Schnoor hat nicht wirklich bedeutende Sehenswürdigkeiten zu bieten, er ist eine Art Freilichtmuseum und Gesamtkunstwerk. Und Kunst gibt es in den Shops genauso zu kaufen wie Antiquitäten, Bremensien, Schmuck und Klamotten. Nach knapp hundert Metern biegt man rechts ab in die Gasse mit dem merkwürdigen Na-

Stavendamm im Schnoor

Heimeliger als der Name vermuten lässt: die Wüstestätte

men Wüstestätte. Der Name stammt aus der Zeit nach dem großen Stadtbrand 1657. Diese Ecke des Schnoors wurde lange Zeit nicht wieder aufgebaut und war insofern eine leere, öde und wüste Stätte. Das kann man sich heute kaum noch vorstellen, denn in dem schmalen Durchgang staut es sich hier gelegentlich. In zig verschiedenen Sprachen wird hier von den Touristen aus aller Herren Länder die Niedlichkeit des Viertels gelobpreist und anschließend wird ausgiebig in den auch hier ansässigen Läden geshoppt.

Stadtgeschichte live erleben

Bremer Geschichtenhaus

Auf dem kleinen Platz vor dem St. Jakobus Packhaus, Heimstatt des Bremer Geschichtenhauses, stehen tagsüber eigentlich immer Schauspieler, die in historischen Kostümen Bremer Originale wie Heini Holtenbeen, Fisch-Lucie oder die Giftmörderin Gesche Gottfried (→ S. 34) darstellen. In dem Erlebnismuseum im Schnoor machen diese Laien-Schauspieler die Bremer Stadtgeschichte anschaulich, Besucher erfahren Wissenswertes über die Pest, die einst in Bremen wütete, über den Dombrand und werden auf unterhaltsame Art und Weise mit den Bremer Originalen wie Heini Holtenbeen vertraut gemacht. Hier werden die Bremer Legenden und Sagen lebendig und man kann nacherleben, wie Bremen einst zur Freien Reichsstadt wurde. Und Achtung, wenn der Seemann im Geschichtenhaus Sie „schanghaien“ will, also gewaltsam für sein Schiff rekrutieren.

Mo 12–18 Uhr, Di–So 11–18 Uhr. Eintritt 6,90 €, erm. 3,90 €, Erw. mit bis zu zwei Kindern (bis 18 J.) 7,50 €, Familien (2 Erw., bis zu 5 Kinder) 14,90 €. Wüstestätte 10, ✆ 0421/3362651, www.bremer-geschichtenhaus.de.

Heini Holtenbeens Heimat

Hinter der Holzpforte und Marterburg

Geht man die Wüstestätte bis zum Ende, kommt man auf die Straße „Hinter der Holzpforte“, an der man sich links hält und nach ein paar Schritten vor einem der schönsten Häuser des Schnoors steht, dem im Renaissance-Stil erbauten **Concordenhaus** (1630).

Schnoorviertel → Karte S. 58

Die Straße heißt ab hier „Marterburg", was rein gar nichts Martialisches an sich hat. Denn der Name ist wohl eher abgeleitet von „Mattenburg". Dies war in früheren Zeiten eine Lagerstelle für Korn und Mehl, die auf sogenannten Matten gelagert wurden. Hier steht auch die Plastik zu Ehren des Bremer Originals **Heini Holtenbeen** (→ Kasten).

Rechter Hand liegt der verhältnismäßig neue Laden der **Bremer Bonbon Manufaktur** (Stammhaus in der Böttcherstraße, → S. 51). Hier kann man zuschauen, wie die leckeren „Bonschen" mit dem Logo der Bremer Stadtmusikanten produziert werden. Am Ende der Marterburg findet man ein ganz spezielles Geschäft, nämlich eines, in dem 365 Tage im Jahr Weihnachten ist. Zumindest kann man hier auch im Juli Christbaumkugeln und Lametta kaufen (www.weihnachtstraeume.de).

Der Spaziergang führt aber schon ein paar Meter vorher links hinein in die Gasse „Hinter der Balge". Hier sind keine Geschäfte mehr, keine Cafés, hier ist man für ein paar Minuten abseits des Trubels und fühlt sich tatsächlich ins Mittelalter zurückversetzt. Zurück zum Schnoor gelangt man durch einen Durchgang, um dann ein paar Meter links zu gehen.

Bremen im Kasten

Ein Bremer Original – Heini Holtenbeen

Mit bürgerlichem Namen hieß der Mann, der von 1835 bis 1909 in der Stadt lebte, Jürgen Heinrich Keberle. Bei einem Unfall während seiner Ausbildung zum Küper (heute würde man das Seegüterkontrolleur nennen) fiel er durch eine Dachluke und zog sich dabei, salopp formuliert, einen kleinen Dachschaden zu. Vor allem aber hatte er ein lahmes Bein, was ihm seinen plattdeutschen Spitznamen einbrachte (Heini Holtenbeen = Heini Holzbein). Holtenbeen verdingte sich als Tagelöhner und war auf Almosen angewiesen. Doch der Mann, der stets in einem abgewetzten Mantel gewandet war und eine Melone auf dem Kopf trug, sah sich selbst nicht als Bettler. Stets behauptete er, wenn er nach Geld fragte („Segg mal, kannst mi nich'n halwen Groschen lenen, ick schrief dat in min Hauptbook in"), er nähme es lediglich als Darlehen und würde es bei passender Gelegenheit zurückzahlen. Weil Heini so witzig und freundlich war, hatte er bald den Ruf eines wunderlichen Originals weg und erfuhr posthum zahlreiche Ehrungen. So wurden eine Straße und eine Straßenbahn nach ihm benannt.

Schicksalshaftes Kunstwerk

Ottjen-Alldag-Brunnen

Zwischen den Hausnummern Schnoor 40 und 41, an der Ecke Spiekerbartstraße, findet man das Ottjen-Alldag-Relief und den gleichnamigen Brunnen des Bremer Bildhauers Claus Homfeld. Ottjen Alldag, so sagt man, war für die Bremer eine Type, die man mit Klein Erna in Hamburg oder auch Tünnes und Schäl in Köln vergleichen kann. Der plattdeutsche Schriftsteller Georg Droste hat die Figur des kleinen Bremer Jungen 1910 zum Leben erweckt und dessen Lebensgeschichte in drei stark autobiografisch gefärbten Romanen niedergeschrieben. Die Moral von Drostes Geschichte jedenfalls ist, dass jeder Mensch - also auch der kleine Ottjen aus Bremen – in die Fäden seines Schicksals verstrickt ist. Das spiegelt sich in dem 1963 erschaffenen Kunstwerk an der Wand des Hauses Nummer 40 wider, einem Metallrelief aus dünnen, filigranen Kupferstäben mit figürlichen Elementen aus Bronze über einem alten Brunnen. Auch der Ort ist nicht zufällig gewählt, denn gegenüber in Haus Nummer 41 residiert das Institut für niederdeutsche Sprache, Literatur und Kultur. Der plattdeutsche Gedenkspruch links an der Wand von Brunnen und Kunstwerk „von't ole Bremen, un wo't leevt und lacht, sung us de Dichtersmann, ut all sien Nacht" stammt vom niederdeutschen Schriftsteller Heinrich-Schmidt-Barrien, der damit an die frühe Erblindung seines Dichterkollegen Georg Droste erinnert. Zurück geht es entweder wieder vorbei an der Kirche St. Johann zur Schnoortreppe oder aber man bummelt rechts weiter, vorbei an der historischen Gaststätte „Kaiser Friedrich" und der Hochschule für Künste zur Domsheide.

Kunstwerk zu Ehren Ottjen Alldags

Praktische Infos

→ Karte S. 58

Essen & Trinken

Teestübchen im Schnoor **8**, der Name führt in die Irre. Tee gibt es dort zwar auch, Frühstück, Kaffee und Kuchen außerdem, aber vor allem ist das Teestübchen ein absolut empfehlenswertes Restaurant. Jutta Gaeth und ihr Team setzen auf frische, regionale Zutaten, egal ob es sich um Fisch, Fleisch oder das Gemüse handelt. Die frisch zubereiteten Dinkel-Flammkuchen (9,90–11,90 €) sind ebenso zu empfehlen wie das Bio-Labskaus in Cannelloni (16,90 €) oder die Medaillons vom Jungschwein (20,90 €). Und hier gibt es tatsächlich auch mal das Bremer Kükenragout (→ S. 12). Gemütliches Ambiente, schöner Hofgarten bei Draußensitzwetter. Di–Sa 10–22 Uhr, So/Mo 10–18 Uhr. Wüstestätte 1, ✆ 0421/323867, www.teestuebchen-schnoor.de. S 2, 3, 4, 6 und 8.

Katzen-Café **6**, noch ein Restaurant im Schnoor, bei dem der Name verwirren könnte. Ein Café ist das Traditionshaus auch nicht und Katzen spielen gar keine Rolle (wobei die Betreiber selbst nicht wissen, wie es zu dem Namen kam). Französische Küche wie die Elsässer Schneckenpfanne oder eine recht gut gemachte Bouillabaisse (12,50 €) sind im Angebot, ansonsten ein Mix aus den Küchen aller Welt. Der Pulpo Pescaccio (15,50 €) ist genauso zu empfehlen wie das Lammcurry (19,50 €), das Wiener Schnitzel vom Kalb (19,50 €) oder die fangfrische Nordseescholle (19,50 €). Angeschlossen an das Katzen-Café ist das Toshi, ein kleines, aber feines Restaurant, das japanisch-pazifische Küche anbietet. Schwer zu beschreiben: auch Sushi, auch Maki, auch Nigiri, aber anders. Tägl. 12–17 und 18–24 Uhr. Schnoor 38, ✆ 0421/326621, www.katzen-cafe.de, www.toshi-do.de. S 2, 3, 4, 6 und 8.

Schröter's Leib und Seele **2**, das Restaurant wird oft u. a. vom Magazin „Feinschmecker" als eines der besten der Stadt genannt. Manchmal hält es das Versprechen, manchmal nicht, auch bei Restaurants spielt die Tagesform eine Rolle. Gut essen in gemütlicher Atmosphäre (im Sommer im Hof) kann man dort auf jeden Fall. Der Mittagstisch bietet schon einige Leckereien, ein gebratener Buntbarsch ist für 11,90 € zu bekommen, für den gleichen Preis sind vegane Gerichte wie ein Kürbis-Kichererbsen-Curry zu haben. Naturgemäß liegen die Preise der Abendkarte deutlich darüber. Auf der sind Gerichte wie „Steinbeißer unter der Knippkruste" (25,90 €) zu finden, Leckeres vom Iberischen Schwein (25,90 €) und vom Weideochsen (19,90 €). Der Klassiker, die gebratene Blutwurst auf Kartoffelmousseline und einige vegetarische und vegane Gerichte gibt es

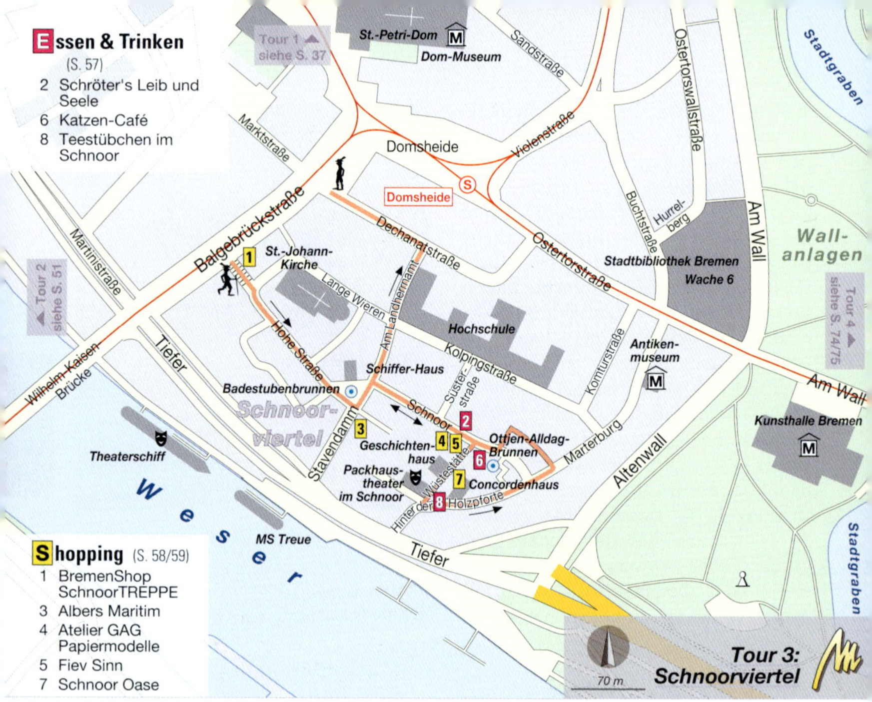

als normale oder kleine Portion. Mo–Sa 12–15 und 18–23 Uhr. Schnoor 13, ✆ 0421/326677, www.schroeters-schnoor.de. S 2, 3, 4, 6 und 8.

Shopping

Schnoor Oase 7, die Schnoor Oase ist einer dieser Läden, in denen es eigentlich kaum etwas gibt, was man wirklich braucht. Aber eben auch einer dieser Läden, in denen viele Menschen nicht anders können, als eine der netten Kleinigkeiten mitzunehmen. Werbeschilder aus Blech und Emaille, mehr oder weniger lustige Sprüche, wirklich schönes Blechspielzeug, zahlreiche Sammler- und Geschenkdosen. Dazu gibt es reichlich Bremer Spezialitäten und eine Menge Postkarten. Mo–Sa 10–19 Uhr, So 10–18 Uhr. Wüstestätte 3, ✆ 0421/325956, www.schnooroase.de. S 2, 3, 4, 6 und 8.

Atelier GAG Papiermodelle 4, der kleine Laden ist ein Unikum, Gründer Fritz König hat sich auf Papiermodelle und Bastelbögen spezialisiert. Was man aus Papier alles basteln kann, sieht man im Schaufenster, an den Wänden oder an der Decke hängend. Die Palette ist vielfältig: von den Klassikern Empire State Building und Eiffelturm über den Fakir auf dem fliegenden Teppich bis hin zu einer „Ohrfeigen-Maschine" aus Papier, bei der sich zwei Männer gegenüber stehen und sich gegenseitig Ohrfeigen verpassen; von ganz schwierig – mit eingebauter Mechanik – bis kinderleicht. Insgesamt bietet GAG um die 2000 verschiedene Modelle an. Mo–Fr 11–18.30 Uhr, Sa 11–18 Uhr, Mai bis Sept. auch So 11–18 Uhr. Schnoor 31, ✆ 0421/70113. S 2, 3, 4, 6 und 8.

Fiev Sinn Shop Lounge 5, mit allen fünf Sinnen soll man die Produkte genießen, die Daniela Pataj-Vogt in ihrem Laden verkauft; auf bremisch oder plattdeutsch eben mit „fiev sinn". Im Angebot ist – neben Bremensien aller Art wie Kaffee, Tee, Knipp, Labskaus in Dosen – vor allem das handgemachte Fiev-Sinn-Stieleis in leckeren Sorten und Geschmacksrichtungen. Als da wären das Crema-Eis (u. a. Fior di Latte und Schoko), das fruchtige Sorbetto (u. a. Erdbeer-Minze und Cranberry) sowie ein Mix aus beidem. Bei Sinn plus handelt es sich um verschiedene Cocktails am Stiel (ohne Alkohol), wie die Eissorten ohne Konservierungs-, Farb-, Aroma- oder sonstige Zusatzstoffe. Schnoor 30, ✆ 0421/344950, www.fiev-sinn.de. S 2, 3, 4, 6 und 8.

BremenShop SchnoorTREPPE 1, wer den Lieben etwas typisch Bremisches mitbringen möchte, durchaus Sinnvolles oder auch ganz und gar Unnützes, Schönes oder Kitschiges, Hochprozentiges oder Süßes – der Laden an der Schnoortreppe hat's. Von Schokolade aus Bremen bis hin zu Knipp und Labskaus in der Dose, Bildbände und Fahrradkarten, T-Shirts und Mützen und natürlich allerlei Kleinkram wie Bremen-Stifte, Bremen-Magnete, Bremen-Feuerzeuge, Bremen-Aschenbecher, Bremen-Regenschirme (sehr praktisch), hier wird man ziemlich sicher fündig. Mo–So 11–18 Uhr. Balgebrückstraße 20, ✆ 0421/3398707, www.bremenshop-schnoortreppe.de. S 2, 3, 4, 6 und 8.

Albers Maritim **3**, der Laden hat alles für Seefahrer und Freizeitkapitäne, aber auch Landratten dürfen hier einkaufen. Und Albers bietet nicht nur nautische Geräte wie Kompasse, Schiffslaternen oder Flaggen, sondern auch Buddelschiffe und allerlei Accessoires für den Alltag mit maritimen Motiven. Hier gibt es Lampen, Geschirr und allerlei Dekoratives für den Haushalt und die Inneneinrichtung. Und vor allem eine große Auswahl an hochwertiger, wasserabweisender Kleidung, die man schließlich nicht nur auf See gebrauchen kann. Mo–Sa 11–18 Uhr. Stavendamm 7, ✆ 0421/69697767, www.albers-maritim.de. S 2, 3, 4, 6 und 8.

Bremen im Kasten

Kleiner Bremen-Sprachführer

Der Bremer denkt von sich selbst, dass er ein reines Hochdeutsch spricht. Und er ist manchmal sogar ein wenig beleidigt, wenn man ihm sagt, dass dem gar nicht so sei. Der Bremer an sich spricht nämlich „Bremisch". Das bedeutet zum einen, dass sein Dialekt norddeutsch geprägt ist, es bedeutet aber auch, dass man in Bremen gern und reichlich Silben verschluckt. Über den langjährigen Bremer Bürgermeister Hans Koschnick heißt es, er sei der einzige Mensch auf der Welt gewesen, dem es gelungen wäre, „Sozialdemokratische Partei Deutschlands" in zwei Silben herunterzurattern.

Vor allem ältere Bremer wiederum schnacken das „Missingsch", einen Mix aus Platt- und Hochdeutsch (gibt es übrigens auch in Hamburg, nur „anners"). Zu diesem Missingsch gehören reichlich Begrifflichkeiten, die man außerhalb Bremens kaum kennt. Auch der Autor hat beim Schreiben dieses Buches immer wieder den Begriff „Bremen und umzu" benutzt. Das beschreibt, dass es sich um Bremen und das Umland drum herum handelt.

Wenn man sich in Bremen zu einem kleinen Spaziergang um den Wohnblock aufmacht, dann geht man „büschen um'n Pudding". Nicht alle, aber ganz schön viele ältere Bremer bewegen sich grammatikalisch bisweilen an der Schmerzgrenze. Sie gehen nämlich nicht „zu Karstadt", sie gehen „nach Karstadt hin". Wenn die Bremer partout etwas nicht glauben können (oder sie über etwas entsetzt sind), dann kriegen sie einen „Daalschlag". Wobei der Buchstabe „g" im bremischen Slang – wenn er nicht am Wortanfang steht – fast immer wie „ch" ausgesprochen wird.

Treibt man jemanden zur Eile an, dann fordert man ihn auf, er solle doch bitte „ünne/inne Puschen komm'", oder sagt ihm: „Hau ma'n Schlach ran". Wer des Abends um die Häuser zieht, der geht „up'n Swutsch". Tagsüber allerdings, wenn man sich in ein Café begibt, dann „kaffeesiert" man, und wenn man dabei nicht aufpasst und seinen Kaffee oder sonst etwas verschüttet, dann hat man „geplört". Wenn die „Lüttschen" (Kinder) es ohne „plören" schaffen, ihr Getränk zu sich zu nehmen, bekommen sie vielleicht einen „Bonschen" (Bonbon). Und wenn die Bremer Kinder früher richtig Unfug gemacht haben, dann haben sie einen „Backs" (eine Ohrfeige) bekommen. Gehen wir mal optimistischerweise davon aus, dass diese Zeiten vorbei sind!

Was man voraussichtlich als Tourist am ehesten erlebt, ist die Antwort eines Bremers, den man nach dem Weg gefragt oder sonst um einen kleinen Gefallen gebeten hat. Dann antwortet der nämlich generös: „Och, da nich' für".

Schnoorviertel → Karte S. 58

Bremens Szeneviertel

Tour 4

Der Ostertorsteinweg ist die Lebensader des Bremer Szeneviertels. Die Kulturmeile am Rande des Bremer Ostertors präsentiert große Kunst. Und an der Weser kann man grillen und chillen oder die Siege des SV Werder feiern

- **Kunsthalle Bremen**, große Kunst und spannende Sonderausstellungen, S. 62
- **Ostertorsteinweg**, die pulsierende Lebensader des Viertels, S. 65
- **Bremer Häuser**, so schön kann Wohnen in der Hansestadt sein, S. 67
- **WUSEUM**, nicht nur für Fans des SV Werder Bremen, S. 68
- **Café Sand**, Chillen direkt am Weserstrand, S. 69

Ein Viertel namens Viertel

Ostertor und Osterdeich

Was den Hamburgern ihre „Schanze", den Berlinern das SO 36 in Kreuzberg, ist den Bremern das Ostertor mitsamt dem angrenzenden Steintor. Das Quartier in Wesernähe ist der bunteste, lebendigste – und lauteste Kiez der Stadt, von den Bremern zumeist nur „Viertel" genannt. Hier tobt des Abends das Leben, hier finden sich unzählige Restaurants und Kneipen, hier kann man bestens Shoppen jenseits des Mainstreams.

Sven Regeners wunderbarer Roman „Neue Vahr Süd" spielt überwiegend im Bremer Ostertor. Die schrägen (Anti-) Helden seines Romans zogen schon in den 1980er-Jahren durch Viertel-Kneipen, die es zum Teil immer noch gibt. Dennoch hat sich einiges getan im Viertel, es tut sich eigentlich immer etwas, Stillstand gibt es nicht. Im etwas „schmuddeligeren" Steintor gibt es bisweilen reichlich Leerstand, aber schon nach einigen Wochen eröffnet der nächste Inhaber mit einer neuen Geschäftsidee. Leider geht der Trend seit einiger Zeit dahin, dass alteingesessene Lebensmittelläden oder sonstige Fachgeschäfte schließen und zumeist einem Kiosk, einem weiteren Frisör oder einem arabischen Restaurant weichen – vor allem die „Verkioskisierung" des Steintors macht Anwohnern Sorgen. Das Viertel ist jedoch alles in allem noch das Viertel geblieben. Die Mieten sind zwar gestiegen in den vergangenen Jahren, aber das Ostertor ist nicht zum Schickimicki-Viertel für Besserverdienende mutiert.

Insbesondere in den 1980er-Jahren wurde reichlich protestiert und demonstriert im Sanierungsgebiet Ostertor und Steintor. Die Sielwallkreuzung wurde im wahrsten Sinn zum Brenn-

punkt, Häuser wurden besetzt und in den meisten Fällen wieder geräumt. Das Viertel war lange Jahre als Drogensumpf verschrien. Tatsächlich torkelten bis in die späten 1990er-Jahre hinein ganze Horden von bedauernswerten Junkies durch die Straßen und sorgten für Stress – und für Diskussionen. Letztendlich hat man die Drogenproblematik nicht wirklich gelöst, man hat die Junkies nur vertrieben aus dem Viertel. Heute sind es – überwiegend in den Abendstunden – Dealer aus Schwarzafrika, die ihrem illegalen Geschäft nachgehen. Überwiegend unaufdringlich und höchst selten aggressiv. Viele Einwohner und Viertelbesucher sind dennoch genervt davon.

Tagsüber bekommt man davon so gut wie nichts mit, da wird im Viertel mit Biogemüse, Latte Macchiato und Rollo „gedealt". Der Ostertorsteinweg ist die quirlige Lebensader des Viertels. Hier schlägt das Herz, aber abseits der fast parallel zur Weser verlaufenden Hauptachse findet man kleine Straßen, in denen der Puls ein wenig langsamer schlägt. Bisweilen gibt es auch dort noch kleine Läden und Ateliers, ansonsten wird hier gewohnt. Und zwar überwiegend im sogenannten Bremer oder auch Altbremer Haus (→ S. 67).

Der Name Ostertor kommt übrigens nicht von ungefähr, hier befand sich im Mittelalter das Osttor der Stadt. Über den Ostertorsteinweg verließen schon die Kaufleute der Hanse die Stadt, wenn sie beispielsweise mit den Hamburgern Geschäfte machen wollten. Bis zum Beginn des 19. Jh. war das heutige Gebiet von Ostertor und Steintor noch ländlich geprägt, hier wohnten außerhalb der Stadtgrenze überwiegend Bauern, Handwerker und „Höker" (kleine Händler). Erst Mitte des 19. Jh. wurde die Torsperre aufgehoben und das Viertel gehörte fortan zum Bremer Stadtgebiet.

Der Spaziergang durchs Ostertor führt zunächst über die Kulturmeile mit Kunsthalle, Gerhard-Marcks- und Wilhelm-Wagenfeld-Haus ins „Viertel". Weiter geht es über den Ostertorsteinweg, durch das Steintor, zum Weserstadion mit WUSEUM und zurück entlang der Weser zum Café Sand. Der letzte Teil des Rundgangs führt entweder an der Weser oder am O-Weg zurück zur Kreuzung Am Wall/Altenwall und Ostertorstraße, der Grenze zwischen Altstadt und dem Ostertor. Dort befindet sich das ehemalige Polizei-Haus. Heute beherbergt die einstige Wache 6 mit ihren markanten Neorenaissance-Giebeln unter dem gleichen Namen einige Restaurants sowie die Bremer Stadtbibliothek.

Umsonst und draußen am Weserufer: Breminale

Spaziergang

Alte Meister und junge Wilde

Kunsthalle Bremen

Rechter Hand in Richtung Ostertor und Steintor liegt die Bremer Kunsthalle, eingebettet in die Wallanlagen. Sie ist das Herzstück der Kulturmeile und schlägt quasi die Brücke zwischen Viertel und Innenstadt. Die Kunsthalle wurde 1849 erbaut, zu Beginn des 20. Jh. erstmals umgebaut und 2009 bis 2011 um zwei kubistische Flügel erweitert. Die Kunsthalle ist eines der bedeutendsten Kunstmuseen in ganz Deutschland und präsentiert große Kunst vom 14. bis zum 21. Jh.: von den Alten Meistern über Caspar David Friedrich, mit Schwerpunkt auf der französischen und deutschen Kunst des 19. Jh., bis hin zu modernen Installationen von Nam June Paik oder John Cage. Die Besonderheit der Kunsthalle, die seit 1977 unter Denkmalschutz steht: Sie ist nach wie vor keine staatliche oder kommunale Institution, sondern wird privat betrieben. Bereits 1823 gründeten rund drei Dutzend wohlhabende Bremer Kaufleute den Kunstverein Bremen, zunächst ein elitärer Kreis von „Pfeffersäcken", die sich der Schönheit der Kunst verschrieben hatten. Bei der Eröffnung der Kunsthalle Mitte des 19. Jh. zählte der Klub der Kunstfreunde dann gerade einmal 500 Mitglieder, heute sind es rund 7500 Bremer, die Mitglieder im Kunstverein sind und so das Kunstmuseum unterstützen.

Pinpointing Progress:
Stadtmusikanten mal anders

1942 wurde die Kunsthalle erstmals bei einem Bombenangriff getroffen. Aus Angst brachte man die Werke heimlich an vermeintlich sichere Orte – u. a. auf das Schloss Karnzow in Brandenburg. Fast 50 Jahre später, 1989, reiste ein gewisser Viktor Baldin in die Hansestadt. Der ehemalige Hauptmann der Sowjet-Streitkräfte hatte 1945 zahlreiche wertvolle Gemälde und Zeichnungen, u. a. von Rubens, van Gogh und Rembrandt auf Schloss Karnzow sichergestellt. Teilweise tauschte der Soldat die Blätter gegen Brauchbares bei seinen Kameraden ein, doch die Mehrzahl der Kunstwerke übergab der spätere Moskauer Museumsdirektor den zuständigen Kulturbehörden der Sowjetunion. Der Bremer Kunstverein beantragte die Rückgabe und erhielt nach jahrelangem Warten 2003 zunächst einen positiven Bescheid des russischen Kulturministeriums. Die zuständige Behörde befand, dass es sich bei den Schätzen aus der Bremer Kunsthalle nicht um Beutekunst handele. Das russische Parlament, die Duma, war jedoch anderer Ansicht und verweigert die Rückgabe.

Eine herbe Enttäuschung für die Bremer Kunstfreunde, die 2013 ein wenig getröstet wurden. Völlig überraschend wurden Zeichnungen von Toulouse-Lautrec sowie Radierungen von Rembrandt und Goya gefunden. Sie waren auf verschlungenen Wegen in Norwegen

Bremen im Kasten

Ein Irrsinn namens Mozarttrasse

Dass das Bremer Ostertor bis heute ein so lebens- und liebenswerter Kiez geblieben ist, ist in erster Linie den Widerständlern gegen die sogenannte Mozarttrasse in den frühen 1970er-Jahren zu verdanken.

Erste Pläne für eine Osttangente über die Weser sowie eine Schneise mitten durch das bestehende Wohnquartier bestanden bereits in den späten 1950er-Jahren. Eine „autogerechte Stadt" sollte entstehen, zudem eine U-Bahn gebaut werden. Man rechnete damit, dass Bremens Bevölkerung von 600.000 auf eine Million Einwohner anwachsen würde, darauf wollte man vorbereitet sein. In den 1960er-Jahren wurde es konkreter; hinter dem Namen Mozarttrasse verbarg sich ein Stadtentwicklungsprojekt mit einer Bebauung durch bis zu 28 Stockwerken hohe Häuser entlang breiter Durchgangsstraßen. Bremen sollte als moderne Metropole daherkommen. Wohnraum für mehr als 20.000 Menschen sollte geschaffen werden. „Urbanität durch Dichte", lautete eines der Schlagwörter damals. Die Maßnahmen hätten dem Ostertor-Viertel mit seinen verwinkelten Straßen, den typischen Altbremer Häusern und den zahlreichen Eck- und Szenekneipen definitiv den Garaus gemacht.

Die Pläne verbreiteten bald Angst und Schrecken und riefen immer größeren Widerstand auf den Plan. Der „Arbeitskreis Ostertorsanierung" (AKO) wurde gegründet und koordinierte den Protest. Vor allem die jungen Wilden aus der SPD machten ihren bauwütigen, etablierten Genossen richtig Dampf. Schließlich tagte die SPD-Bürgerschaftsfraktion am 4. Dezember 1973 und stimmte – trotz der Proteste – zunächst noch mit 26:24 Stimmen für die Trasse. Doch mit einer solch dünnen Mehrheit, das war auch den Entscheidern klar, konnte man die Trasse politisch nicht durchsetzen. Als publik wurde, dass die Kosten – gelinde gesagt – schöngerechnet worden waren, da stimmten die regierenden „Sozis" tags darauf noch einmal ab. Und siehe da, das Ergebnis fiel ein wenig deutlicher aus: 40 SPD-Abgeordnete stimmten dagegen, zehn Parteimitglieder enthielten sich ihrer Stimme – bei keiner einzigen Stimme für das Horror-Projekt. Bremens langjähriger, 2016 verstorbener Bürgermeister Hans Koschnick sagte im Jahr 2009: „Der Widerstand des AKO hat den Weg zur Umkehr von bevölkerungsfernen Planungen befördert." Und der von dem ehemaligen Trassenbefürworter Koschnick so gelobte Arbeitskreis wurde im selben Jahr, sozusagen posthum, mit der Bremer Auszeichnung für Baukultur gewürdigt.

Ostertor und Osterdeich → Karte S. 74/75

gelandet und sollten in London versteigert werden, ehe man auf den Rückseiten der Werke den Stempel des Bremer Kunstvereins entdeckte. Dieser schaffte es nach langwierigen Verhandlungen, die Werke 2013 zurückzubekommen.

Einen Namen über die Grenzen Bremens hinaus hat sich die Kunsthalle vor allem auch mit Sonderausstellungen gemacht: Thematische Ausstellungen mit Werken von Vincent van Gogh, Paula Modersohn-Becker, Edvard Munch oder Pablo Picasso sowie zuletzt 2019/2020 die Ikonen-Ausstellung zogen seit der Jahrtausendwende Millionen von Besuchern in das Kunstmuseum am Wall.

Mi–So 10–18 Uhr, Di 10–21 Uhr. Eintritt 10 €, erm. 5 €, inkl. Sonderausstellung 13/5 €, bis 18 J. Eintritt frei. Am Wall 207, ✆ 0421/329080, www.kunsthalle-bremen.de. S 2 und 3.

Brauchbar und schön

Wilhelm-Wagenfeld- und Gerhard-Marcks-Haus

Ein paar Meter weiter liegen sich das Wilhelm-Wagenfeld-Haus und das Gerhard-Marcks-Haus genau gegenüber. Der 1900 in Bremen geborene Wagenfeld war einer der einflussreichsten Produktdesigner im Deutschland des 20. Jh. Sein Leitspruch lautete: „Brauchbar sein heißt auch schön sein, denn alles Brauchen muss schön sein können, anders erfüllen die Dinge nicht ihren Sinn.“ In dem klassizistischen Torhaus (1823) mit seinen markanten Säulen am Rand der Wallanlagen zeigt die Wilhelm-Wagenfeld-Stiftung die Design-Klassiker des Bauhaus-Schülers Wagenfeld – eine ganze Menge davon wird heute noch produziert –, aber auch immer wieder andere spannende Ausstellungen aus der Geschichte der deutschen Alltagskultur des 20. und 21. Jh.

Wenn man am gegenüberliegenden Gerhard-Marcks-Haus vorbeigeht, hört man oft bereits, welcher Kunst sich der Namensgeber überwiegend widmete. Im Hof des Gerhard-Marcks-Hauses wird geklopft und gemeißelt: Marcks (1889–1981) war Grafiker, vor allem aber einer der bedeutendsten Bildhauer Deutschlands im 20. Jh. Von ihm stammt u. a. die Plastik der Bremer Stadtmusikanten am Rathaus (→ S. 25). Das Museum zeigt überwiegend Marcks' künstlerischen Nachlass (der sich das Torhaus im Ostertor übrigens selbst bei einem Bremen-Besuch als Museumsstätte ausgesucht hatte): mehr als 400 Plastiken und Skulpturen sind zu sehen, hinzu kommen noch einmal 13.000 Zeichnungen und über 1000 Druckgrafiken. Das Haus zeigt zudem in der Dauerausstellung Werke von Gerhart Schreiter und Waldemar Grzimek, in Sonderausstellungen wurden hier schon Künstler wie Joseph Beuys, Markus Lüpertz oder Henry Moore präsentiert.

Wilhelm-Wagenfeld-Haus: Di 15–21 Uhr, Mi–So 10–18 Uhr. Eintritt 5 €, erm. 3,50 €. Am Wall 209, ✆ 0421/3399933, www.wilhelm-wagenfeld-stiftung.de. S 2 und 3.

Gerhard-Marcks-Haus: Di–So 10–18 Uhr, Do 10–21 Uhr. Erm. Eintritt für alle 5 € (als Unterstützer 10 €), Kinder, Jugendliche, Studenten Eintritt frei, jeden 1. Do im Monat für alle Eintritt frei. Am Wall 208, ✆ 0421/9897520, www.marcks.de. S 2 und 3.

Bremer Stil, wilde Zeiten

Theater am Goetheplatz (Theater Bremen)

Während linker Hand die Contrescarpe entlang der Wallanlagen führt, ist rechter Hand das Bremer Theater in seiner ganzen Pracht zu sehen. 1948 erbaut, gab es hier 1950 die erste Aufführung nach dem Zweiten Weltkrieg. Das Theater am Goetheplatz hat wilde und bewegte Zeiten hinter sich. Das ist allerdings schon ein paar Jährchen her. Unter dem Intendanten Kurt Hübner bildete sich in den 1970er-Jahren der „Bremer Stil“ heraus: Aggressiv gegenüber den bürgerlichen Moralvorstellungen, wild, bisweilen revolutionär und oft politisch, auf jeden Fall seiner Zeit voraus. Regisseure wie Peter Zadek, Rainer Werner Fassbinder oder auch Johann Kresnik arbeiteten in Bremen und sorgten mit ihren Inszenierungen nicht selten für Skandale, zumindest für Entsetzen und Kopfschütteln beim zumeist biederen Abonnementspublikum. Auf der Bühne standen damals als junge Schauspieler spätere Größen wie Bruno Ganz, Barbara Sukova, Vadim Glowna, Hannelore Hoger oder Jutta Lampe. Heute beherbergt das Bremer Theater das Große und das Kleine Haus mit den Sparten Schauspiel, Musiktheater und Tanztheater sowie im ehemaligen Brauhauskeller der St.-Pauli-Brauerei die Spielstätte des Kinder- und Jugendtheaters Moks.

Der Platz vor dem Theater wird vom **Theatro** genutzt, einem recht noblen

Restaurant und Café (www.theatro.de). Stylisher und jünger kommt das **NOON** im Foyer des Kleinen Hauses daher (www.noon.jetzt). Rechts vom Theater am Goetheplatz sieht man die beeindruckende klassizistische und unter Denkmalschutz stehende **Villa Ichon,** in der u. a. schon Udo Lindenberg den Kultur- und Friedenspreis der Villa Ichon erhalten hat. Dahinter, mit Blick auf die Wallanlagen, versteckt sich der wohl schönste Restaurant-Garten Bremens (Antonios La Villa, → Essen & Trinken) Mit ein wenig Glück gibt es gratis zum Essen noch akustische Leckerbissen dazu, wenn die Opernsänger im nahen Theater Probe haben.

Theaterkasse: Mo–Fr 11–18 Uhr, Sa 11–14 Uhr. Goetheplatz 1–3, ✆ 0421/3653333, www.theaterbremen.de. S 2 und 3.

Die Lebensader des Viertels

Ostertorsteinweg

Weiter in Richtung Sielwall hat es sich bald erledigt mit der großen Kunst und klassischen Kultur. Ab dem Goetheplatz ist das Viertel eher das Viertel der Lebenskünstler. Der Spaziergang führt über den Ostertorsteinweg (kurz O-Weg) mit seinen vielen Kneipen und Restaurants, zahlreichen Läden jenseits des Mainstreams und kultigen Imbissen und Bars. Der Ulrichsplatz – benannt nach dem schwulen Vorkämpfer Karl Heinz Ulrichs für die rechtliche Gleichstellung von Homosexuellen – ist das Herz des O-Wegs. Mehrfach in der Woche wird hier Biomarkt abgehalten, in Kneipen wie dem Litfass kann man ein Bier oder einen Kaffee trinken, gegenüber bei **Panciera** **28** gibt es verschiedene Sorten Eis auf die Hand. Sitzen kann man in dem Eiscafé entweder drinnen oder auf der anderen Straßenseite an der Westseite des Ulrichsplatzes. Das hat zur Folge, dass die Servicekräfte des Panciera ihre Tabletts mit Spaghetti-Eis und Latte Macchiato über den viel befahrenen O-Weg balancieren und wild gewordenen Radfahrern oder hupenden Autos ausweichen müssen. Ziemlich genau hier hat Loriot vor mehr als 40 Jahren den genialen

Mitten im Viertel: der Ulrichsplatz

Ostertor und Osterdeich → Karte S. 74/75

„Parkuhr-Sketch" mit Evelyn Hamann als Politesse am Rande des Nervenzusammenbruchs gedreht. Die Parkuhren gibt es längst nicht mehr; wenn einen heute etwas im Viertel zur Verzweiflung bringt, dann die Suche nach einem freien Parkplatz (also lieber nicht mit dem Auto ins Ostertor).

Das pralle Leben spielt sich definitiv am Ostertorsteinweg ab, dennoch lohnt sich ein Abstecher in die Nebenstraßen, beispielsweise in die Mozartstraße Richtung Weser, ins Milchquartier, wo einst im Mittelalter das gewaltige Paulskloster stand, oder in die Ecke zwischen Rutenstraße, Kohlhökerstraße und Wulwesstraße, weil man hier die typische Architektur des Viertels auf sich wirken lassen kann. Die Straßenzüge sind geprägt von der Architektur des typischen Bremer Hauses.

Deutschlands ältestes Programmkino

Rund um die Sielwall-Kreuzung

Weiter in Richtung Sielwall und Steintor gelangt man zur Schildstraße mit dem **Kulturzentrum Lagerhaus** **30** und dem **Literaturkeller.** Die Spielstätte in einem ehemaligen Weinkeller rühmt sich, das kleinste Theater der Welt zu sein – das kleinste in Bremen ist es definitiv. Gleich um die Ecke in der Bernhardstraße befindet sich die 1965 eröffnete legendäre **Lila Eule,** einst Jazzclub und später vor allem Diskothek. Betreiber war unter anderem Olaf Dinné, in Bremen bekannt wie ein bunter Hund durch seine vielfältigen politischen Aktivitäten (u. a. durch seinen Kampf gegen die Mozarttrasse in den 1970er-Jahren) und als Mitglied der Bremer Grünen Liste, die 1979 als erste grüne Partei in ein deutsches Landesparlament einzog. 1967 bereits holte Dinné keinen Geringeren als Rudi Dutschke ins Viertel, der in der „Eule", wie die Bremer sie kurz nennen, eine flammende Rede hielt. Fortan trafen sich hier für einige Jahre die Bremer „Revoluzzer", die sich der APO zugehörig fühlten. Ab den 1980er-Jahren wurde in der Lila Eule keine Politik mehr gemacht. Musik und Konzerte gibt es hier immer noch.

Zwischen der Schildstraße und der berühmt-berüchtigten Sielwallkreuzung liegt das **Cinema Ostertor.** Das Kino ist Ende 1969 als erstes Programmkino in Deutschland gegründet worden und beherbergte lange Jahre auch das Kommunalkino Bremen. Noch heute zeigt das Cinema Low-Budget-Produktionen und Autorenfilme, die in den gesichtslosen Hochglanz-Kinobunkern keine Chance hätten. Legendär sind nicht nur die einst langen Filmnächte bis in den frühen Morgen hinein, sondern auch die WG oberhalb des Lichtspielhauses. Dort hauste nämlich Frank Lehmann, die Hauptfigur aus Sven Regeners Roman „Neue Vahr Süd". Szenen der preisgekrönten Verfilmung mit Frederick Lau in der Hauptrolle wurden hier am Cinema gedreht.

Schräg gegenüber vom Cinema kann man bei **Holtorf** einkaufen. Der Kolonialwarenladen der gleichnamigen Familie wurde bereits 1874 gegründet und gilt als einer der schönsten verbliebenen „Tante-Emma-Läden" Deutschlands, Haus und Interieur des Ladens am Ostertorsteinweg 6 stehen unter Denkmalschutz. Von 2015 bis 2017 führte ein erster Nachfolger zwei Jahre lang das Geschäft, ehe er es abgab an den neuen Betreiber, der seitdem in dem historischen Ambiente Lebensmittel verkauft, die „dick, besoffen und glücklich machen", so die Macher von **Holtorfs Heimathaven** **12**. An einigen kleinen Bistro-Tischen kann man einen exquisiten Cross Café einer neuen Bremer Kaffeerösterei trinken (http://heimathaven.com/holtorfs-heimathaven).

Bremen im Kasten

Das Bremer Haus

Wer durch die Nebenstraßen des Ostertors und Steintors, durch das Peterswerder, die Alte Neustadt oder auch das vordere Schwachhausen flaniert, dem werden ganze Straßenzüge mit dem Bremer Haus auffallen: Reihenhäuser mit hübschen, historischen Fassaden. Die meisten der traditionellen Häuser wurden zwischen der Mitte des 19. Jh. und den 1920er-Jahren im Stile des Klassizismus, des Historismus, bisweilen mit Elementen des Jugendstils errichtet. Die schönsten und prächtigsten der (Alt-)Bremer Häuser kann man in der Kreftingstraße, der Mathilden-, Bessel- und Herderstraße, in der Mozartstraße oder auch den Seitenstraßen der Wachmannstraße in Schwachhausen bewundern. Fast 1000 von ihnen stehen unter Denkmalschutz. Mit dem Bewundern ist es allerdings so eine Sache, manches Mal muss man sich darüber wundern, wie arg die Häuser – vor allem in den 1950er- bis 1970er-Jahren – verschandelt wurden. Da sind die filigranen und gleichzeitig schweren Holztüren gegen Scheußlichkeiten aus Butzenglas und Kunststoff ausgetauscht worden oder ganze Stuckfassaden hinter Faserzement in Klinkeroptik verschwunden. Zum Heulen! Und natürlich ist auch das eine oder andere abgerissen worden, wobei sich heute immer mehr Neubauten am Vorbild des Bremer Hauses orientieren.

Beim traditionellen Bremer Haus handelt es sich um Reihenhäuser, die häufig von einem Bauunternehmer errichtet, die einzelnen Häuser jedoch individuell gestaltet wurden. Sie unterschieden sich durch die Gestaltung der Erker- und Scheinerker, durch verschiedene Reliefs und Ornamente. Einige besitzen einen Wintergarten im Hochparterre, andere nicht. Fast immer sind sie als Einfamilienhäuser konzipiert worden. Charakteristika sind die kleinen Vorgärten und der Treppenaufgang zum Hochparterre mit dem dahinter liegenden Windfang. Eine kleine Treppe führt hinunter zum Souterrain, wo zumindest früher oft die Küche, Wirtschaftsräume und gegebenenfalls auch die Dienstbotenräume untergebracht waren. Fast immer liegt der Ausgang des Souterrains zur Gartenseite hin ebenerdig. Die Aufteilung auf den zumeist zwei, bisweilen drei Stockwerken ist fast immer gleich. Zwei hintereinander liegende große Zimmer – oft mit mehr als drei Meter hohen stuckverzierten Decken –, ein kleineres Treppenzimmer hinter Flur und Treppenhaus. Das Bremer Haus gibt es in der XXL-Variante mit schmuckvollen Fassaden, riesige Bauten, die einst die angesehenen Bremer Kaufmannsfamilien bewohnten. Es gibt sie als Einfamilienhäuser für den Mittelstand und es wurden winzige, einstöckige Bremer Häuser für die Arbeiterschaft gebaut. Am liebsten würde wohl jeder in so einem Bremer Haus wohnen oder gar eins besitzen. Und auch deshalb klettern inzwischen die Mieten und die Immobilienpreise für solche Objekte in astronomische Höhen.

Begehrter Wohnraum: typische Altbremer Häuser

Ökomarkt und Puff

Durchs Steintor

Die Sielwallkreuzung ist der Mittelpunkt des Viertels und Treffpunkt zu besonderen Anlässen (Fußball-WM oder -EM, Silvester), nicht selten gab es hier Randale und Krawalle. Die dahinter folgende Straße „Vor dem Steintor" kommt weniger herausgeputzt als der Ostertorsteinweg daher, bietet aber inzwischen in puncto Shopping und Gastronomie – noch - ein recht vielfältiges Angebot, wenngleich gerade hier eine irre Fluktuation herrscht.

Seit inzwischen über 130 Jahren ist die vom Steintor abgehende Helenenstraße als Bordellstraße in Bremen ausgewiesen, kurzum: In der Sackgasse gegenüber des Ziegenmarkts ist der traditionelle Puff Bremens. Seit 2017 kann man auf dem gegenüberliegenden Platz vorm Café Ziege sitzen, mehrfach in der Woche ist hier Markt, und mit der Büchner-Buchhandlung gibt es hier einen der besten Buchläden Bremens. Etwas weiter auf der linken Seite liegt die Schauburg, in der immer wieder Sneak-Previews zu sehen sind, bei denen sich Filmschaffende wie Fatih Akin, Andreas Dresen, Tom Tywker oder Jürgen Vogel bereits die Ehre gaben. In der dazugehörigen Bar Tabac an der Ecke zur Horner Straße herrscht französisches Flair. Über die Berliner Straße, die Brunnenstraße oder auch die Mecklenburger Straße kommt man zum Berliner Platz, wo mittwochnachmittags und samstagvormittags der Ökomarkt seine Stände aufbaut. An der Kreuzung Sankt-Jürgen-Straße beginnt das Peterswerder.

Naherholungsgebiet und WUSEUM

Pauliner Marsch & Weserstadion

Beim Werder-Imbiss an der großen Kreuzung St.-Jürgen-Straße führt der Weg weiter in die Hamburger Straße

Werders Wohnzimmer: das Weserstadion

mit einigen empfehlenswerten Restaurants. Am Brommyplatz (linker Hand) biegt man ab in die Straße „Auf dem Peterswerder" hinauf zum Deich bzw. nimmt den Fußgängertunnel unter dem Osterdeich zum Weserstadion (das seit 2019 offiziell „wohninvest WESERSTADION" heißt), wo der einst so ruhmreiche SV Werder Bremen seine Heimspiele austrägt. Seit dem Umbau vor einigen Jahren und der Verkleidung mit Sonnenkollektoren mutet das Weserstadion an, als wäre ein überdimensionales Raumschiff in der Pauliner Marsch gelandet. Die Ansiedlung eines bekannten Fast-Food-Restaurants haben Anwohner damals verhindert und so ist – abseits der Spiele von Werder Bremen – das **WUSEUM** der einzige Anziehungspunkt in dem Naherholungsgebiet rund um die Arena – von reichlich Grün, der Weser und im Sommer dem **Stadionbad** mal abgesehen.

Das Fußball-Museum zeigt zahlreiche Exponate aus der rund 120-jährigen Geschichte des vierfachen Deutschen Meisters: Filmausschnitte der Europapokalspiele der Bremer, die als „Wunder von der Weser" in die Fußballgeschichte eingegangen sind. Meisterschale und DFB-Pokal sind hier ausgestellt, Trikots von Vereinsikonen wie Horst-Dieter Höttges oder Ailton, aber auch eins von Diego Armando Maradona, der hier mal mit dem SSC Neapel mit einer 1:5 Klatsche im Gepäck wieder nach Hause geschickt wurde. Zu bestaunen ist aber auch Skurriles wie beispielsweise die defekte Muffe namens Carola, die im Sommer 2004 dafür sorgte, dass das Stadion stundenlang im Dunkeln lag. Und die originale sogenannte „Papierkugel Gottes", die in den legendären „Derbywochen" gegen den Hamburger SV eine wichtige Rolle spielte. Um die Ecke in der Ostkurve verkauft der Weder-Fanshop alles vom Trikot bis zum Werder-Sekt. Über den Verein sind zudem Stadionführungen zu buchen, bei denen man hinter die Kulissen und u. a. in die Gästekabine schauen kann.

Di–Fr 12–17 Uhr, Sa/So 12–15 Uhr, an Heimspieltagen öffnet das WUSEUM drei Stunden vor Spielbeginn und schließt eine Stunde vor Anpfiff. Eintritt 4 €, erm. 2 €. Franz-Böhmert-Straße 1, ✆ 0421/43454350, www.werder.de.

Chillen an der Weser

Café Sand und LichtLuftBad (LiLuBa)

Vom Weserstadion führt der Weg zurück am Weserufer, vorbei an den beiden wunderbar gelegenen Cafés Weserbogen und Ambiente sowie dem Bürgerhaus Weserterrassen. Bei gutem Wetter sind die **Osterdeichwiesen** Gassi-Geh-Parcours, Liegewiese, Grillplatz und Chillplatz, Fußballfeld, Bocciabahn und Open-Air-Konzert in einem. Tausende nutzen dann mitten in der Stadt den grünen Streifen mit Blick auf den Fluss. Aber auch auf der anderen Weserseite, auf

Ostertor und Osterdeich → Karte S. 74/75

dem Stadtwerder, ist bei entsprechendem Wetter gut was los. Vor allem am Café Sand. Man könnte hinüberschwimmen, was aufgrund der inzwischen sehr guten Wasserqualität der Weser kein Problem wäre, schlauer ist es die Sielwallfähre zu nehmen, die unterhalb der Einmündung des Sielwalls (grün-oranger Werder-Kiosk) an den Osterdeich ablegt. Am Strand beim **Café Sand** **36** können die „Lüttschen" Sandburgen bauen, während die Eltern es sich bei Kaffee und Kuchen oder Bratwurst und Bier gut gehen lassen. Auf zwei Beachvolleyball-Feldern wird gepritscht und gebaggert.

Unweit vom Café Sand liegt das etwas skurrile **LichtLuftBad** (www.liluba.de), das der Pionier der Naturheilbewegung Vincenz von Prießnitz bereits 1901 gegründet bzw. eröffnet hat. Heute nutzen die Bremer die Oase der Ruhe zum Relaxen, in Kooperation mit dem Kulturzentrum Lagerhaus und der Bremer Shakespeare Company finden im „LiLuBa" regelmäßig Kulturveranstaltungen statt.

LichtLuftBad: Strandweg 105, ✆ 0421/550601 und ✆ 0421/70100075, www.liluba.de.

Café Sand: Öffnungszeiten je nach Saison. Strandweg 106, ✆ 0421/556011, www.cafesand.de.

Bremen im Kasten

Wunder von der Weser

Unweit des Ostertors, oder wie es in einem der älteren Vereinslieder heißt, dort, „wo die Weser einen großen Bogen macht", liegt das Weserstadion, inmitten der Stadt, was schon mal außergewöhnlich ist. Bis 2019 hieß die Spielstätte des SV Werder Bremen immer noch Weserstadion und nicht etwa Beck's-Arena. So etwas finden Fußball-Romantiker gut – und davon gibt es in Bremen eine ganze Menge. Dass die Werder-Bosse das Stadion schließlich doch vermarkteten und es seitdem offiziell „wohnivest Weserstadion" heißt – was kein Mensch in Bremen sagt –, kam bei den Fans nicht besonders gut an. Gleichzeitig fordern die Anhänger vom notorisch klammen Klub, dass spektakuläre Neuzugänge gekauft werden; da passt was nicht zusammen.

Werder gilt als außerordentlich familiärer Verein, als seriös und hanseatisch wirtschaftend, pflegte auch in erfolgreichen Zeiten als Meister und Pokalsieger das Image vom Kleinen unter den Großen. Der Verein jedenfalls passte immer wie die Faust aufs Auge zur Stadt und ist geradezu unbezahlbar für das Image Bremens. Und auch wenn man es kaum glauben mag, weil die Bremer seit Jahren gegen den Abstieg kämpfen: Der einst so ruhmreiche SVW steht in der Ewigen Tabelle der Bundesliga immer noch hinter dem FC Bayern München und Borussia Dortmund auf Platz drei (Stand: Sommer 2020). Nirgendwo sonst mutierten Fußballspiele so oft zum Spektakel ohne Netz und doppelten Boden wie im Weserstadion. Der vierfache Deutsche Meister gewann lieber 6:3 als 1:0. Nicht umsonst spricht man voller Respekt von den „Wundern von der Weser". Das 6:2 gegen Spartak Moskau, das 5:0 gegen Dynamo Berlin oder auch das 5:3 gegen den RSC Anderlecht im Europapokal sind Sternstunden der deutschen Fußballgeschichte. Inzwischen muss man sich als Werder-Fan allenfalls wundern, dass der Klub nicht mehr auf die Füße kommt und sich schon chronisch in Abstiegsgefahr befindet.

Auf dem O-Weg oder am Weserufer

Zurück zum Ausgangspunkt

Der eigentliche Spaziergang führt vor der Fähre den Sielwall hinunter zurück zur Sielwallkreuzung und zum Ostertorsteinweg, vorbei am wunderbaren Café Lei und am Eisen, einer der legendärsten und lautesten Kneipen des Viertels. Zurück zum Ausgangspunkt geht es auf dem O-Weg, denn der ist nunmal Bremens schönste Flaniermeile, und die hat schließlich zwei Straßenseiten.

Denkbar wäre es auch, am Weserufer auf der Ostertorseite zurück in Richtung Innenstadt zu gehen. Ziemlich genau gegenüber von der „Umgedrehten Kommode", Bremens ältestem und markantestem Wasserturm, führt ein kleiner Tunnel in die Wallanlagen. Via Kunsthalle geht es dann zurück zum Ausgangspunkt.

Schippert über die Weser: die Sielwall-Fähre

Einst regierte an der Weser „König Otto" Rehhagel, führte den Klub 1992 zum Europapokalsieg der Pokalsieger. Nach einigen mageren Jahren übernahm Ottos Kronprinz Thomas Schaaf, gewann mit Ailton, Micoud & Co. 2004 das „Double" aus Meisterschaft und Pokal und etablierte Werder als Dauergast in der Champions League. Der ehemalige Geschäftsführer Jürgen Born hatte einst erklärt: „Eher hauen sie den Roland vom Marktplatz, bevor wir Thomas Schaaf entlassen." Letztendlich muss man froh sein, dass sich Borns Prophezeiung nicht bewahrheitete: Schaaf wurde 2013 entlassen. Aus der großen Nummer mit internationaler Strahlkraft war eine graue Maus geworden. In solchen Zeiten wird zwar auch in Bremen mal gemeckert, aber es wird vor allem weiter mitgelitten, angefeuert und gehofft, dass es wieder aufwärts geht. Die Bremer Fans gelten als die treuesten in Deutschland. Eine ganze Stadt zitterte und bangte im Mai 2016, ehe die Grün-Weißen den Klassenerhalt im letzten Saisonspiel schafften – durch einen Treffer zwei Minuten vor dem Abpfiff. Und eine ganze Stadt stand Kopf, als es geschafft war.

Als Florian Kohfeldt im Herbst 2017 auf Nouri folgte, da schöpften die Bremer Fans wieder Hoffnung. Unter dem jungen, hochgelobten Coach mit Werder-Stallgeruch schien wieder was möglich zu sein. Werder verpasste unter Kohfeldt 2018/19 nur knapp die Teilnahme am internationalen Geschäft. Für 2019/20 dann wurde die Europa League als klares Ziel ausgegeben. Pustekuchen. Die Grün-Weißen machten so gut wie alles verkehrt, spielten grottenschlechten Fußball, es folgte der erneute Absturz in den Tabellenkeller. Diesmal rettete sich Werder am letzten Spieltag auf den Relegationsplatz und schaffte nach zwei trostlosen Unentschieden gegen den 1. FC Heidenheim noch den Klassenerhalt. „Scheiß Saison, gutes Ende", lautete das äußerst stimmige Fazit von Trainer Florian Kohfeldt.

Praktische Infos

→ Karte S. 74/75

Essen & Trinken

Mein Tipp **Küche 13** **8**, zunächst ein Geheimtipp, ist die Küche 13 inzwischen eine der besten Adressen in Bremen überhaupt. Jan-Philipp Ingwersen kocht in seiner offenen Küche saisonale Leckereien von der wechselnden Wochenkarte wie beispielsweise als Vorspeise „Ziegenkäse mit Pfifferlings-Erdbeersalat und bunten Wildkräutern“. Als Hauptgericht könnte es ein „Kabeljaufilet im lila Senfschaum mit Spargel-Kaiserschotengemüse und Kartoffelstampf“ sein. Der Service ist freundlich, bisweilen etwas arg lässig, im fast immer ausgebuchten Laden geht es eher lebhaft zu. Vorspeisen ca. 8–13 €, Pasta um 15 €, Hauptgerichte 20–26 €. Di–Sa 18–1 Uhr. Beim Steinernen Kreuz 13, ✆ 0421/20824721, www.kueche13.de. S 2 und 3.

Vengo **22**, „Esst mehr Gemüse“ fordert Yasemin Dericioglu ihre Gäste auf und serviert logischerweise auch leckere Gemüsespezialitäten in ihrem vegetarischen Restaurant am O-Weg. Auf der Wochenkarte stehen stets ein paar spannende vegetarische oder vegane Pasta-Spezialitäten (7,90 €), Suppen (4,30 €) sowie verschiedene Currys (8,90 €). Unter „Vengo spezial“ werden Spezialitäten aus aller Herren Länder angeboten, oft Speisen mit orientalischem Einschlag (9,90 €). Dazu machen die supernetten Service-Kräfte leckere frisch gepresste Säfte. Mo–Mi 11–21 Uhr, Do–Sa 11–22 Uhr. Ostertorsteinweg 91, ✆ 0421/89785243, www.vengo-bremen.de. S 2 und 3.

Medoo **13**, von 1985 bis 2008 hat sich das Restaurant als Medoc einen richtig guten Namen gemacht, war eine Institution in der Bremer Gastro-Szene. Dann klagte das gleichnamige französische Weinanbaugebiet gegen die Verwendung des Namens und aus dem Medoc wurde das Medoo. Der Qualität hat die Namensänderung keinen Abbruch getan. Eingerichtet im Stil eines französischen Bistros, kredenzt das Medoo ein täglich wechselndes Speisenangebot, von deftigen Schweinebraten über französische Klassiker wie Crêpes und „Coq au vin“ bis hin zu spannenden Suppen wie einer Sellerie-Haselnusssuppe. Das Preis-Leistungs-Verhältnis stimmt, die Bio-Weine im Angebot schmecken auch auf der gemütlichen Terrasse. Reservierung empfohlen! Hauptgerichte 8–16 €. Tägl. 12–24 Uhr. Friesenstraße 103, ✆ 0421/73550. S 2, 3 und 10.

Mein Tipp **Das Kleine Lokal** **1**, wenn es ein Restaurant in Bremen gibt, das seit Jahrzehnten eine wirklich exquisite Gourmet-Küche serviert, dann ist es „Das Kleine Lokal“ im Fesenfeld. Stefan Lademann kocht in der Tradition der

Bremer Sambakarneval

Logenplatz am Weserbogen

klassischen Sterne-Küche, der kleine Feinschmecker-Tempel wird in Gastro-Führern regelmäßig zu den besten Restaurants Bremens gewählt. Die Atmosphäre ist keinesfalls steif, eher gemütlich und locker, der Service trotzdem erste Sahne. Die verschiedenen Menüs (von 3-Gänge- bis 7-Gänge-Menü) liegen bei ca. 55 bis 110 €, Hauptgerichte sind selten unter 30 € zu bekommen, Vor- und Zwischengerichte liegen bei 15–20 €. In den Menüs werden Köstlichkeiten wie „Wachtelbrust und Foie gras mit Sanddorn und schwarzen Trompetenpilzen" oder „Bäckchen vom Ibericoschwein auf Fregola Sarda, Pancetta und Salzzitrone" serviert. Die Weinauswahl ist exzellent. Hinsetzen, genießen, definitiv eine Empfehlung, wenn es etwas Besonders sein soll. Di–So 19–24 Uhr, Besselstraße 40, ✆ 0421/7949084, www.das-kleine-lokal.de. S 10.

Runken-Eck 33, echter Geheimtipp etwas abseits der Route. Das Erfolgsrezept des Runken-Ecks kann man getrost mit „Futtern wie bei Muttern" überschreiben. Hier wird ehrliche Küche serviert, und das zu extrem günstigen Preisen. Der Laden ist schlicht, aber gemütlich, komplett ohne „ChiChi". Die meisten Gerichte auf der Karte bzw. der Tafel sind deftig, alles andere als fantasievoll, aber astrein zubereitet. Egal ob es das Jägerschnitzel für 9,80 € ist, der hausgemachte Schweinebraten für 8,90 €, die Kalbsleber Berliner Art für 12 € oder die Rinderrouladen mit Knödeln und Rotkohl für 10,90 €. Vegetarier haben es hier allerdings deutlich schwerer zufriedengestellt zu werden. Di–So 18–22 Uhr. In der Runken 1, ✆ 0421/706828. S 2, 3 und 10.

Don Carlos 27, dafür, dass die Betreiber keine Spanier sind, machen sie ziemlich gute Tapas, die Paella ist ebenfalls in Ordnung. Der Laden ist nichts wirklich Besonderes, aber brummt fast zu jeder Tageszeit und der Geräuschpegel nervt im großen Gastraum bisweilen. Empfehlenswert sind die „Tapas variadas", die verschiedenen gemischten Tapas-Teller namens „Barcelona", „Sevilla" oder „Valencia", die es für 14,90–16,90 € gibt. Tapas ca. 3,90–6,90 €, Hauptgerichte 15–22 €. Tägl. ab 16.30 Uhr. Ostertorsteinweg 74, ✆ 0421/705356, www.don-carlos-bremen.de. S 2 und 3.

Gallo 34, das Restaurant Gallo an der Hamburger Straße ist der ideale „Italiener" für jeden Tag. Das soll nicht abwertend klingen, es soll eher bedeuten, dass man dort eigentlich jeden Tag hingehen könnte. Weil das Preis-Leistungs-Verhältnis stimmt, weil der Service gut ist und weil es tatsächlich ein richtiges Stück Italien an der Weser ist. Die Pizzen sind nicht überragend, aber sehr okay, am besten sind die Fleischgerichte von der Tafel, die fast täglich wechseln, wie z. B. Osso Buco, das Lammkarree oder auch die Kalbskoteletts (ca. 16–22 €). Der Mittagstisch, bei dem man bisweilen die Profis von Werder Bremen trifft, kostet 7 € (Pizza und Pasta), 9,50 € (Fisch und Fleisch) und 12,50 € (als Menü). Mo–Sa 12–23 Uhr, So 18–23 Uhr. Hamburger Straße 29, ✆ 0421/2443064. S 2, 3 und 10.

Vegefarm 35, „Pflanzliche Ernährung finden wir tierisch gut", ist der Slogan der Vegefarm. Die Gerichte des asiatischen Restaurants tragen Namen von Fleisch- oder Fischgerichten, sind aber komplett vegan oder zumindest vegetarisch. Das hat seinen Ursprung in der traditionellen buddhistischen Esskultur und so gibt es in dem stylishen Restaurant vegetarische Fleischbällchensuppe (4,50 €), knusprige vegetarische Hühnerschenkel (4,50 €) vorweg und als Hauptspeise veganes Hot Bean Rindersteak (12,80 €) oder vegetarisches Heilbuttsteak in Reisweinsauce (11,20 €). Statt Fleisch

Ostertor und Osterdeich → Karte S. 74/75

Essen & Trinken

(S. 72–76)

1 Das Kleine Lokal
8 Küche 13
10 Atrium
12 Holtorfs Heimathaven (S. 66)
13 Medoo
18 Tandour
19 Engel WeinCafé
22 Vengo
27 Don Carlos
28 Panciera (S. 65)
29 Antonios La Villa
30 Kafe Lagerhaus (S. 66)
33 Runken-Eck
34 Gallo
35 Vegefarm
36 Café Sand (S. 70)

Nachtleben

2 Lemans (S. 136)
3 Rum Bumper's (S. 136)
4 Capri Bar (S. 136)
5 Bermuda (S. 136)
6 Heartbreak Hotel (S. 136)
9 Fehrfeld (S. 136)
16 Litfass (S. 136)
17 Wohnzimmer (S. 136)
19 Engel WeinCafé (S. 76)
24 Eisen (S. 136)
25 Lila Eule (S. 133)
26 Hegarty's (S. 136)
30 Kafe Lagerhaus (S. 136)
31 MS Treue (S. 134)
32 Calavera (S. 134)

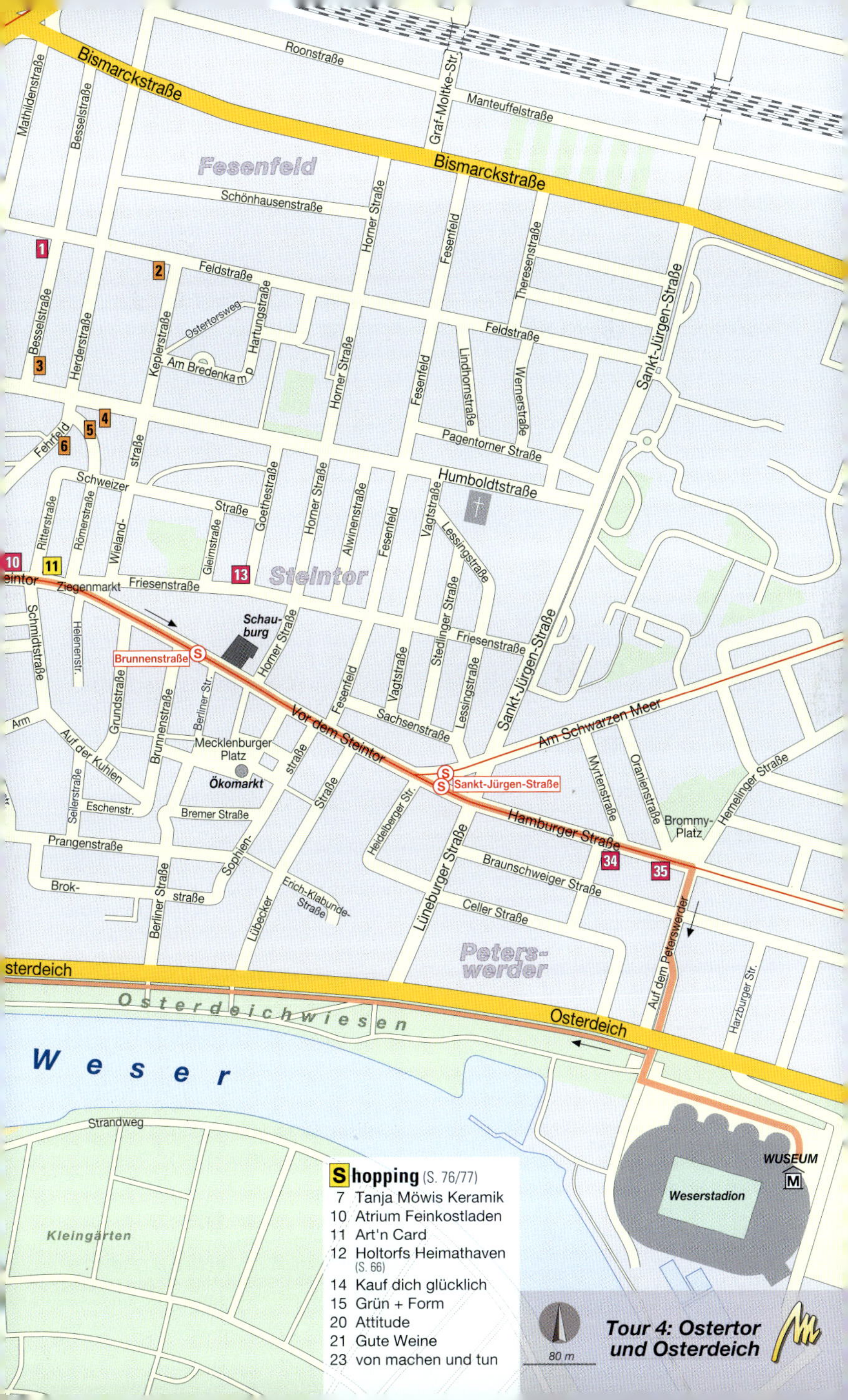

Shopping (S. 76/77)

7 Tanja Möwis Keramik
10 Atrium Feinkostladen
11 Art'n Card
12 Holtorfs Heimathaven (S. 66)
14 Kauf dich glücklich
15 Grün + Form
20 Attitude
21 Gute Weine
23 von machen und tun

Tour 4: Ostertor und Osterdeich

Bremen im Kasten

Das Rollo – eine Bremer Erfindung

Wer hat's erfunden, das Rollo? Nein, nicht die Schweizer, sondern die Bremer. Allerdings keine waschechten Bremer, sondern der aus dem Iran zugereiste Gastronom Hossain Saravi des Schnell-Restaurants Tandour am Sielwall. Beim Rollo handelt es sich um gefüllte Teigfladen, meistens mit Hähnchen- oder Lammfleisch, dazu einem Mix aus Gemüse und Salat (wobei es inzwischen auch vegetarische und sogar vegane Rollos gibt). Die Zusammensetzung der Saucen ist Geheimsache. Je nach Geschmack heißen die gefüllten Teigfladen dann „Kikeriki", „Dul Kebap", „Cocopan" oder „Arabic" (sehr empfehlenswert) und haben in der Bremer Fast-Food-Szene Pizza und Döner von Platz eins verdrängt. Obligatorisch im Tandour ist die Frage, ob man sein Rollo scharf haben möchte. Bei einem „Ja" machen sich die Jungs von Tandour bisweilen einen Spaß und verwandeln das Rollo in ein veritables Chillie-Monster. Also Vorsicht bei der Bestellung!

Tandour **18**, Sielwall 5, ✆ 0421/702750.

oder Fisch setzen sich die Speisen aus Soja, Seitan, Konjak, Shiitake und Algen zusammen, das Gemüse stammt in der Regel aus biologischen Betrieben aus der Region. Di–Sa 12–23 Uhr, So 17–23 Uhr. Hamburger Straße 45–47, ✆ 0421/70869660, www.restaurant.vegefarm.de. S 2, 3 und 10.

Antonios La Villa **29**, Antonio Scialdone ist zurückgekehrt – und das ist gut so. Vor mehr als zwanzig Jahren hat das Urgestein der Bremer Gastronomieszene schon einmal das Restaurant hinter der Villa Ichon betrieben, ehe er auf die andere Weserseite zog, wo er das „Bella Vista im Pumpenhaus" führte. In der Villa an den Wallanlagen waren seitdem zahlreiche Pächter, die entweder enttäuschten oder aus anderen Gründen schlossen. Antonio wird es hoffentlich noch lange geben. Hier passt wirklich die gern genommene Klassifizierung von der authentischen italienischen Küche. Mittagstisch ab 8,50 €, Pasta ab 12 €, der Loup de Mer kostet 19,50 € und das Kalbskarree 25,50 €. Der Service stimmt, das Ambiente im Sommer in dem herrlichen Garten ist sowieso unschlagbar in Bremen. Ach ja, und Antonio ist zudem noch eine (zumeist unerkannte) Berühmtheit: Im legendären Loriot-Sketch mit der Nudel bringt er als blutjunger Kellner am Ende des Sketches den Espresso! Mo/Di und Do/Fr 12–14.30 und ab 18 Uhr, Sa/So ab 18 Uhr. Goetheplatz 4, ✆ 0421/98885555, www.antonios-lavilla-bremen.de. S 2 und 3.

Engel WeinCafé **19**, hier sitzt man drinnen im gemütlichen Ambiente der alten Engel-Apotheke, draußen unter Bäumen am äußersten Rand des Ulrichsplatzes bzw. am O-Weg. Der Name ist Programm, das Engel WeinCafé hat sehr gute Tropfen im Angebot, dazu gibt es verschiedene Flammkuchen. Gutes Frühstück, Mo–Fr 12–15 Uhr Mittagstisch (4,50–9,50 €). Jeden ersten Montag im Monat, am „Blue Monday", finden im Engel Konzerte statt; der Eintritt ist frei. Mo 9–18 Uhr, Di–Fr 9–24 Uhr, Sa/So 10–24 Uhr. Ostertorsteinweg 31–33, www.engelweincafe-bremen.de.

Atrium **10**, italienischer Feinkostladen und Restaurant in einem, wobei vor allem Letzteres zu empfehlen ist. Die Lebensmittel, die Barbara Zeck und ihre Tochter Steffi verkaufen, sind zwar verdammt lecker, aber auch verdammt teuer. Als eine von nur 15 Adressen in ganz Deutschland wurden die Zecks vom Verband der Parmaschinken-Hersteller zu offiziellen Parmaschinken-Spezialisten ernannt. Die Preise im Restaurant sind zivil, die Qualität stimmt. Einer der Klassiker der Atrium-Küche ist das Lammfilet in Marsalasauce (22,50 €), das Beste am Atrium ist jedoch definitiv der wunderbare Hof. Öffnungszeiten Restaurant: Di–Do 18–24 Uhr, Fr/Sa 12–24 Uhr (Küche jew. bis 22 Uhr), Feinkostladen: Di–Fr 10–19 Uhr, Sa 10–16 Uhr. Vor dem Steintor 34, ✆ 0421/702323, www.atrium-bremen.de.

Shopping

von machen und tun **23** ein kleiner Produzentenladen im Viertel, in dem rund 70 Kreative, überwiegend aus Bremen, ihre selbstgemachten Sachen anbieten (deswegen hieß der Laden früher auch „Die Sachenmacher"). Im Angebot sind witzige Bremen-Andenken, völlig unnützes, aber schönes Zeug, aber auch höchst praktische Dinge wie Taschen. Viele der Produkte, ob Topflappen, Schmuck, Kinderspielzeug oder Notizbücher haben einen Bezug zu Bremen. Wer noch ein außergewöhnliches Geschenk sucht – hereinspaziert. Mo 15–18 Uhr, Di–Fr 11–18 Uhr, Sa 11–16 Uhr. Ostertorsteinweg 46 b, ✆ 0421/69663430, www.vonmachen-und-tun.de. S 2 und 3.

Kauf dich glücklich 14, in Berlin gegründet, gibt es auch im Bremer Viertel einen „Kauf dich glücklich". Überwiegend Mode für Frauen und Männer, ein paar Accessoires und ausgewählte Bildbände gibt es auf zwei Etagen in diesem Concept Store zu kaufen. Zumeist stammen die Klamotten von kleineren Labels, viele davon aus Skandinavien. Mo–Sa 10.30–20 Uhr. Ostertorsteinweg 25–26. S 2 und 3.

Gute Weine 21, Geschäftsgründer Heiner Lobenberg ist schon als Deutschlands bester Weinhändler ausgezeichnet worden. Den Laden am Ostertorsteinweg führt inzwischen seit Jahren mit Christoph Janßen der ehemalige Besitzer des Gourmet-Restaurants „Das kleine Lokal". Das Angebot ist exquisit und wirklich besonders, die Beratung erstklassig. Man findet hier nicht nur Weine aus den gängigen Weinländern und Regionen, sondern auch edle Tropfen aus Georgien, dem Libanon oder Großbritannien! Wer allerdings einen Allerwelts-Fusel für um die 5 bis 10 € sucht, der wird erstens nicht fündig und bekommt zweitens zu spüren, dass er hier so gar nicht richtig ist. Mo–Fr 11–19 Uhr und Sa 10–15 Uhr. Ostertorsteinweg 34/35. S 2 und 3.

Art'n Card 11, kein Geringerer als Frank Zappa hat das nicht ganz ernst gemeinte Motto von Art'n Card im Steintor vorgegeben: „Das Wichtigste in der Kunst ist der Rahmen." Inhaber Jens Schumacher rahmt die Poster und Kunstdrucke, die er in seinem Laden verkauft, tatsächlich, die meisten Besucher kommen aber wohl zu Art'n Card, um in der riesigen Auswahl an originellen Postkarten zu stöbern. Mo–Fr 10–18.30 Uhr, Sa 10–16 Uhr. Vor dem Steintor 46, ✆ 0421/76713, www.artncard.de. S 2, 3 und 10.

Grün + Form 15, gegründet zwar in Münster, aber inzwischen auch schon seit mehr als 20 Jahren am O-Weg ansässig: Grün + Form hat schönes Geschirr im Angebot, Accessoires aus Indien, Frankreich, Portugal und aus Nordafrika. Den passenden Wein gibt es auch gleich dazu. Vor allem aber ist der Laden Spezialist für Möbel aus Bauholz und alten Gerüstbohlen. Nun nimmt man so etwas bei einem Bremen-Besuch nicht mal eben so im Rucksack oder der Handtasche mit, aber man kann sich auf jeden Fall wunderbar inspirieren lassen in dem Laden. Mo–Fr 9.45–19 Uhr, Sa 9–18 Uhr. Ostertorsteinweg 23, ✆ 0421/7941180, www.gruen-und-form.de. S 2 und 3.

Attitude 20, Boards gibt es auch im Attitude-Skateshop, vor allem aber Mode für den coolen Skater oder Surfer. Vans, Sneaker, Shirts, Hoodies, Hosen und Jacken, alles im Sortiment und zwar von den Labels, die man so braucht in der Szene (die aber durchaus auch Nicht-Skatern stehen). Als da wären: Carhartt, Cleptomanicx, Lee, Armed Angels, Forvert, Sessun, Element, Obey, Adidas, Nike, Vans, Polar Skate Co., Hotel Blue, PassPort, Stussy, HUF, Buttergoods, 5Boro usw. Mo–Fr 11–19 Uhr, Sa 11–18 Uhr. Ostertorsteinweg 94/95, ✆ 0421/702494, www.attitude-skateshop.de. S 2, 3 und 10.

Tanja Möwis Keramik 7, Laden und Werkstatt in einem, gelegen in einer Seitenstraße vom O-Weg und definitiv einen Umweg wert. Markenzeichen von Möwis' Keramik sind die zarten vertikalen Streifen ihrer handgefertigten Tassen, Schüsseln, Kannen und Vasen. Wer trotz der Vielfalt der ausgestellten Produkte in wunderschönen Farben nicht fündig wird, für den fertigt Tanja Möwis auf Anfrage auch Einzelstücke. Mo, Di, Do und Fr 10–14 und 15–18 Uhr, Mi 10–14 Uhr, Sa 11–14 Uhr. Wulwesstraße 12, ✆ 0421/6367775, www.moewis-keramik.de. S 2 und 3.

Theatro vorm Theater

Durch Bremens grüne Lunge

Tour 5

Der Bürgerpark gilt als einer der schönsten Landschaftsparks Deutschlands. Vor allem aber ist es einmal mehr eine bremische Besonderheit, dass er tatsächlich von Bürgern gegründet wurde und bis heute ohne staatliche Zuschüsse betrieben wird. Das Universum ist eines der neueren Highlights, während das Focke-Museum über die mehr als 1000-jährige Geschichte der Hansestadt informiert.

Universum, spannender geht Museum nicht, S. 83

Focke-Museum, Bremer Geschichte mit all ihren Facetten, S. 86

Rhododendron-Park, seltene Blütenpracht, S. 87

Alte und neue Bremer Highlights

Zum Bürgerpark und Universum

Viele Bremenbesucher reisen mit dem Zug an und bekommen vor dem Hauptausgang des Bahnhofs einen ersten Eindruck von der Stadt. Das ist ein bisschen gemein, denn wie man weiß, ist der erste Eindruck nicht ganz unwichtig. Die Gegend um den Bremer Bahnhof herum ist, gelinde gesagt, wenig sehenswert, und man kann allen Bremen-Besuchern deshalb nur eines empfehlen: entweder schnell in Richtung Innenstadt gehen oder aber der hier beschriebenen Tour folgen. Diese führt in einem Katzensprung hinüber zum Übersee-Museum, dann wieder zurück und durch den Bahnhof hindurch. Ab dem Nordausgang führt der Spaziergang über die Bürgerweide vorbei an der Stadthalle in den Bürgerpark und zum Science Center Universum Bremen in der Nähe der Universität. Von dort aus können Bremen-Besucher, die gut zu Fuß sind, noch einen Abstecher zum Focke-Museum sowie zum Rhododendron-Park und zur botanika machen.

Spaziergang

„Die Welt unter einem Dach"

Übersee-Museum Bremen

Verlässt man den Bremer Bahnhof (2012 zum Bahnhof des Jahres in Deutschland gekürt) durch den Hauptausgang, liegt rechter Hand hinter einer Grünfläche das Übersee-Museum, ein Museum mit einer fast 150-jährigen Geschichte. Bereits 1875 erhielt die Stadt Bremen die Sammlungen des „Naturwissenschaftlichen Vereins" und die Sammlungen der „Anthropologischen Kommission". Nach erfolgreichen Aus-

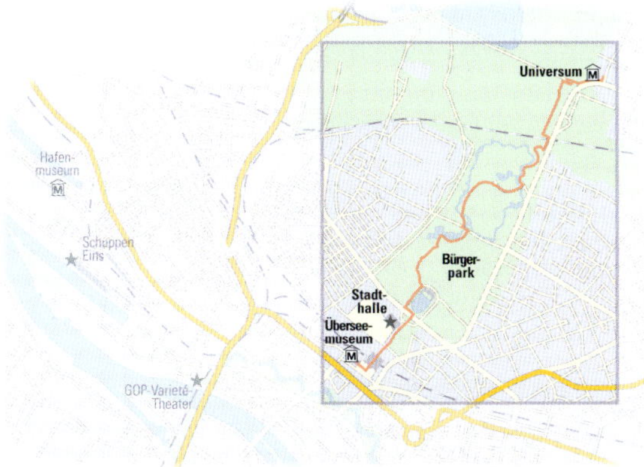

stellungen u. a. im Bürgerpark beschloss Bremen für die nun „Städtischen Sammlungen für Naturgeschichte und Ethnographie" ein eigenes Museum zu bauen, das 1896 als Städtisches Museum für Natur-, Völker- und Handelskunde seine Pforten öffnete. Der erste Museumsdirektor mit dem schönen Namen Hugo Schauinsland prägte bereits das Motto, das auch heute noch gilt: „Die Welt unter einem Dach". Im Zweiten Weltkrieg wurden einige Exponate zerstört. Das Museum wurde bereits 1949 wiedereröffnet und erhielt zwei Jahre später den bis heute gültigen Namen.

Das Übersee-Museum mit seinen beiden beeindruckenden Lichthöfen entführt seine Besucher in fremde Welten, nimmt sie mit auf eine Reise durch die Kontinente Asien, Afrika, Amerika und Ozeanien. Schwerpunkt der Amerika-Ausstellung ist das Thema Einwanderung. Im Bereich Ozeanien erfährt der Besucher einiges über die unfassbare Schönheit der Südsee mit ihren Korallenriffen, aber auch Wissenswertes zu den uralten Riten und zu den Handelsbeziehungen zwischen Europa und Ozeanien. Moderne Installationen und „Mitmach-Stationen" wechseln sich auch bei der Afrika-Ausstellung mit wundervollen Exponaten aus längst vergangenen Zeiten ab. Die Asien-Ausstellung steht unter dem Motto „Kontinent der Gegensätze". Nicht nur hier machen die Exponate aus verschiedenen Jahrhunderten und Jahrtausenden deutlich, wie heftig uralte Kulturen und modernes Leben im 21. Jh. bisweilen aufeinanderprallen.

Überhaupt hat sich das Übersee-Museum zu einem Ausstellungsort entwickelt, der sich mit Themen wie Rassismus, Kolonialismus und Nationalismus intensiv auseinandersetzt, insbesondere in der Ausstellung „Erleben, was die Welt bewegt" im obersten Geschoss. Auf sieben verschiedenen Pfaden ist hier die globale Entwicklung nachzuvollziehen. Die Themengebiete Kommunikation, Weltwirtschaft, Klimawandel, Sex & Gender, Migration, Zeit oder Menschenrechte beinhalten Chance und Herausforderung zugleich. Wie geht die Menschheit, wie geht jeder Einzelne damit um? Fragen, die man sich bei einem Besuch im Bremer Übersee-Museum stellt und die den Blick über den eigenen (kulturellen) Tellerrand hinaus schärfen.

Eines der Highlights im Übersee-Museum sind die Instrumente eines kompletten Gamelan-Orchesters. In unregelmäßigen Abständen bringen die Musiker des Bremer Gamelan Orchesters die traditionellen javanesischen Musikinstrumente zum Klingen. Unbedingt sollte man auch einen Abstecher ins Schaumagazin im Übermaxx machen. Hier ist unsere ganze verrückte Welt in gläsernen Kästen versammelt: Insgesamt 30.000 Exponate sind zu bestaunen, von den Präparaten unzähliger skurriler Insekten, Schlangen und Fische bis hin zu einem stattlichen Sumatra-Tiger. Das Schaumagazin ist über die Waldemar-Koch-Brücke direkt vom Hauptgebäude aus zugänglich. Außerdem bietet das Bremer

Übersee-Museum immer wieder wechselnde Sonderausstellungen an.

Di–Fr 9–18 Uhr, Sa/So 10–18 Uhr. Eintritt 7,50 €, erm. 5 €, Kinder (6–17 J.) 2,50 €, Gruppenführungen können unter ✆ 0421/1603871 oder unter anmeldung@uebersee-museum.de gebucht werden. Bahnhofsplatz 13, ✆ 0421/160380, www.uebersee-museum.de. S 1, 4, 5, 6 und 10, Busse 24, 25, 26, 27, 62 und 64.

Gräfin Emma sei Dank

Die Bürgerweide

Vom Museum aus geht es die paar Schritte zurück zum Bahnhof und durch selbigen hindurch. Kaum hat man den Nordausgang durchschritten, steht man auch schon fast auf der Bremer Bürgerweide. Die Fläche als solche, auf der Freimarkt und Osterwiese stattfinden, ab und an ein Zirkus sein Zelt aufbaut und ansonsten Autos parken, ist alles andere als sehenswert. Um die Entstehung der Bürgerweide rankt sich jedoch eine der bekanntesten Bremer Sagen. Die geht, wie es der Bremer Geschichtenschreiber Friedrich Wagenfeld Anfang des 19. Jh. aufschrieb, wie folgt: Es lebte einst (Ende des 10., Anfang des 11. Jh.) eine mildtätige Gräfin namens Emma, die besonders nach dem Tode ihres Gatten Liudger von Lesum viel Gutes tat in der Stadt. Die Bremer traten deshalb an sie heran und baten die Gräfin darum, ihnen mehr Land für ihr Vieh zur Verfügung zu stellen. Die Gräfin stimmte zu und beschloss, den Bremer Bürgern so viel Weideland zur Verfügung zu stellen, wie ein Mann in einer Stunde umrunden könne. Es begab sich, dass genau zu dieser Zeit ihr Schwager, der Herzog Benno von Sachsen, zu Besuch bei der Gräfin war. Ein Mann, der bei weitem nicht so freigiebig war wie Emma. Ironisch sagte er, da könne die Gräfin doch gleich eine Weide versprechen, die ein Mann an einem ganzen Tag umrunden könne. Als die Gräfin, die Ironie überhörend, tatsächlich die Zeitspanne auf einen ganzen Tag ausdehnte, schlug Benno vor, den Mann für die Gräfin auszusuchen, der die Strecke abgehen sollte. Hinterlistig und geizig wie er war, suchte Graf Benno einen armen Krüppel aus. Die Bürger waren entsetzt, fürchteten sie doch, dass er kaum ein paar Meter würde schaffen können. Doch die Gräfin legte dem Krüppel die Hand auf den Kopf und machte ihm Mut. Dieser kroch schließlich auf Händen und Füßen los und umrundete ein Areal, das letztendlich größer war, als es sich die Bremer erhofft hatten. Es umfasste zu damaliger Zeit das Gebiet, das heute Bürgerweide und Bremer Bürgerpark einschließt (→ S. 81).

Wer mag, macht von der Bürgerweide (oder bereits vom Bahnhof) aus einen kleinen Umweg zum „Elefanten" im Nelson-Mandela-Park. Dazu geht man rechts auf der Theodor-Heuss-Allee in Richtung Hermann-Böse-Straße. Schon an der Ecke Gustav-Deetjen-Straße sieht man das Antikolonialdenkmal in Form eines Elefanten aus rotem Backstein. Ursprünglich wurde es als Reichskolonialehrendenkmal im Jahr 1931 errichtet und ein Jahr später feierlich eingeweiht. 1989 folgte Bremen dem Aufruf aus Den Haag, sich an der europaweiten Aktion „Städte gegen Apartheid" zu beteiligen und widmete den Elefanten zum Antikolonisationsdenkmal um.

Kühne Konstruktion

Stadthalle Bremen

Schon vom Nordausgang des Bahnhofs aus erblickt man auf der gegenüberliegenden Seite der Bürgerweide die Bremer Stadthalle mit ihrer außergewöhnlichen Architektur. Sie hieß bereits AWD-Dome und Bremen-Arena, seit 2011 trägt sie den Sponsorennamen **ÖVB-Arena.** Die meisten Bremer nennen sie nach wie vor Stadthalle. 1961 bis 1963 wurde sie nach den Plänen des Architekten Roland Rainer errichtet und

Bremen im Kasten

Der Klangbogen

Eines muss noch erwähnt werden, auch wenn man als Bremen-Besucher wahrscheinlich gar nichts davon mitbekommt. Aber es ist einer dieser Schildbürger-Streiche, die Bremen sich in den vergangenen Jahren geleistet hat. Auf dem Weg vom Bahnhof zur Stadthalle läuft man entlang des sogenannten Klangbogens. 1993 wurde er im Rahmen eines Wettbewerbs zur künstlerischen Ausgestaltung eines neuen Fußwegs ausgeschrieben. Der Künstler Rolf Julius erhielt den Zuschlag. Sein 1995 errichteter Klangbogen sollte ein akustischer Wegweiser sein, bestehend aus zwei unterschiedlichen „Kompositionen". Aus dem Boden sollten Töne erklingen, die an das Gegurgel eines japanischen Bachs erinnern. Der Künstler war dafür eigens nach Fernost gereist, um den Sound dort aufzunehmen. Die höheren Frequenzen, genauer genommen Vogelgezwitscher, sollten aus den Lichtstelen entlang des Weges erklingen. Das Projekt wurde zur absoluten Lachnummer. Entweder funktionierte das Soundsystem nicht oder die Bremer lästerten, das angebliche Rauschen des Bachs würde sich anhören wie eine Toilettenspülung. Zu allem Überfluss erwies sich der Belag der auf Hochglanz polierten Gehwegplatten als so rutschig, dass man sie nach den ersten Unfällen kurzerhand umdrehen und die raue Seite nach oben verlegen musste. 2010 wurden die Stelen saniert, für das Gurgeln war kein Geld mehr da. Ein sang- und klangloses Ende des Klangbogens.

1964 feierlich eröffnet. Zehn Jahre später erhielt der Bau mit den sechs markanten Pfeilern eine Auszeichnung des Bundes Deutscher Architekten. Begründung der Jury: „Die kühne Konstruktion ist mit der ausdrucksstarken architektonischen Gestaltung verschmolzen. Ergebnis ist ein Gebäude von großer Einprägsamkeit." Damit war es nicht nur nach Ansicht des Architekten spätestens im Jahr 2005 vorbei. Die Stadthalle wurde modernisiert und um ein Foyer erweitert, um mehr Zuschauern Platz zu bieten. Die außergewöhnliche Tragwerkskonstruktion des Hallendachs wurde nach dem Umbau zwar wieder aufgenommen, erfüllt jedoch seitdem nicht mehr ihren Zweck, sondern ist lediglich noch Schmuckwerk. Für den Laien sieht die Südseite mit den Pfeilern und den wabenartigen Glasfassaden wahrscheinlich genauso aus wie vorher. Architekt Roland Rainer verbat sich jedoch ab dem Zeitpunkt jegliche Nennung seines Namens im Zusammenhang mit der Bremer Stadthalle.

Spaziergang im Grünen

Der Bürgerpark

Der Spaziergang führt auf der Gustav-Deetjen-Allee (oder auf der Bürgerweide) rechts an der Stadthalle vorbei in Richtung Bürgerpark. Schon von der Stadthalle aus ist das prachtvolle **Park Hotel** hinter dem Hollersee zu erblicken. Das heutige Gebäude stammt aus den Jahren 1955/56. Es orientiert sich architektonisch stark an dem im Zweiten Weltkrieg weitgehend zerstörten Parkhaus aus dem Jahr 1913. Das langgezogene Gebäude mit der markanten Kuppel ist im Stil eines fürstlichen Landsitzes errichtet. Nach wie vor ist es *das* Bremer Luxushotel.

Vom Haupteingang des Hotels hat man einen tollen Blick in Richtung Nordosten hinüber zum historischen Gebäude

Zum Bürgerpark und Universum → Karte S. 88/89

Bremen im Kasten

Ein Park von Bürgern für Bürger

Seinen Anfang nahm alles an einem Sommertag 1865 während des „Zweiten Deutschen Bundesschießens" auf der baumlosen Bremer Bürgerweide. Weil die Schützen in der sommerlichen Hitze mächtig ins Schwitzen gerieten und sich zudem kaum ein Besucher blicken ließ, entwickelte man in Bremen den Plan, einen Park zu gestalten. So etwas wie der Englische Garten in München schwebte den Bremern vor, zumal die Weideflächen Mitte des 19. Jh. nicht mehr in dem Ausmaß wie früher benötigt wurden. Stattdessen sollte der rasch gewachsenen Stadtbevölkerung – zusätzlich zu den Wallanlagen – eine grüne Oase zwecks Belustigung an frischer Luft gegönnt werden. Mit einem Blick in die nicht gerade üppig gefüllten Kassen der Stadt wurde schnell klar, dass sich das ehrgeizige Projekt nicht so leicht umsetzen lassen würde. Also gründete der Kaufmann Hermann Holler das „Comité zur Bewaldung der Bürgerweide". Das sollte umsetzen, was Holler allen Bremern in Aussicht stellte: Nämlich „eine Annehmlichkeit und Zierde der ganzen Stadt", „eine Schöpfung zum leiblichen und geistigen Gedeihen der gesamten Bevölkerung, zu Wohlfahrt und Segen für Jedermann". Geplant, getan: Durch Spenden von Bremer Bürgern kam genug Geld zusammen, um ein „städtisches Gehölz" zu errichten. 1866 erfolgte der erste Spatenstich, im Laufe der Jahre wurde aus den ehemaligen Weideflächen, unter der Oberaufsicht und nach Planungen des Landschaftsarchitekten Wilhelm Benque, einer der schönsten Landschaftsparks Deutschlands. Es entstand im wahrsten Sinne des Wortes ein Bürgerpark, ein Park von Bürgern für die Bürger. Bereits 1872 gründete sich aus dem Comité heraus der Bremer Bürgerparkverein. Und bis heute wird die rund 200 Hektar große Grünanlage mit ihren historischen Gebäuden, Brunnen, Pavillons und Brücken von Bremer Bürgern betrieben und finanziert. Im Etat von mehr als zwei Millionen Euro stammt nicht ein Cent aus dem Staatssäckel, sondern aus Mitgliedsbeiträgen, Spenden und der Bürgerpark-Tombola. Anno 1866 gehörten knapp 60 Bremer dem Comité an, heute zählt der Verein mehr als 2600 Mitglieder, die jährlich einen Mindestbeitrag von 15 Euro für ihre Mitgliedschaft zahlen. Bremens grüne Lunge ist insofern nicht nur ein wunderschöner Stadtpark, sondern auch ein starkes Symbol für bürgerlichen Gemeinsinn.

Emmasee im Bürgerpark

der Meierei, zu dem man später noch gelangt. Der Weg führt zunächst weiter vorbei am **Markus-Brunnen** über den großen Spielplatz an den **Emmasee.** Rund um den See hat der Bürgerpark noch ein bisschen mehr als Natur zu bieten. Es gibt eine Minigolf-Anlage, einen Ruderbootverleih und das Café-Restaurant „Emma am See“. Hier legt auch der 2013 fertiggestellte Nachbau des historischen Fahrgastschiffs „MARIE“ an, das seitdem wieder zu einer Rundfahrt über die verschlungenen Wasserstraßen des Bürgerparks einlädt. Der Ausflugsdampfer läuft die gleichen „Häfen“ an, die man auch während der Tour per pedes oder mit dem Fahrrad ansteuert. Vom Emmasee geht es auf dem breiten Weg weiter in Richtung Nordosten (Hinweisschilder „Tiergehege“) über die **Melchersbrücke.** Von dort aus genießt man den vielleicht schönsten Blick in Richtung Parkhotel mit dem St.-Petri-Dom im Hintergrund, zur anderen Seite erblickt man wieder die Meierei.

Von der Melchersbrücke sind es nur ein paar Schritte hinunter ins **Tiergehege.**

Ansonsten folgt man hier, vorbei an Bentheimer Schweinen, Alpakas, Zwergziegen und Zwergeseln dem Weg in Richtung **Meierei.** Das historische Kaffeehaus im Bürgerpark öffnete Ende des 19. Jh. erstmals seine Pforten. Besonders schön sitzt man im Innenhof mit Blick auf den See, wo auch die „MARIE“ anlegt.

Von der Meierei aus folgt man der Teerstraße und bleibt hinter der nächsten Brücke auf dem Kiesweg in Richtung **Waldbühne,** einem weiteren Ausflugslokal, das 1891 als Waldschlösschen eröffnet wurde. Hier finden regelmäßig Jazzkonzerte statt. Der Eintritt bei den Frühschoppen-Konzerten (jeweils 11.30 Uhr, im Winter drinnen, im Sommer im Biergarten) ist frei.

Von hier aus ist es nicht mehr weit bis zum Universum. Von der Waldbühne aus geht man zur Parkallee, ein paar Meter entlang der großen Straße, um dann hinter der Bahnlinie in den Stadtwald einzutauchen, der Anfang des 20. Jh. vom Bremer Bürgerparkverein angelegt wurde. Parallel zur großen Straße führt ein ausgeschilderter Weg und Naturlehrpfad vorbei an einem kleinen hölzernen Roland zum **Haus am Walde** hinter der Kleinen Wümme. Entweder legt man hier noch eine Pause ein oder geht die paar Schritte hinüber zum Universum.

Infos zu den verschiedenen Aktivitäten, zur Gastronomie, zu den verschiedenen Veranstaltungen sowie zu den Fahrzeiten der „MARIE“ findet man auf der Homepage des Bürgerparks: www.buergerpark.de.

> Der Bürgerpark hat noch weitere verträumte Ecken zu bieten, dieser Weg ist jedoch der einfachste und zudem zu Fuß und mit dem Fahrrad zu bewerkstelligen, denn Radfahren ist im Park auf vielen Wegen nicht gestattet.

„Technik, Mensch, Natur!“

Universum Bremen

Im Jahr 2000 wurde erstmals in Bremen ein Wal gesichtet. Nicht in der Weser, sondern zwischen Universität und Stadtwald. Er kann nicht schwimmen, glitzert schon von weitem, trägt den Namen Universum und ist seit der Eröffnung eine der Top-Sehenswürdigkeiten in der Hansestadt. Das Science Center erinnert die meisten Betrachter an einen Wal, manche auch an eine riesige Muschel. Entworfen hat das außergewöhnliche Gebäude der Bremer Architekt Thomas Klumpp. Doch nicht nur die spektakuläre Außenhülle aus 40.000 Edelstahlschindeln ist ein wahrlich großer Wurf, vor allem die Ausstellungen des Universums mit ihren mehr als 300 Exponaten und erstaunlichen Experimentier-Stationen sind ein echtes Highlight.

2000 eröffnet, wurde das Universum 2007 um den EntdeckerPark mit dem

Turm der Lüfte und um die SchauBox erweitert. Aufgeteilt ist das Wissenschafts-Museum in die 2014/15 neu gestalteten drei Themenbereiche Technik, Mensch und Natur.

Zahlreiche Experimente verblüffen wohl fast jeden Besucher: Wie hört man mit vertauschten Ohren? Was empfindet man in einem schiefen Raum? Wie fühlt es sich an, während eines Erdbebens auf dem Sofa zu sitzen? Der Technikbereich überrascht mit spannendem Hintergrundwissen über Alltägliches und fasziniert mit Ausblicken in und Experimenten zur digitalen Welt von morgen. Highlights hier sind die Blitzmaschine und die riesige kinetische Kugelbahn. Der Bereich Mensch fördert Erstaunliches über uns zutage: Können wir gut lügen? Das erfährt man am Lügendetektor. Wie geht's uns eigentlich heute? An einer Station erkennt ein Computer anhand unserer Mimik, wie wir uns fühlen. Und welche Phänomene Mutter Natur bereit hält, erfährt man im dritten Bereich: Warum ist Gras grün? Was haben Polarlichter und Glühwürmchen gemeinsam? Warum tragen bei Seepferdchen die Männchen die Jungen aus?

Das Universum ist unglaublich spannend und unterhaltsam zugleich, auch weil es hier so viele Stationen gibt, an denen man als Besucher aktiv werden kann. Oder wo sonst kann man selbst Wolken produzieren oder mit Bauklötzen Musik komponieren? Wechselnde Sonderausstellungen ergänzen das Programm des Universums.

Mo–Fr 9–18 Uhr, Sa/So 10–18 Uhr. Eintritt 16 €, erm. 11 €, Familienkarte 40 €, Wiener Straße 1 a, ✆ 0421/33460, www.universum-bremen.de. Busse 22 und 28.

Rote Kaderschmiede

Bremer Universität und Technologiepark

Das Universum liegt am Rande des Technologieparks, der sich wiederum rund um die Universität angesiedelt hat. Die Idee, der Stadt eine eigene Universität zu gönnen, geht auf die ersten Nachkriegsjahre zurück: 1948 wurde ein Gesetz zur Gründung einer Internationalen Universität verabschiedet, es verschwand jedoch zunächst auf Jahrzehnte in irgendeiner Schublade. In den 1960er-Jahren wurden die Pläne wieder aufgenommen und 1971 schließlich

Erinnert die meisten an einen Wal: das Universum

Bremen im Kasten

Bremen fliegt ins All

Bremen ist einer der wichtigsten Standorte der Luft- und Raumfahrttechnik in Europa. Bei Airbus Defence and Space in der Neustadt wurde der Hightech-Weltraumfrachter ATV entwickelt, zudem die Oberstufe der Trägerrakete Ariane und das ISS-Weltraumlabor Columbus. Die Bremer Touristik-Zentrale bietet Betriebsbesichtigungen an. Man kann dabei u. a. im Modell der Columbus-Station herumspazieren und bekommt im Simulations- und Diagnoseraum, von dem aus Ingenieure in Kontakt mit der Weltraumstation stehen, einen Einblick in die Arbeit der Weltraumingenieure. Wie lebt, wie schläft und wie forscht man bei Schwerelosigkeit? Die Führung dauert rund zwei Stunden, das Mindestalter beträgt zehn Jahre. Treffpunkt ist an der Domsheide in der Innenstadt, von dort aus geht es mit dem Bus zum Airbus-Werk. Sa 14 und 16 Uhr, tägl. nach Absprache auch für Einzelpersonen und Gruppen zu buchen über die Bremer Touristik Zentrale (BTZ) oder über die Homepage www.werksfuehrung.de, 19,50 €. Airbusallee 1. S 6 Richtung Flughafen.

wurde die Bremer Uni gegründet bzw. fanden im Wintersemester 1971/72 die ersten Vorlesungen statt. Das sogenannte „Bremer Modell" sollte beinhalten: Interdisziplinarität, forschendes Lernen in Projekten, Praxisorientierung und Verantwortung gegenüber der Gesellschaft. Es entstand das, was man gemeinhin in den 1970er-Jahren eine „rote Kaderschmiede" nannte. Die 1970er-Jahre-Gebäude der Bremer Uni sind aus heutiger Sicht an Scheußlichkeit kaum zu überbieten.

Rund um die Hochschule haben sich zahlreiche Forschungseinrichtungen angesiedelt, die eng mit der Universität zusammenarbeiten. Herausragend im Wortsinn ist der **Fallturm**, der die Unigebäude im Nordwesten überragt. In dem 146 Meter hohen und in Europa einzigartigen Turm des Zentrums für angewandte Raumfahrttechnologie und Mikrogravitation (ZARM) finden u. a. Experimente im freien Fall statt.

Abstecher

Vom Universum aus setzt man die Tour zu Fuß oder mit dem Rad entlang der Kleinen Wümme in Richtung Focke-Museum fort. Wer sich auf dem Weg zum Universum schon platte Füße gelaufen hat, der erreicht das Focke-Museum, aber auch die botanika und den Rhododendron-Park ab der Innenstadt mit der Straßenbahnlinie 4. Ab Universum bzw. Universität fährt man mit dem Bus 22 Richtung Stadt und steigt an der Kirchbachstraße in die Linie 4 um. Der Spaziergang jedenfalls führt via Riensberger Friedhof zum Bremer „Heimatmuseum".

Reise in die Vergangenheit

Riensberger Friedhof

Ab dem Universum geht es entlang der Wümme, die man schließlich an der Ecke Achterstraße/Universitätsallee gemeinsam mit der Straßenbahn Linie 6 überquert und ab dort den Radweg-Schildern Richtung „Centrum" folgt. An der Straßenbahn-Haltestelle Riensberg

Zum Bürgerpark und Universum → Karte S. 88/89

geht es links weiter und beim alten Krematorium auf das als Park angelegte Gelände des Friedhofs. Viele der Grabstätten sind prächtig ausgestattet und eine Runde über das Gelände in Richtung des Ausgangs Riensberger Straße/Focke-Museum kommt einer kulturgeschichtlichen Reise in die Vergangenheit gleich. Auf dem Riensberger Friedhof liegen zahlreiche prominente Bremer begraben, die die Geschichte der Hansestadt maßgeblich beeinflusst haben. Fahrradfahren ist auf dem Friedhof nicht gestattet.

Bremer Geschichte

Focke-Museum

Das Focke-Museum präsentiert als das Bremer Landesmuseum für Kunst und Kulturgeschichte zahlreiche Exponate aus der rund 1250-jährigen Geschichte der Stadt. Eingebettet in einen Park ist im modernen Backsteinbau des Haupthauses u. a. der originale Kopf des Rolands zu bewundern. Die Dauerausstellung zeigt Funde aus dem frühen Mittelalter, beleuchtet intensiv die Blütezeit der Hanse und schließlich auch die wirtschaftliche Entwicklung, insbesondere seit dem Zeitalter der Industrialisierung. So dürfen natürlich Modelle der legendären Borgward-Autos (in Bremen gebaut zwischen 1939 und 1963) nicht fehlen. Eine Art Leitgedanke des Museums, der sich in den Exponaten aus fast allen Epochen wiederfinden lässt, ist der Kampf der Bremer Bürger um die Eigenständigkeit und Selbstbestimmung. Über einen gläsernen Gang erreicht man vom Haupthaus aus das Schaumagazin. Es ist untergebracht in einem markanten grünen Kubus, in dem Tausende lange verborgener Exponate der Öffentlichkeit zugänglich gemacht wurden und über einen Mediaguide erläutert werden.

Bremen „annodazumal“: Ausstellung im Focke-Museum

Komplettiert wird das Focke-Museum durch ein Bauernhaus (1586), das einst dem Bau des Stahlwerks im Bremer Ortsteil Mittelsbüren weichen musste, hier originalgetreu aufgebaut wurde und Einblicke in das bäuerliche Leben von „anno dazumal“ bietet. Zur Wohn- und Arbeitskultur früherer Bremer Zeiten sind zahlreiche Möbel im angrenzenden Haus Riensberg ausgestellt, darunter auch das Jugendstil-Zimmer des Worpsweder Künstlers Heinrich Vogeler. Im Obergeschoss des Haus Riensberg hat das Kindermuseum seinen Platz gefunden und im Eichenhof, der reetgedeckten ehemaligen Scheune des Haus Riensberg, befindet sich die ur- und frühgeschichtliche Sammlung.

In den vergangenen Jahren fanden immer wieder spannende Sonderausstellungen im Focke-Museum statt, beispielsweise die Ausstellung „Fußball. Halleluja“ zum Thema Fußball und Religion, die Sonderschau „Oh yeah! Popmusik in Bremen und der Beat-Club“ oder auch die Ausstellung „Protest + Neuanfang, Bremen nach 68“. Auch in Zukunft sind interessante Sonderausstellungen im Focke-Museum zu erwarten.

Di 10–21 Uhr, Mi–Sa 10–17 Uhr, So bis 18 Uhr. Eintritt 6 €, erm. 4 €, Sonderausstellungen 8 €, erm. 6 €. Schwachhauser Heerstraße 240, ✆ 0421/6996000, www.focke-museum.de. S 4.

Blütenpracht und Friedens-Buddha

Rhododendron-Park und botanika

Gute anderthalb Kilometer weiter in Richtung des Stadtteils Horn-Lehe liegt der Bremer **Rhododendron-Park** mit dem Botanischen Garten und der botanika. In der Blütezeit zwischen Ende April und Mitte Juni (je nach Witterung) ist hier der Teufel los. Dann kommt der Großteil der rund 300.000 Besucher in die rund 46 Hektar große Anlage. Es ist wirklich kaum zu glauben, wie viele Rot-Töne es auf dieser Welt gibt, wie viele verschiedene Lila- und Rosafärbungen. Im Bremer Rhododendron-Park ist die zweitgrößte Sammlung an Rhododendren weltweit zu bestaunen, mehr als die Hälfte der rund tausend Wildarten, dazu über 3000 gezüchtete Rhododendren und Azaleen gibt es hier.

Inmitten des Rhododendron-Parks befindet sich die neue **botanika.** Hier erlebt man nicht sein blaues, sondern sein grünes Wunder. In den verschiedenen Abteilungen des Grünen Science Center erfahren die Besucher allerlei Wissenswertes zu den exotischen Pflanzen und Ökosystemen aus verschiedenen Regionen Asiens: über die faszinierende Bergwelt des Himalayas, die tropisch-exotischen Regenwälder Borneos mit Kultpfählen eines Ur-Volkes und über die Gartenkultur Japans mit einem meditativen Zen-Garten. Inmitten des Gartens steht seit 2017 ein vergoldeter Friedens-Buddha, ein Geschenk des Dalai Lama an Bremen. Der Friedensnobelpreisträger und Oberhaupt der tibetischen Buddhisten möchte fünf solcher Buddha-Statuen weltweit – eine auf jedem Kontinent – aufstellen lassen als Symbol des Weltfriedens und der Völkerverständigung. Der erste steht seit 1997 in Neu Delhi, für Europa wurden der Bremer Rhododendron-Park und die botanika ausgesucht. Im Entdeckerzentrum mit den zahlreichen Mitmach-Experimenten kann man die faszinierende Welt der Pflanzen hautnah erleben.

Rhododendronpark: Der Park ist ganzjährig geöffnet, der Eintritt ist frei. Informationen zu anderthalbstündigen Gruppenführungen gibt es unter ✆ 0421/42706615, www.rhododendronparkbremen.de.

botanika: Mo–Fr 9–18 Uhr, Sa/So 10–18 Uhr. Eintritt 10,50 €, erm. 9,50 €, Kinder (4–17 J.) 5 €. Deliusweg 40, ✆ 0421/42706665, www.botanika-bremen.de. S 4 und Bus 31.

Zum Bürgerpark und Universum → Karte S. 88/89

Praktische Infos

→ Karte S. 88/89

Essen & Trinken

Isaak's Garden **3**, klein, aber fein, das mag ein wenig abgedroschen klingen. Aber genau so hat sich der Inhaber Jürgen Lonius sein nur 30 m² großes Restaurant Isaak's Garden im Souterrain einer Bremer Stadtvilla vorgestellt. Auf der wöchentlich wechselnden saisonalen Karte stehen immer mehrere vegetarische und vegane Gerichte sowie mindestens ein Fleisch- und ein Fischgericht. Mediterran mit einer orientalischen Note könnte man die wirklich erstklassige Küche überschreiben. Günstig ist der Laden nicht (Hauptspeisen ca. 22–30 €), das Publikum rekrutiert sich überwiegend aus Schwachhauser Yuppie-Kreisen, aber das Essen ist wirklich empfehlenswert. Ohne Reservierung geht abends gar nichts, im Sommer kann man auch draußen sitzen. Tägl. 11–22 Uhr. Wachmannstraße 42 A, ✆ 0421/84135370, www.isaaksgarden.de. S 6 und 8.

Eis Molin **5**, und schräg gegenüber verkauft Molin sein Eis. Das macht die Familie nun schon seit mehr als hundert Jahren, in Bremen immerhin seit 1953. Ausgangspunkt war der Arbeiterstadtteil Gröpelingen (die Filiale gibt's immer noch), nun verkauft Molin auch den Schwachhausern seine Eisspezialitäten. Das Eis wird frisch zubereitet und man kann sich sicher sein, dass bei Molin nicht nur irgendwelche Pulver und Geschmacksstoffe zusammengerührt werden. Tägl. 11–22 Uhr. Wachmannstraße 41, ✆ 0421/62658929, www.eis-molin.de. S 6 und 8.

Meierei **2**, die Lage im Bürgerpark ist einzigartig, der Blick hinüber über die Wiesen zum Parkhotel genial. Und die Architektur des Gebäudes im Schweizer Stil aus dem späten 19. Jh. ist noch ein Grund mehr für einen Besuch des Traditionshauses. Über die Qualität der Speisen und über den Service hingegen wird in Bremen trefflich gestritten. Von Montag bis Freitag gibt es einen Mittagstisch für 9,90 €, nachmittags gibt es Kaffee und Kuchen und opulente Torten, auf der Abendkarte stehen deutsche Klassiker und internationale Gerichte sowie einige regionale Spezialitäten. Tägl. ab 12 Uhr. Bürgerpark 1, ✆ 0421/6963860, www.meiereibremen.de. S 8, Busse 22 und 27.

Haus am Walde **1**, das Haus am Walde zwischen Stadtwald, Universität und Stadtwaldsee ist einer der schönsten Biergärten Bremens, aber durchaus auch eine Adresse zum Essen – jedenfalls, wenn man gute regionale Küche probieren möchte. Was nicht heißt, dass es ausschließlich rustikales Bauernessen gibt, sondern auch Raffiniertes wie „Gerstensalat mit geröstetem Kürbis, Chilli, Koriander, Pistazie und Schafskäse". Oder den „Wildburger in einem Vollkornbrötchen mit Cranberrykompott, Blauschimmelkäse, roten Zwiebelringen, Süßkartoffel-Pommes mit Chili-Mayonnaise". Vor allem aber gibt es hier die Klassiker wie Spargel im Frühsommer, Knipp zu jeder Jahreszeit und Grünkohl in den Wintermonaten. Tägl. ab 9 Uhr (Mittagstisch 12–15 Uhr, Abendkarte 18–22 Uhr). Kuhgrabenweg 2, ✆ 0421/212765, www.hausamwalde-bremen.de. Busse 22 und 28.

Chapeau La Vache **4**, im November 2019 eröffnete Brasserie & Bar in einer Villa an der Hollerallee. Am Herd steht Jens Kommerau, der zuvor im Kaffee Worpswede eines der besten Restaurants im Nordwesten betrieben hat. Verlernt hat der Mann nichts während seiner knapp einjährigen Pause. Das noble Chapeau La Vache macht ein bisschen auf französisch; die Küche hat durchaus Klassiker zu bieten: Foie gras (18 €), Bouillabaisse 14,50/24,50 €) und Moules frites (14,50/19,50 €), kredenzt aber auch internationale Gerichte (20–38 €) sowie regionale und saisonale Spezialitäten wie den Grünkohl à la Kommerau (16,50/19,50 €). Die Weinauswahl ist exzellent, in der Bar mixt Henning Neufeld, der einst im legendären Münchner „Schumann's" hinterm Tresen stand, exquisite Cocktails. Mo–Sa ab 18 Uhr. Hollerallee 7, ✆ 0421/33111777, www.chapeau-la-vache.de. S 6 und 8.

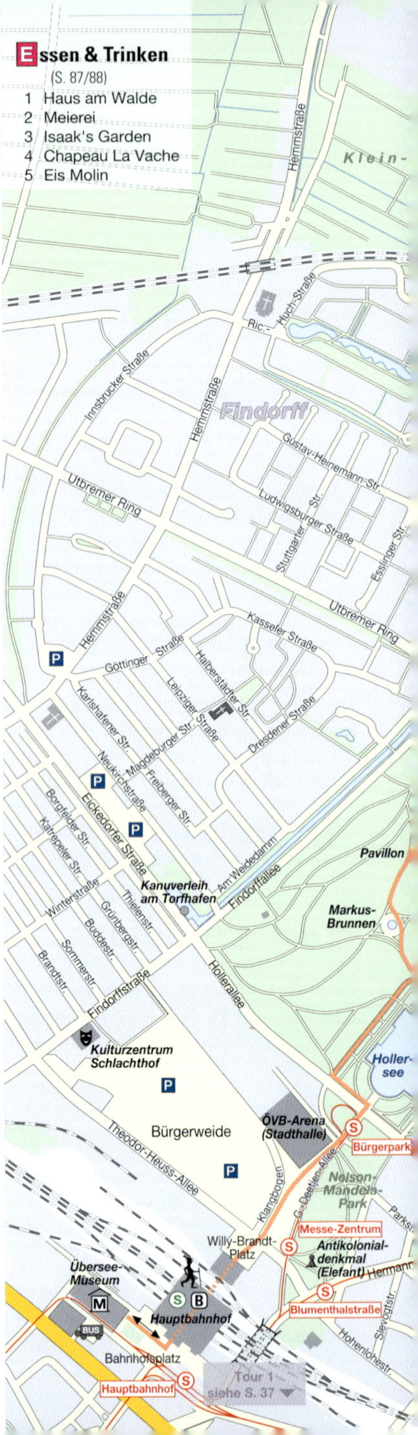

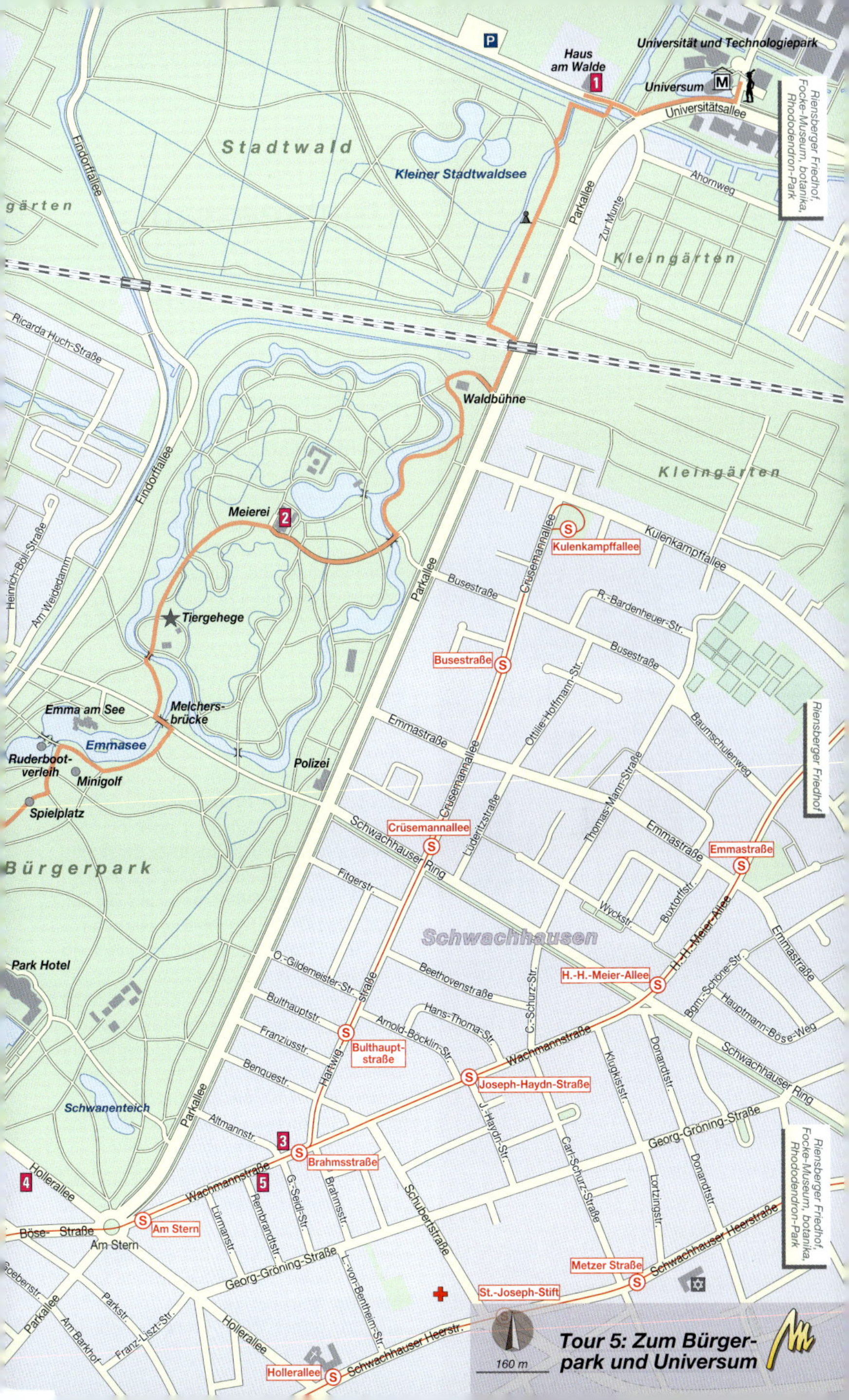

Tour 5: Zum Bürgerpark und Universum

Im Bremer Westen

Tour 6

Ein Streifzug durch Bremens ehemalige Häfen, die nach und nach zur Überseestadt umgestaltet werden. Ein Quartier am Wasser, in dem Altes bewahrt wird und Neues entsteht.

Hafenmuseum im Speicher XI, Wissenwertes zur Geschichte der Bremer Häfen und zur Überseestadt, S. 97

GOP-Varieté-Theater Bremen, Artistik und spektakuläre Shows am Weserufer, S. 131

Schuppen Eins, neues Leben im alten Hafengebäude, S. 96

Vom Welthafen zum Stadtteil

Die Überseestadt

Die Bremer Überseestadt auf dem Gebiet der stadtbremischen Häfen ist ein Quartier im stetigen Wandel und insofern ein Horror für jeden Reiseführer-Schreiber und jeden Reiseführer-Verlag. Beschreibt man einen Ort als Brache, so reckt sich dort schon bald ein gläserner Büroturm in den Himmel. Schreibt man etwas über übrig gebliebene Hafenschuppen, so werden diese vielleicht schon bald dem Erdboden gleichgemacht. Es gibt wenige Sehenswürdigkeiten im klassischen Sinne, wenig Altes und Pittoreskes zu sehen. Dafür ein Viertel, das sich Tag für Tag verändert, Altes mit Neuem mischt – und genau das macht die Überseestadt in Bremen so spannend.

Bremen war nicht einfach nur eine Hafenstadt. Bremen war ein Welthafen. Zeitweise arbeitete in den 1960er-Jahren jeder fünfte Bremer in den Häfen, auf den großen Werften oder bei den Reedereien. Die Nachrichten bei Radio Bremen verkündeten nicht nur Neuigkeiten aus aller Welt und das Wetter. Sie informierten regelmäßig auch darüber, an welchen Schuppen, an welchem Kai welche Gänge (so nannte man die Arbeitsgruppen von Hafenarbeitern) benötigt wurden. Je nach Windrichtung stank es in der Stadt nach Fischmehl oder es duftete nach Kaffee. Die Häfen waren das Herz der bremischen Wirtschaft. Bremen lebte mit und von den Häfen. Und Bremen lebte gut davon.

Die Erfolgsgeschichte begann Ende des 19. Jh. Nach der Korrektur der Weser und dem Beitritt der Hansestadt zum Deutschen Zollverein 1888 prosperierten die Häfen. Der 1888 eröffnete Europahafen war ein Meilenstein, einzigartig zu seiner Zeit. Hinzu kamen der

Fabriken- und der Holzhafen (1891–1900), der Überseehafen (1906) und schließlich der Industriehafen.

Im Zweiten Weltkrieg wurden fast die Hälfte der Schuppen und beinahe sämtliche Kräne zerstört, die Kaianlagen blieben weitgehend unversehrt und schon 1945 beauftragte die US-amerikanische Militärregierung den Bremer Hafensenator Hermann Apelt mit dem Wiederaufbau der Hafenanlagen. Schon alleine, weil die „Amis" sie als Nachschubhafen für ihre Truppen brauchten. Bereits in den frühen 1950er-Jahren brummten die Häfen wieder. Vor allem mit dem so wichtigen und lukrativen Stückgut kam die Bremer Hafenwirtschaft wieder in Schwung und die boomenden Hafenbetriebe waren in den 1950er- und 1960er-Jahren wieder der Lebensnerv der Hansestadt.

Doch in den 1970er-Jahren begann das große Sterben. Bremen hatte zwar in den 1960er-Jahren auf der Neustadtseite einen neuen Hafen gebaut, der 1968 um ein Containerterminal erweitert wurde, doch schon bald wurde die Weser für die ganz großen Pötte zu klein. Die Werften machten pleite, die Container verdrängten die Stückgutfracht nun fast vollends. Der Containerumschlag verlief über die neugebaute Containerkaje an der seeschifftiefen Außenweser in Bremerhaven.

Aus einem Großteil der stadtbremischen Häfen wurde die Überseestadt, ein Areal, das sich von der Innenstadt auf 3,5 km Länge und bis zu einem Kilometer Breite weserabwärts erstreckt. 1991 bereits wurde der Überseehafen geschlossen, die Kaianlagen waren marode, das Hafenbecken wurde nicht mehr gebraucht und 1998 mit 3,5 Millionen Kubikmetern Wesersand zugeschüttet. Die Entscheider von damals werden sich wohl immer noch in den Allerwertesten beißen. Es war ein Riesenfehler, genau wie die Ansiedlung des Großmarkts auf dem Gelände der ehemaligen Hafenbecken. Statt attraktives Wohnen am Wasser zu ermöglichen, hatte man nun den Verkehr von und zum Großmarkt.

Zwei Jahre später dann beschloss der Bremer Senat die „Entwicklungskonzeption zur Umstrukturierung der Alten Hafenreviere in Bremen". 2003 wurde der „Masterplan Überseestadt" verabschiedet, den Entwicklungszeitraum hat man offiziell bis 2025 festgelegt, ein fertiger Stadtteil wird die Überseestadt dann noch längst nicht sein.

Bremen hatte die Möglichkeit, sich einiges abzuschauen, in London, in Amsterdam und vor allem in Hamburg in der dortigen HafenCity. Der Unterschied zur Hamburger HafenCity war allerdings von Beginn an der, dass Bremen die industrielle Vergangenheit nicht verstecken wollte. Im Herbst 2012 sagte Bremens Senator Joachim Lohse: „Die Überseestadt hat die doppelte Fläche der HafenCity in Hamburg, Bremen hat aber nur ein Drittel der Einwohner. Also benötigen wir die sechsfache Kraftanstrengung."

Die Entwicklung der Überseestadt zu einem attraktiven neuen Stadtteil war und ist eine Herkulesaufgabe und benötigt nicht nur Kraft, sondern auch Planung und Visionen. An einigen Stellen ist das gelungen, an anderen hat man das Gefühl, es wurde bei der Entwicklung und Gestaltung geknobelt. Kritiker bemängeln, dass viel zu eng gebaut worden sei, außerdem fehle es an attraktiven Grünflächen. Der notorisch klamme Stadtstaat Bremen habe, so die Kritiker weiter, die Investoren mit Kusshand empfangen und ihnen kaum planerische Vorgaben gemacht – was zu einem bisweilen kruden Mix an Baustilen oder an anderen Orten zu einer architektonisch langweiligen Bebauung geführt hat.

Bebaut wurde eher nach dem Gießkannenprinzip und nicht, wie es sinnvoll gewesen wäre, von der bereits bestehenden urbanen Ansiedlung aus, sprich aus Richtung Innenstadt. Das hatte oft den Grund, dass einige alte Gebäude in den Häfen stehengeblieben waren und sich Investoren zunächst an diesen Schuppen und Speichern austobten. Und das ist bisweilen prächtig gelungen, wie beispielsweise beim Schuppen Eins oder auch beim Speicher XI. Auch einige der neuen Gebäude sind sehenswert. Nichtsdestotrotz fehlt der Überseestadt ein Zentrum, es fehlen noch die Zutaten, die einen Stadtteil lebendig machen. Es fehlt die Mischung aus Jung und Alt, aus Arm und Reich. Von wenigen Ausnahmen abgesehen, können sich nur die gutsituierten Bremer eine Wohnung in der Überseestadt leisten. Einzelhändler? Weitgehend Fehlanzeige. Bolzplätze, Schulen und Kitas bislang ebenfalls.

Anders und besser machen will man das auf der Überseeinsel, einem rund 15 Hektar großen Areal an der Weser. „Sahnestück statt Cornflakes" hieß es treffend in einem Artikel über das stadtnahe Areal in allerbester Lage, auf dem jahrzehntelang die Firma Kellogg's u. a. Frühstücksflocken produziert hat. Ende 2017 war Schluss, und die Investoren standen Schlange. Den Zuschlag bekam schließlich die wpd AG, deren Kerngeschäft eigentlich die Windenergie ist. Nach einer intensiven Planungsphase rollen ab 2021 die Bagger an; auf der Überseeinsel soll nun endlich der Mix aus (bezahlbarem) Wohnen, Arbeiten, Gastronomie und Kultur entstehen. Das Kellogg-Silo wird zu einem Hotel- und Bürogebäude umgestaltet, die markante Silhouette bleibt erhalten. Insgesamt soll die Überseeinsel ein grünes, ein nachhaltiges, fast komplett autofreies und kinderfreundliches Viertel werden, die Energieversorgung möglichst CO_2-neutral sein. Als einen ihrer ersten Mieter begrüßten die Investoren bereits vor dem eigentlichen Baubeginn ein gemeinnütziges Urban-Gardening-Projekt. Und was die Entscheider dazu sagen, macht Hoffnung darauf, dass die Überseeinsel mehr als ein zusätzliches, weitgehend gesichtsloses Geschäftsviertel wird. Die „Gemüsewerft", so Überseeinsel-Geschäftsführer Klaus Meier, mache ökonomisch nicht viel Sinn, der Wert liege vielmehr darin, dass es sinn-

Wo einst Frühstücksflocken produziert wurden, entsteht der neue Stadtteil Überseeinsel

stiftend sei sowie Atmosphäre und Leben an diesen Standort bringe.

Der Spaziergang führt vom Weser Terminal durch das Kaffeequartier zum Europahafen und dem Schuppen Eins. Am Ende der Tour nach Übersee erreicht man den Speicher XI mit dem Hafenmuseum.

Die Überseestadt → Karte S. 98

Spaziergang

Spielwiese für Stararchitekten

Rund um das Weser Terminal

Die Überseestadt schließt an das Stephaniviertel und somit auch direkt an die Bremer City an. Am besten ist es, den Spaziergang an der Weserpromenade zu beginnen, entweder an der Wilhelm-Kaisen-Brücke oder unterhalb der Stephanibrücke. Dort spaziert man an der Weser entlang mit Blick auf den **Weser Tower,** den Leuchtturm des Weser Terminals, der seit seiner Eröffnung 2010 eine Art Wahrzeichen Bremens, zumindest aber so etwas wie das Eingangstor zur Überseestadt ist. Entworfen wurde das 82 Meter hohe Gebäude auf dem Gelände des ehemaligen Weserbahnhofs vom Stararchitekten Helmut Jahn, der u. a. auch das Sony Center in Berlin gebaut hat. Die Besonderheit des verglasten Gebäudes: Im Dunkeln leuchtet der sogenannte Screen an der Ostfassade des Weser Towers in verschiedenen Farben. Laut Architekt Jahn soll die Illumination die ruhige, fließende Bewegung der Weser widerspiegeln.

Geht man von der Uferpromenade die Rampe hinauf bis zum Stephanitorsbollwerk, vorbei am Bürogebäude „WQ1" des Hamburger Stararchitekten Hadi Teherani, führt der Weg stadteinwärts in Richtung des Kaffeequartiers. Seit Anfang 2019 ist der Fuß- und Radweg weiter stromabwärts und schließlich über das ehemalige Kellogg-Gelände geöffnet. Doch so lange dort noch geplant bzw. gebaut wird, macht es Sinn, sich weiterhin in Richtung Eduard-Schopf-Allee und Kaffeequartier zu orientieren.

Bremen im Kasten

Das Geschäft mit dem schwarzen Gold

Bremen ist die Kaffeehauptstadt Deutschlands – ungefähr jede zweite Tasse, die täglich zwischen Flensburg und Freiburg getrunken wird, stammt aus Bremer Kaffeeröstereien. Und all jene, denen Kaffee schmeckt, aber Herzrasen und Bluthochdruck verursacht, dürfen sich bei einem Bremer bedanken: Vor etwas mehr als hundert Jahren entwickelte der Bremer Kaufmann Ludwig Roselius den koffeinfreien Kaffee HAG.

Es war ein Niederländer, der 1673 beim Rat der Stadt Bremen einen förmlichen Antrag stellte, ob er in Bremen eine Kaffeestube eröffnen könne. Kaffee natürlich, heiße Schokolade und Potasie wollte der Gastronom Jan Jantz van Heusden dort servieren. Die Potasie, eine Mischung aus Kräuter- und Gemüsetee, hat sich im Gegensatz zum Kaffee nicht wirklich durchgesetzt. Wo Jantz van Heusden seinen Kaffee damals ausschenkte, ist nicht überliefert. Fest steht aber, dass 1679 an der Marktseite des Schüttings ein weiteres Kaffeehaus eröffnete.

Bremen hat sich im Laufe der Jahrhunderte weniger einen Namen als Stadt der Kaffeehäuser, sondern eher als Stadt der Kaffeeröster gemacht. Zunächst waren die Bremer Kaufleute auf die Niederländer angewiesen, doch ab dem Ende des 18. Jh. importierten die Bremer das „schwarze Gold" direkt aus den Anbaugebieten in Übersee. Am Ende des Jahres 1820 wurden ganz genau 7927 Säcke mit Rohkaffee gezählt, die über die Bremer Häfen eingeführt worden waren.

In den Boom-Jahren der Weimarer Republik gab es bis zu 250 eigenständige Kaffeeröster und -Importeure in Bremen, in den 1960er-Jahren waren es immerhin noch 120. Übrig geblieben sind nur noch wenige. Einer von ihnen ist Kaffee Jacobs, heute unter dem Dach des Jacobs-Douwe-Egberts-Konzerns bzw. von Mondelēz International, 1895 als kleines Ladengeschäft im Schatten des Bremer Doms vom Kaufmann Johann Jacobs gegründet und von seinem Neffen Walther in den 1930er-Jahren zu einer Weltmarke entwickelt. Walther J. Jacobs war seiner Zeit voraus, setzte früh auf Funk- und Fernsehwerbung. Frau Sommer und die Krönung von Jacobs dürfte immer noch im kollektiven Gedächtnis der etwas älteren Deutschen sein – insbesondere die arg frauenfeindlichen Werbespots, in denen die Frauen verzweifeln („Mühe allein genügt nicht"), weil sie ihren Männern keinen guten Bohnenkaffee machen können.

Walther J. Jacobs' Nachfahre Christian Jacobs denkt inzwischen über ein Kaffeemuseum im ehemaligen Stammhaus in der Bremer Innenstadt nach.

Eine andere große Nummer im Kaffeegeschäft ist Eduscho, die Firma des Bremers Eduard Schopf. Dessen Sohn Rolf brachte Mitte der 1960er-Jahre den Kaffee in Vakuumverpackung auf den deutschen Markt. Eine Revolution; der Kaffee hielt sich nun nicht nur mehr ein paar Tage, sondern Wochen. Später machten die Kaffee-Kaufleute des Stammhauses Eduscho bekanntlich ihre Milliarden an Umsatz eher mit Gebrauchsgegenständen. Weitere Namen, die mit der Bremer Kaffeetradition eng verbunden sind, sind aus der Öffentlichkeit verschwunden, die Firmen aufgekauft oder pleite: Carl Ronning beispielsweise, der 1894 als erster auf die Idee kam, abgepackten Kaffee zu verkaufen.

Beherbergt heute Lloyd-Caffee: das Kaffee-HAG-Gebäude

Schopf und Ronning waren überaus gewiefte Geschäftsmänner und Visionäre, aber sie wurden von einem gewissen Ludwig Roselius noch getoppt. Der Gründer der Firma Kaffee HAG erfand den koffeinfreien Kaffee. Auf die Idee gekommen war Roselius junior aus einem eher traurigen Anlass. Sein Vater Dietrich Roselius war nämlich bereits mit 59 Jahren gestorben, der frühe Tod wurde von den Ärzten auf übermäßigen Koffeinkonsum zurückgeführt. Ludwig Roselius tüftelte an einer Methode, dem „Türkentrunk" das Koffein zu entziehen und meldete das Verfahren 1906 zum Patent an. 1907 begann die Produktion in Bremen. Das Geschäft boomte. „Stahlharte Nerven durch Sport und Kaffee HAG" oder „Immer unschädlich! Immer bekömmlich", lauteten die Werbeslogans für den ersten entkoffeinierten Kaffee.

Die Firma ist ebenfalls inzwischen im Besitz des Lebensmittel-Giganten Mondelēz International. In den alten Fabrikhallen von Kaffee HAG wird heute der Kaffee der Firma Lloyd-Caffee geröstet. Sowohl hier als auch in der kleinen Privatrösterei Münchhausen im Stephani-Quartier werden Führungen bzw. Kaffee-Seminare angeboten. Hier wird der Rohkaffee immer noch verarbeitet wie vor fast hundert Jahren. Schonend werden die Kaffeebohnen bei 170 bis 200 Grad Celsius in den Trommeln geröstet. Der Kaffee von Lloyd und Münchhausen schmeckt definitiv anders als der Supermarkt-Kaffee. Sollte man probieren.

Die Seminare bei Lloyd-Caffee dauern 90 bis 120 Min., kosten 10 € und finden montags um 11 Uhr, jeden 1. Freitag im Monat um 15 Uhr und jeden 1. Sonntag im Monat um 15.30 Uhr statt. Fabrikenufer 115, ✆ 0421/38332211, www.lloyd-caffee.de. Die Führungen bei Münchhausen kosten 15 € und sollten zwei Wochen im Voraus angemeldet werden, telefonisch unter ✆ 0421/12100 oder per E-Mail an info@muenchhausen-kaffee.de. Geeren 24, www.muenchhausen-kaffee.de.

Hochhäuser statt Hafenkantine

Zum ehemaligen Europahafen

Ab dem Kaffeequartier geht es weiter durch den Hilde-Adolf-Park, der als solcher noch nicht wirklich zu erkennen ist, in Richtung Nordwesten bis zum Hansator. Wo einst die sogenannte „Anbiethalle" stand, entsteht bis 2021 ein Hotel mit 155 Zimmern. (Anbiet hieß das einfache und deftige Mittagessen der Hafenarbeiter, der Begriff hat nichts mit dem Angebot zu tun, sondern kommt von „anbieten" wie „anbeißen".) Am Ende des Parks überquert man die große Straße hinüber zum Kopf des Hafenbeckens im ehemaligen Europahafen. Hier baut der Bremer Investor und Baulöwe Kurt Zech zwei Hochhäuser, die 2022 fertig sein sollen. Die überaus beliebte temporäre Hafenbar „Golden City" hatte ihren Standort in den vergangenen Jahren hier am Europahafen, ist 2018 aber an das Lankenauer Höft auf die andere Weserseite umgezogen (www.goldencity-bremen.de). Auch dort war dauerhaft kein Platz mehr für die „Golden City", die Macher um Frauke Wilhelm träumen jedoch davon, ab 2021 wieder an den angestammten Platz am Kopf des Europahafens zurückkehren zu können.

Oldtimer und neue Mieter

Am Schuppen Eins

Die Tour geht vom Ludwig-Frantzius-Platz weiter an der Überseepromenade entlang, einem recht früh entwickelten Bereich der Überseestadt (man kann oben oder unten direkt am Hafenbecken entlangspazieren). In der Marina dümpeln zumindest im Sommer die Schiffe von Freizeitkapitänen, in den direkt am Fluss errichteten Vorzeigehäusern der Überseestadt wird gewohnt und gearbeitet, hier gibt es sogar einige Cafés und Restaurants und tagsüber herrscht hier tatsächlich geschäftiges Leben. Abends wiederum ist auch in diesem Teil der Überseepromenade zumeist tote Hose. Das ändert sich mit dem Restaurant El Mundo (→ S. 99) am südöstlichen Ende des Schuppens Eins. In das markante, langgezogene Backsteingebäude aus den späten 1950er-Jahren sind inzwischen zahlreiche neue Mieter eingezogen: Unternehmen, aber auch Restaurants, ein Fitnessstudio und vor allem das **Zentrum für Automobilkultur und Mobilität.** Darüber Lofts, deren stolze Bewohner mit ihrem Auto via Fahrzeug-Aufzug direkt vor die Wohnungstür schweben können.

Autofreaks und insbesondere Liebhabern von Old- und Youngtimern wird hier das Herz aufgehen. In den Hallen des Schuppens Eins, in dem langgezogenen Boulevard sowie in den ansässigen Werkstätten und Schaufenstern sind Autos aus mehreren Generationen ausgestellt. Rund hundert Jahre alte Oldtimer genauso wie Klassiker, die einst zuhauf auf deutschen Straßen fuhren. Selbstverständlich dabei sind Modelle des ehemaligen Bremer Autobauers Borgward. So wird im Schuppen Eins im Rahmen eines Restaurationsprojekts in liebevoller Kleinarbeit ein ehemals vollkommen zerdepperter Hansa 1500 Kombi restauriert. Im Zentrum für Automobilkultur und Mobilität kann man den Schraubern dabei über die Schulter schauen, sich austauschen, einfach nur staunen – oder mit dem nötigen Kleingeld eines der ausgestellten Modelle kaufen.

Am Ende des Schuppens Eins entsteht auf dem Gelände des ehemaligen Schuppens 3 das Europaquartier mit über 500 Wohnungen, Gastronomie, einer Kita und – siehe da, Bremen hat gelernt – Platz für Kreative und Künstler.

SCHUPPEN EINS – Zentrum für Automobilkultur und Mobilität: Mo–Fr 8–19 Uhr, Sa 10–20 Uhr, So 10–19 Uhr. Eintritt frei. Konsul-Smidt-Straße 20–26, ✆ 0421/36519158, www.schuppeneins.com. S 3, Bus 20.

Hafengeschichte erleben

Rund um den Speicher XI

Der Spaziergang führt bald nach dem Schuppen Eins rechts ins Überseetor, nach wenigen Schritten links in die Straße „An der Waller Gemeinheit" und hinter dem BLG Forum rechts zum Speicher XI. Der Speicher XI aus den ersten Jahren des 20. Jh. ist das Prunkstück der historischen Gebäude in der Überseestadt, seit 1994 steht der etwas über 400 Meter lange Komplex unter Denkmalschutz, seit 2010 gehört er zur Route der Industriekultur im Nordwesten. In dem ehemaligen Baumwollspeicher hat inzwischen die Hochschule für Künste ihren Sitz, haben verschiedene Agenturen, Architekten und Ingenieure ihre Büros.

Und auch das **Hafenmuseum** ist im Speicher XI beheimatet. In der Dauerausstellung wird die rund 130-jährige Geschichte der stadtbremischen Häfen wieder lebendig gemacht und die Häfen im Wandel der Zeit präsentiert. Hier kann man sich einen Kaffeesack auf die Schultern laden und spüren, wie hart das Leben der Stauer einst war. Vor allem, wenn man hört, wie viele dieser Kaffeesäcke die Arbeiter damals pro Tag geschleppt haben. Hier sind zahlreiche Modelle von historischen Schiffen ausgestellt, man erfährt Wissenswertes zur legendären AG Weser-Werft, von den Bremern „Use Akschen" („Unsere Aktien") genannt. Zudem bietet das Museum im Speicher XI immer wechselnde Sonderausstellungen. Angegliedert an das Hafenmuseum ist das Infocenter Überseestadt, das von der Wirtschaftsförderung Bremen (WFB) im Auftrag des Senators für Wirtschaft, Arbeit und Häfen betrieben wird. Hier kann man den mehr oder minder aktuellen Stand der Entwicklungen in der Bremer Überseestadt erfahren.

In der unmittelbaren Umgebung des Speichers XI sind einige Restaurants

Ein Hauch von Nostalgie:
Hafen-Casino beim Speicher XI

angesiedelt, neue gastronomische Betriebe und alteingesessene wie das **Hafencasino Trucker Stop** **2**. Bei Wirtin Rita versammelt sich eine bunte Mischung an Gästen: Hafenarbeiter, Studenten der Hochschule und die „Bordsteinschwalben" vom Straßenstrich an der Cuxhavener Straße. Der Ton ist hart, aber überaus herzlich, das Essen rustikal, lecker und supergünstig. Schräg gegenüber vom Speicher XI kann man sich im **HafenRummel** (www.hafenrummel.de) und im **Schwarzlichthof** (www.schwarzlichthof.de) – u. a. beim Minigolf im Dunkeln – seinem Spieltrieb hingeben.

Hafenromantik pur mit Blick auf die Roland-Mühle erlebt man insbesondere bei Sonnenuntergängen auf der Terrasse des Restaurants Feuerwache direkt am **Holzhafen.** Etwas weiter, im ehemaligen Kaffee-Hag-Gebäude am Fabrikenufer, hat heute die Firma Lloyd-Caffee ihren Sitz (→ S. 95), ansonsten führt der Spaziergang von hier aus über den Waller Stieg zur Haltestelle der Straba-Linie 3, die einen direkt wieder zurück in die Innenstadt bringt.

Hafenmuseum: Di–So 11–18 Uhr. Eintritt 5 €, erm. 3,50 €. Am Speicher XI 1, ✆ 0421/3038279, www.hafenmuseum-speicherelf.de. S 3 und Bus 20.

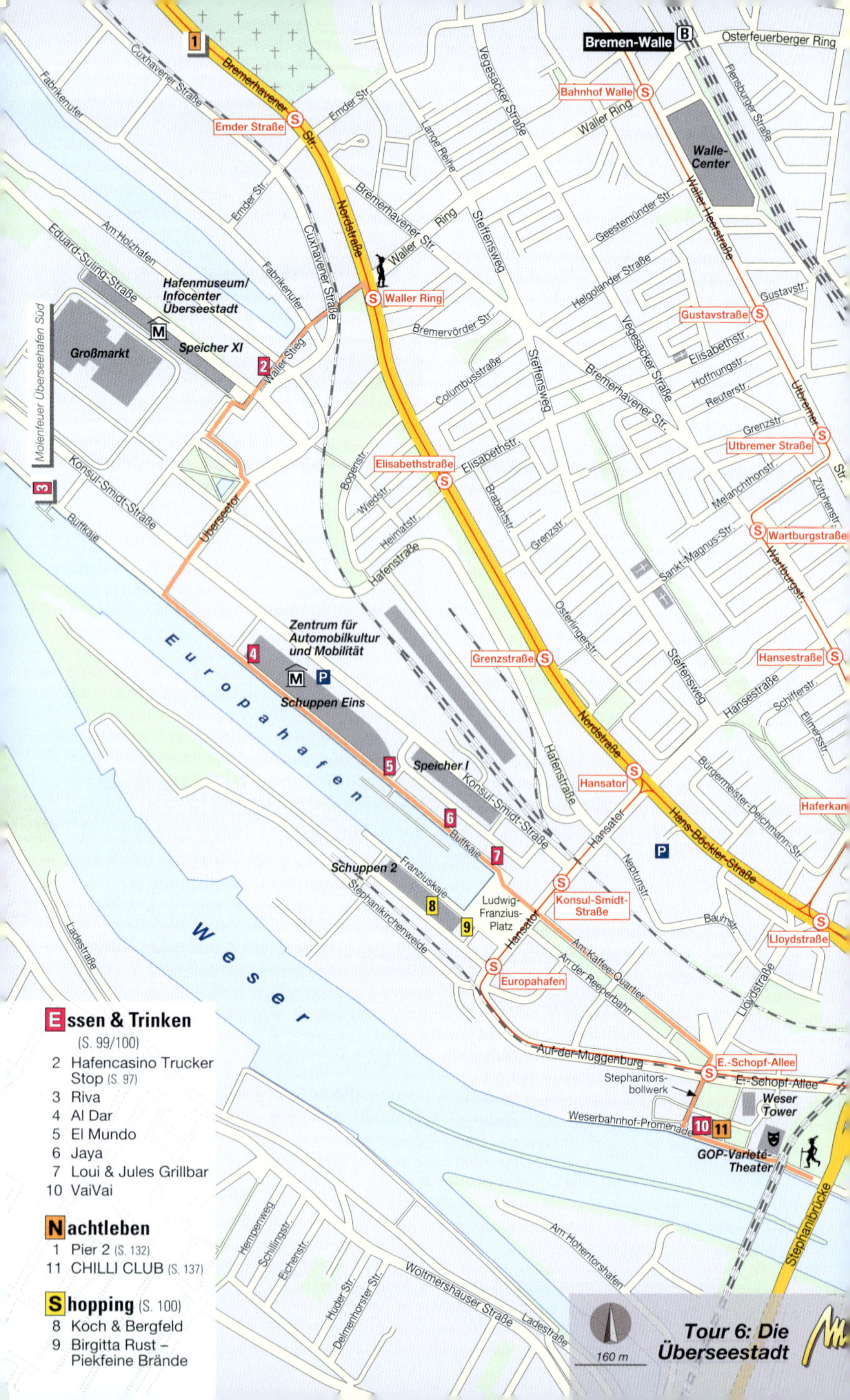

E **Essen & Trinken** (S. 99/100)

2 Hafencasino Trucker Stop (S. 97)
3 Riva
4 Al Dar
5 El Mundo
6 Jaya
7 Loui & Jules Grillbar
10 VaiVai

N **Nachtleben**

1 Pier 2 (S. 132)
11 CHILLI CLUB (S. 137)

S **Shopping** (S. 100)

8 Koch & Bergfeld
9 Birgitta Rust – Piekfeine Brände

Tour 6: Die Überseestadt

Abstecher

Oase in der Großstadt

Zum „Mäuseturm"

Ab dem Schuppen Eins kann man einfach weiter der Uferpromenade folgen und erreicht irgendwann den markanten Landmarktower mit dem Restaurant Riva. Von dort aus führt der Weg weiter an der Weser und vorbei an zahlreichen gesichtslosen Neubauten zum **Molenfeuer Überseehafen Süd,** wie der kleine Leuchtturm mit dem grünen Dach offiziell heißt. Im Volksmund wird er auch „Mäuseturm" genannt. Der Platz an dem Molenfeuer ist ein richtig guter „Am-Arsch-der-Welt-Platz" mitten in Bremen. Von diesem letzten Zipfel der Hafenhalbinsel hat man einen Blick hinüber auf das **Pier 2** und die Waterfront in Gröpelingen auf dem ehemaligen AG-Weser-Gelände. Und im Sommer legt hier auch die Fähre an, die zwischen Lankenauer Höft auf der Neustadtseite, dem „Mäuseturm" und dem Pier 2 pendelt. Im Norden erspäht man noch einen Teil der Lankenauer Weserinsel. Dort leben einige Ziegen, die vom BUND ausgesetzt wurden. Die Ziegen sorgen dafür, dass die Insel nicht überwuchert wird. Eine Oase inmitten der Großstadt. Schön zu wissen, dass es so etwas gibt, aber für Fremde ist der Zutritt verboten.

Die Überseestadt → Karte S. 98

Praktische Infos

Information

Infocenter Überseestadt, Di–So 11–18 Uhr. Am Speicher XI 1 (Eingang über das Hafenmuseum), www.ueberseestadt-bremen.de. S 3, Busse 20 und 26.

Essen & Trinken

El Mundo **5**, ein absolutes Phänomen. Schon am alten Standort in Walle war der Laden jeden Abend brechend voll – und man wusste irgendwie nicht so recht, warum. Das Essen war gut, aber keinesfalls überragend. Heute ist das riesige Restaurant mit 500 Sitzplätzen im Schuppen Eins immer noch jeden Abend ausgebucht, oft bilden sich sogar vor der Tür Warteschlangen. Was man sagen kann zum heutigen El Mundo: Das Preis-Leistungs-Verhältnis ist spitzenmäßig, wenngleich die einst riesigen Portionen langsam aber sicher ein wenig kleiner werden. Dafür ist die Speisekarte mit über 100 Gerichten von Pizza und Pasta über Rollo und Enchilada bis zum Curry und diversen Fisch- und Fleischgerichten immer noch riesig, was die Auswahl nicht eben einfach macht. Was definitiv zu empfehlen ist, sind die wagenradgroßen, gemischten Vorspeisenteller (mediterran oder orientalisch, je 17 €) und die Fischplatte Fusion für 2 Pers. (49 €). Im Sommer sitzt man an der Waterkant des alten Hafenbeckens. Konsul-Smidt-Straße 10 a, ✆ 0421/384010, www.elmundo-bremen.de. S 3 und Bus 20.

Al Dar **4**, das Al Dar (arabisch: das Haus) am nördlichen Ende des Schuppens Eins serviert syrische Küche. Meine syrischen Freunde haben gesagt: „Mama macht es besser." Aber Mama ist bekanntlich eh die Beste und sie haben auch gesagt, dass sie es sehr lecker fanden im Al Dar. Der Gastraum ist verhältnismäßig groß, das nimmt ihm etwas von der eigentlich gemütlichen Atmosphäre. Die 3-Gänge-Menüs (31,50 € und 34,50 €) nennt der Wirt „Reise durch Syrien". Vorweg gibt es verschiedene „Mazza", also warme und kalte Vorspeisen, darunter Hommus, Hommus Lachme, Kibbeh, Fatousch und Taboulé. Die meisten davon sind wirklich lecker, aber ein Vorspeisenteller für zwei Personen schlägt gleich mal mit 42 € zu Buche. Die vegetarischen Hauptgerichte kommen mit ca. 13–15 € moderater daher, die leckeren Fleischgerichte – das meiste davon mit Lamm – kosten ca. 16–22 €. Konsul-Smidt-Straße 26, ✆ 0421/69696300, www.aldar.de. S 3 und Bus 20.

VaiVai **10**, das VaiVai am Weserufer und im Schatten des Weser Towers ist ein In-Schuppen. Das Ambiente bewegt sich irgendwo zwischen Industrielook und Vintage, die Küche soll eine italienische Landküche sein, wobei Pizza auf der Karte fehlt. Dafür sind durchaus gelungene italienische Burger-Varianten im Angebot: mit Burrata, Tomaten und Rucola oder mit Pancetta und Taleggio. Die Pasta-Gerichte sind gut, bekannt ist das VaiVai jedoch für seine Steaks. Für das 400-g-Rib-Eye muss man mit 40 € rechnen, das Bistecca Classico (900 g), also das ursprüngliche „Bistecca alla fiorentina", ist für 65 € zu haben. Am Weserterminal 10, ✆ 0421/51797633, www.vaivai.de. S 3.

Riva **5**, für das Riva lohnt sich die lange Reise nach Übersee. Das Restaurant im Landmark Tower in der Bremer Überseestadt serviert internationale Gerichte in einem gediegen stylishen Ambiente, wobei man eindeutig am besten draußen an der Weser sitzt. Der Flammkuchen mit Ziegenkäse, Birne und Speckwürfeln ist richtig gut (8,50 €), Bruschetta fällt mit 8,90 € eindeutig zu teuer aus. Bei den Hauptgerichten ist die geschmorte Ochsenbacke (21,50 €) zu empfehlen, ebenso das Kotelett vom Iberico-Schwein (21,80 €) und die zum Teil sehr ausgefallenen Pizzen (9,90–16,50 €). Mo–Sa 12.30–14.30 und 18–22 Uhr, Sonntagsbrunch 11–14 Uhr und abends 18–21 Uhr; Mo–So 12.30–14.30 Uhr kleine Snacks. Konsul-Smidt-Straße 88, ✆ 0421/38039162, www.riva-restaurant.de. Bus 20.

Jaya **6**, das Jaya direkt am Hafenbecken des ehemaligen Europahafens brummt in den Mittagsstunden. Das liegt an dem leckeren „Quicklunch", den Mohamed Subry bin Ahamed anbietet. Authentic Asian Cuisine nennt er seinen Stil. „Komm als Gast, geh als Freund" ist das Motto des freundlichen Wirts und seines Teams. Lecker und spicy ist es auf jeden Fall, perfekt für eine schnelle Tom-Yam-Suppe (ab 4 €), ein Bami Goreng (ab 5 €) oder ein Ceylon Chicken Curry (8,50 €). Mo–Sa 11–15 Uhr. Port IV, Konsul-Smidt-Straße 8 r, ✆ 0421/64919066, www.jaya-food.de. S 3 und Bus 20.

Loui & Jules Grillboutique **7**, von der Schlachte umgezogen an den Europahafen. Rot-weiß-karierte Tischdecken, schwere Ledersofas und viel dunkles Holz drinnen, draußen sitzt man direkt am Hafenbecken. Gastgeber Aleksander Zupanc hat beim ehemaligen Sterne-Koch Wolfgang Pade gelernt. Mit Sterneküche hat das Loui & Jules zwar rein gar nichts zu tun, aber vieles, was hier auf den Teller kommt, ist zu empfehlen. Klassiker sind das Beef Tatar & Nonna (8,50 €) sowie die verschiedenen Steaks vom Rind oder vom Iberico-Schwein (16–24 €). Es gibt jedoch nicht nur Fleisch; der Juicy Vegan Burger (12 €) schmeckt mindestens genau so gut wie die herkömmlichen Fleisch-Varianten. Di–Do 12–21 Uhr, Fr 12–22 und Sa 17–22 Uhr. Konsul-Smidt-Straße 8 m, ✆ 0421/38032233, www.loui-jules.com.

Shopping

Birgitta Rust – Piekfeine Brände **9**, Birgitta Schulze van Loon hat ihr Hobby zum Beruf gemacht, was sich ein wenig merkwürdig anhört, da es sich bei ihrem Hobby um hochprozentigen Alkohol handelt. Die gelernte Diplom-Kauffrau jedenfalls hat das Handwerk des Schnapsbrennens von der „Pieke" auf gelernt und offeriert in ihrem Shop in der Überseestadt feinste Obstbrände (u. a. Wildpfirsichbrand und Walnussgeist), aber auch Gin, Rum, Wodka und sogenannte Bierbrände. Die Schnäpse sind definitiv nichts zum Besaufen, dazu sind sie viel zu edel – und zu teuer. Die Chefin bietet in ihrer Manufaktur in einem ehemaligen Weinlager Brennseminare sowie Degustationen an. Mo–Fr 9–13.30 Uhr. Hoerneckestraße 3, ✆ 0421/69668951, www.br-piekfeinebraende.de. Bus 20. In der Dependance in den Gebäuden der Union-Brauerei in Walle lagert u. a. der Single-Malt-Whisky „VAN LOON". Auf Basis des „Hanseat 2.0" ist der Bierbrand „Hanseat 40.0" produziert worden. Zu testen und zu kaufen im Whisky-Warehouse, Tastillery & Shop, Fr 16–19 Uhr und Sa 13–18 Uhr, Holsteiner Straße 88, ✆ 0421/84793969.

Koch & Bergfeld, Gläserne Manufaktur **8**, sie fertigen die Repliken der Meisterschale, die Trophäen für den DFB-Pokal und u. a. den Pokal für den Sieger der UEFA Champions League. Die traditionsreiche Silberwarenmanufaktur hat ihr Stammhaus zwar in der Bremer Neustadt, in der Überseestadt jedoch kann man den Handwerkskünstlern in der Gläsernen Manufaktur bei der Arbeit zuschauen – und natürlich edle, handgefertigte Stücke (u. a. Schmuck, Trinkbecher, Besteck und Accessoires) käuflich erwerben. Mo–Fr 10–16 Uhr, Sa 11–14 Uhr. Hoerneckestraße 33–37, Schuppen 2, ✆ 0421/5590670, www.kochundbergfeld.de.

Wohnen am Wasser für betuchte Bremer:
der Landmark-Tower

Bremer Umland und Nordsee

Ausflugsziele

Ausflugsziel Nummer 1 in der Umgebung von Bremen ist die Künstlerkolonie Worpswede im Nordosten der Hansestadt. Gleich um die Ecke lockt das Blockland zu ausgiebigen Radtouren und mit urigen Gasthöfen. Und weil es bis zur Nordsee auch nicht allzu weit ist, empfiehlt sich ein Kurztrip ins Alte Kurhaus nach Dangast am Jadebusen.

Große Kunstschau, umfangreiche Sammlung der Worpsweder Maler, S. 103

Blockland, Radtouren entlang der Wümme, S. 105

Dangast, Wattwandern und Rhabarberkuchen am Jadebusen, S. 106

Wunderland im Moor

Künstlerkolonie Worpswede

„Den eersten sien Dot, den tweeten sien Not, den drütten sien Brot." So beschrieb man einst das harte Leben der ersten Siedler im Teufelsmoor bei Worpswede. Das Moor ist längst trockengelegt und anstelle der Moorkolonisten machte eine Künstlerkolonie ab dem Ende des 19. Jh. Worpswede berühmt.

Der Düsseldorfer Kunststudent Fritz Mackensen entdeckte einst das kleine Moordorf rund 30 km nordöstlich von Bremen für sich. Er war begeistert, beschloss zu bleiben und überredete seine Studienfreunde Hans am Ende und Otto Modersohn, sich ihm anzuschließen. 1889 gründeten sie am Fuß des Weyerbergs die Künstlerkolonie Worpswede. Paula Modersohn-Becker, eine der wichtigsten deutschen Vertreterinnen des Expressionismus, kam 1898 dazu. Sie verliebte sich ebenfalls in die archaische Bauernlandschaft, in das ganz besondere Licht unter dem weiten Himmel. Sie bezeichnete die Niederungen um die dahinmäandernden Flüsschen Hamme, Wümme und Wörpe gar als „Wunderland".

Die jungen Künstler suchten nach neuen Wegen. Ihr Credo lautete: „Fort mit den Akademien, die Natur ist unsere Lehrerin." Und so entstanden in der norddeutschen Bilderbuchlandschaft vielfach Landschaftsbilder. Die Bilder der Worpsweder Maler der ersten Generation, zu denen u. a. noch Fritz Overbeck und Heinrich Vogeler zählten, werden zuhauf in den ortsansässigen Galerien ausgestellt. Worpswede setzt voll und ganz auf die Kunst. Schlendert man heute mit den Touristen durch die Bergstraße, dann muss man allerdings feststellen: Es hat sich auch einiges an Kitsch eingeschlichen. Weil vor einigen

Jahren die Besucherzahlen zurückgingen, musste Worpswede sich neu erfinden. Unter dem Motto „Mythos und Moderne“ wagte die Künstlerkolonie einen Neuanfang, will den Spagat hinbekommen, die alten Meister zu ehren und zu würdigen und gleichzeitig eine neue Generation von Künstlern zu fördern.

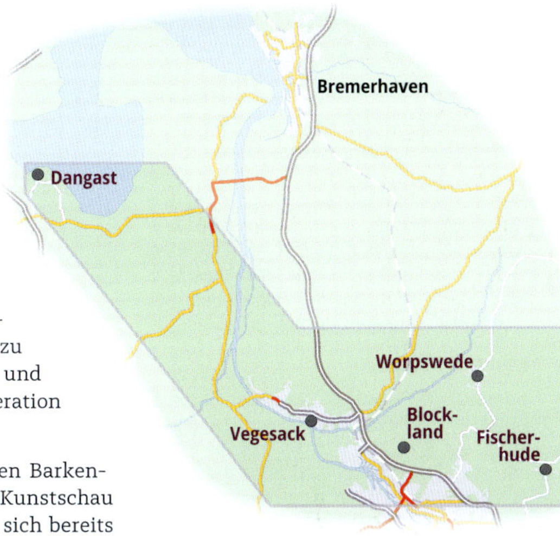

Die vier Worpsweder Museen Barkenhoff, Kunsthalle, Große Kunstschau und Haus im Schluh haben sich bereits 2012 zum **Museumsverbund Worpswede** zusammengeschlossen und wurden mit Millionen von EU-Geldern modernisiert. Seitdem gibt es eine gemeinsame Ausstellungs-Konzeption: In den Sommermonaten locken die Worpsweder Museen mit Ausstellungen zu einem speziellen Thema, im Herbst präsentieren sich verschiedene Künstler der heutigen Zeit in der Reihe „Worpswede zeitgenössisch“, im Frühling und im Winter setzen die Museumsmacher auf thematische Einzelausstellungen in allen vier Häusern sowie auf experimentelle Ausstellungsformate wie das „Kaleidoskop Worpswede“.

Anreise & Info

In den Sommermonaten kann man vom Bremer Hauptbahnhof aus mit dem historischen **Moorexpress** nach Worpswede anreisen (www.moorexpress.net). Ansonsten gelangt man ab Bremen Hbf mit der **Buslinie 670** direkt nach Worpswede oder aber man nimmt den Regionalzug nach Osterholz-Scharmbeck und fährt ab dort weiter mit dem Bus Nr. 640 in die Künstlerkolonie. Mit dem Auto fährt man auf der Autobahn (A 27) Richtung Bremerhaven und folgt ab dem Dreieck Bremen-Industriehäfen der Ausschilderung nach Worpswede. Alternativ dazu führt der Weg über Borgfeld und Lilienthal ans Ziel.

Worpsweder Touristik- und Kulturmarketing, Bergstraße 13, 27726 Worpswede, ✆ 04792/935820, www.worpswede.de.

Museen

Die **Große Kunstschau** präsentiert Bilder von den Gründern der Künstlerkolonie sowie zeitgenössische Kunst. Tägl. 10–18 Uhr, Nov.–März Di–So 11–17 Uhr. Eintritt 8 €, erm. 5 €. Lindenallee 5, ✆ 04792/1302, www.grosse-kunstschau.de.

Die **Worpsweder Kunsthalle** zeigt neben den Werken der Worpsweder Meister ebenfalls zeitgenössische Kunst und Kunsthandwerk. Tägl. 10–18 Uhr. Eintritt 5 €, erm. 3 €. Bergstraße 17, ✆ 04792/1277, www.worpswede-museen.de.

Etwas abseits liegt das **Haus im Schluh**, das in zwei hübschen, reetgedeckten Niedersachsen-Häusern eine umfangreiche Heinrich-Vogeler-Sammlung zeigt. Mo–Fr 14–18 Uhr, Sa/So 11–18 Uhr, Wintersaison nur bis 17 Uhr. Eintritt 6 €, erm. 3,50 €. Im Schluh 35–37. ✆ 04792/522, www.worpswede-museen.de.

Der **Barkenhoff** war das kreative Zentrum der Künstlerkolonie, bis 1923 das Wohn- und Arbeitshaus Vogelers, und zeigt heute neben den Werken des ehemaligen Hausherren wechselnde Sonderausstellungen. Tägl. 10–18 Uhr. Eintritt 7 €, erm. 4 €. Ostendorfer Straße 10, ✆ 04792/3968, www.barkenhoff-stiftung.de.

Mit der Worpsweder Museumskarte hat man Eintritt in alle Museen, sie kostet 19 €, erm. 12,50 €.

Veranstaltungen

Seit 2016 gibt es das **RAW Photofestival** in Worpswede, bei dem zeitgenössische Fotokünstler ihre Werke an sechs verschiedenen

Standorten in der Künstlerkolonie präsentieren. Sehenswert! www.raw-photofestival.de.

In der **Music Hall Worpswede** treten durchaus auch mal aktuelle und jüngere Künstler auf. Einen Namen weit über Worpswede hinaus gemacht hat sich die Location allerdings durch die Gastspiele von lebenden Legenden aus Rock, Blues und Jazz wie Eric Burdon, John Mayall, Ten Years After oder Klaus Doldinger. Findorffstraße 21, ✆ 04792/96151, www.musichall-worpswede.de.

Essen & Trinken

Norddeutsch rustikal geht es in der **Hammehütte** in Neu Helgoland zu, wo u. a. bestes Knipp auf den Teller kommt, bisweilen nicht nur vom Schwein, sondern auch vom Wildschwein oder vom Lamm, dazu gibt es 1-a-Bratkartoffeln. Okt. bis März Do–So 11.30–21 Uhr, So 9.30–21.30 Uhr, Sommermonate Mo–Sa 11–22 Uhr, So 9–21.30 Uhr. Hammeweg 19, ✆ 04792/7606, www.hammehuette.de.

Der von Heinrich Vogeler entworfene und 1910 eröffnete **Worpsweder Bahnhof** beherbergt ein inzwischen wieder empfehlenswertes Restaurant. Dort wo einst die Fahrgäste der 1. und 2. Klasse auf ihre Verbindungen warteten oder ihre Fahrkarten kauften, werden heute im historischen Jugendstil-Ambiente leckere internationale und regional-saisonale Speisen serviert. Das „Bahnhofsschnitzel" mit krossem Speck, Spiegeleiern und Bratkartoffeln gibt es für 16,50 €, das Bremer Knipp für 13,90 € und das Zanderfilet mit Steinpilzrisotto und Blattsalaten für 18,90 €. Mi–So 11.30–14.30 und 17.30–22.30 Uhr. Bahnhofstraße 17, ✆ 04792/9878333, www.restaurant-worpsweder-bahnhof.de.

Übernachten

In trauter Nachbarschaft zum Barkenhoff liegt das gediegene **Hotel Buchenhof**, früher Wohnhaus von Heinrich Vogelers Malerkollegen Hans am Ende. DZ ab 90 €. Ostendorfer Straße 16, ✆ 04792/93390, www.hotel-buchenhof.de.

Beschauliches Bauerndorf

Fischerhude

Fischerhude ist so etwas wie die kleine Schwester Worpswedes und darf sich ebenfalls Künstlerkolonie nennen. Alt-Bundeskanzler Helmut Schmidt besuchte Fischerhude regelmäßig während seiner Stationierung im Zweiten Weltkrieg als Soldat in Bremen-Vegesack. Für ihn war das Künstlerdorf seine „einzige geistige Oase in der Nazizeit". Der Ort hat sich seinen bäuerlichen Charme weitgehend erhalten, wenngleich vor allem an den Wochenenden inzwischen mehr SUVs und E-Bikes als Trecker über die Kopfsteinpflasterstraßen rumpeln. Fischerhude ist ein beliebtes Naherholungsziel für die Bremer und liegt zudem am Wümme-Radweg sowie am Radfernweg Bremen–Hamburg.

Das 1974 eröffnete **Otto-Modersohn-Museum** liegt etwas außerhalb des Orts inmitten der Wümmewiesen, eben jener Landschaft, die den Mitbegründer der Worpsweder Künstlerkolonie immer wieder aufs Neue inspirierte. Das auf mehrere Fachwerkbauten verteilte Museum präsentiert neben den Bildern Otto Modersohns (1865–1943) auch Werke seiner zweiten Frau, der Malerin Paula Modersohn-Becker. Diese sagte über die sogenannten „Abendblätter" ihres Mannes, sie seien „das Schönste, Einfältigste, das Zarteste und Gewaltigste von Ottos Kunst. Sie sind der direkteste Ausdruck seines Gefühls". Diese häufig beim schummerigen Licht der Petroleumlampe gezeichneten Werke sind ebenso Bestandteil der Sammlung wie die zahlreichen Landschaftsbilder, die Modersohn in seinem Frühwerk in Westfalen, rund um Worpswede und Fischerhude, aber später auch im Allgäu und in Franken schuf.

Tägl. 10–18 Uhr. Eintritt 6 €, erm. 4 €. In der Bredenau 95, ✆ 04293/328, www.modersohn-museum.de.

Anreise

Mit der Bahn nach Ottersberg und ab dort mit der Buslinie 760 oder bis Bahnhof Sagehorn und weiter mit dem Bus Nr. 789 zum Ziel. Mit dem Auto am besten auf der A 27 oder der A 1 bis zur Abfahrt Oyten, dort weiter via Sagehorn nach Fischerhude.

Essen & Trinken

In Fischerhude hat man die Qual der Wahl, wo man seinen Kuchen oder sein Knipp isst. Empfehlenswert sind u. a. das **Haus Berkelmann** (www.haus-berkelmann.de) und das Café im **Rilke-Haus** (www.cafe-im-rilke-haus.de). Ins **Café Lindenlaub** am Ortsausgang Quelkhorn geht man in erster Linie wegen der leckeren Eisspezialitäten (www.cafe-lindenlaub.de).

Norddeutsche Bilderbuchlandschaft

Blockland

An der Bremer Universität vorbei und zack ist man mitten in einer norddeutschen Bilderbuchlandschaft – und dabei immer noch in Bremen. Das Blockland ist Bremens kleinster Ortsteil (gerade einmal 420 Einwohner) und gleichzeitig mit einer Fläche von etwas mehr als 30 km² der größte. Das Blockland wird geprägt von sattgrünen Weiden, auf denen es sich die Schwarz-Bunten der Region gut gehen lassen. Die Bremer lassen es sich vor allem am bzw. auf dem Wümmedeich gut gehen, der für den normalen Autoverkehr gesperrt ist. Andere wiederum verbringen ihre Freizeit auf dem Fluss, der zu herrlichen Paddeltouren einlädt. Die bäuerliche Idylle unweit der Stadt ist das Radfahrerparadies der Bremer (wenn sich nicht Rennradfahrer und Freizeitradler so oft in die Haare kriegen würden!).

Die Wümme, die in der Lüneburger Heide entspringt und bei Bremen-Nord gemeinsam mit der Hamme in die Lesum mündet, mäandert in zahlreichen Schleifen durch die Wümmeniederung des Blocklands. Der tideabhängige Fluss durch die Marschlandschaft wirkt auf den ersten Blick ziemlich „modderig“, zählt aber zu den saubersten Flüssen Deutschlands. Am Ufer liegen zahlreiche nette Gasthöfe in den typisch norddeutschen Backstein-Bauernhöfen. Da gibt es leckeren Kuchen, vor allem aber auch regionale Spezialitäten wie Knipp und im Winter Kohl und Pinkel. Im Sommer bilden sich vor der Blocklander Eisdiele auf dem Hof der Familie **Kaemena** lange Schlangen. Das „Snuten lekker“ ist das wohl beste (Bio-)Eis Bremens.

Anreise

Ins Blockland fährt man eigentlich mit dem Fahrrad (für den Autoverkehr ist der Deich gesperrt), am nächsten kommt man dem Naherholungsgebiet mit der Straßenbahnlinie 4 Richtung Lilienthal.

Essen & Trinken

Die Gaststätte **Kuhsiel** (www.kuhsiel.de) hat lange Jahre ein trauriges Dasein gefristet, nach einem Pächterwechsel 2017 kann man dort gut eine Pause einlegen. Das gilt genauso für **Gartelmann's Gasthof** (www.gartelmann-gasthof.de) und **Gartelmanns Dielencafé** (www.artelmanns-dielencafe.de) sowie auf der anderen Wümmeseite für das Traditionshaus **Zur Schleuse** (www.geffken-zur-schleuse.de) und den Gasthof **Wümmeblick Höftdeich** (www.wuemmebick.de). An beiden Gasthöfen verkehrt in der Saison eine kleine Fähre und in allen Blockland-Gaststätten gibt es in der Wintersaison Grünkohl satt (→ Braunkohl und Pinkel, Kasten S. 107).

Maritimes Erbe

Vegesack

Der TV-Moderator Jan Böhmermann „rühmt“ sich gerne damit, aus dem Bremer Stadtteil Vegesack zu stammen. Hier, an der Mündung der Lesum in die Weser, wurde 1618 bis 1623 der erste künstliche Hafen Deutschlands angelegt, was vor allem der zunehmenden Versandung der Weser flussaufwärts geschuldet war. Im 17. Jh. stachen von hier aus die Walfänger in See, später siedelten sich in Vegesack „und umzu“ vor allem Werften an. Die 1893 gegründete Vulkan-Werft gab Tausenden von Bremern Arbeit, ehe sie 1997 dicht machen musste. Und seitdem gilt für den Stadtteil im Norden Bremens das, was Satiriker Böhmermann als „prekär-maritim“ bezeichnet. Direkt am Wasser lässt es sich ganz gut aushalten, in der Fußgängerzone allerdings herrscht Totentanz, das Einkaufszentrum „Haven Höövt“ musste Insolvenz anmelden.

2019 wurde es unter dem Namen „Kontor zum Alten Speicher" wieder eröffnet.

In Vegesack liegt auch das **Schulschiff Deutschland,** das man besichtigen und auf dem man außerdem in zünftiger Atmosphäre übernachten kann (www.schulschiff-deutschland.de). Der alte Hafen wird seit 2006 überwiegend als Museumshafen genutzt.

Im Alten Packhaus ist das **Overbeck-Museum** untergebracht. Fritz Overbeck, einer der Gründerväter der Worpsweder Künstlerkolonie, lebte bis zu seinem Tode 1909 in Bröcken bei Vegesack. Einem seiner berühmtesten Söhne hat Vegesack eine Ausstellung gewidmet. Es sind Landschaftsbilder aus der Moorlandschaft Worpswedes und von der Nordseeküste sowohl von Fritz Overbeck als auch seiner Frau Hermine zu sehen.

Di–So 11–18 Uhr. Eintritt 5 €, erm. 4 €. Alte Hafenstraße 30, ✆ 0421/663665, www.overbeck-museum.de. Regionalzüge (R 1) der NordWestBahn ab Bremer Hauptbahnhof oder Bremen-Walle.

Einen Abstecher wert ist das **Schloss Schönebeck** im gleichnamigen Ortsteil, wo das **Heimatmuseum** für Vegesack und Umgebung untergebracht ist.

Di/Mi und Sa 15–17 Uhr, So 10.30–17 Uhr. Eintritt 3 €, bis 18 J. Eintritt frei. Im Dorfe 3–5, ✆ 0421/623432, www.museum-schloss-schoenebeck.de. Busse 90, 91 und 92.

In einem alten Hafenspeicher betreibt der Verein bras das **Vegesacker Geschichtenhaus.** Ähnlich wie beim Pendant im Schnoor begibt man sich hier auf eine Zeitreise. Schauspieler in originalen Kostümen entführen die Besucher in kleinen Theaterszenen ins Vegesack des 19. Jh.

Mi–Sa 11–17 Uhr (letzter Einlass 16 Uhr). Eintritt 5,80 €. Zum Alten Speicher 5 a, ✆ 0421/89776640, www.vegesacker-geschichtenhaus.de.

Anreise

Vegesack erreicht man ab dem Bremer Hbf in ca. 20 bis 25 Min. mit dem Regionalzug, mit dem Auto geht es am besten über die A 27 Richtung Bremerhaven und weiter auf der A 270 nach Vegesack.

Veranstaltungen

Am ersten Wochenende im Juni findet das **Vegesacker Hafenfest** statt.

Penis am Jadebusen

Dangast

In Richtung Nordwesten bietet sich ein Ausflug nach Dangast an den Jadebusen an, Fahrtzeit ab Bremen ca. eine Stunde. Das Kurhaus Dangast genießt Kultstatus, auch wegen des angeblich besten Rhabarberkuchens an der gesamten Nordseeküste. Erstens ist der Kuchen wirklich saulecker und zweitens hat der Ort etwas Besonderes. Das fanden auch schon diverse Künstler wie Karl Schmidt-Rottluff und Franz Radziwill, die ihre Ateliers hierher verlegten, oder später auch Joseph Beuys. Einer der Künstler, Eckart Grenzer, hat mit seinem „Grenzstein" ein ganz besonderes Kunstwerk hinterlassen. „Riesenpenis am Jadebusen", schreckte die Bildzeitung 1984 die braven Friesen auf, als das Kunstwerk aufgestellt wurde. Inzwischen stört sich niemand mehr an der einst so provokanten Skulptur, die in der Tat aussieht wie ein Phallus. Die Badegäste nutzen ihn als Handtuchhalter, die Kinder als Torpfosten. Der Hintergrund des Werks war natürlich nicht so banal: Es sollte den Zusammenhang zwischen dem „weiblich-weichen" Meer und der „männlichen Erde" darstellen. Bei Ebbe kann man hier zu Wattwanderungen aufbrechen, ab dem kleinen Hafen startet die „Etta von Dangast" Rundfahrten auf dem Jadebusen.

Anreise

Nach Dangast mit dem ÖPNV zu gelangen, ist quasi unmöglich. Mit dem Pkw benötigt man auf der A 28 via Oldenburg und der A 29 ca. eine Stunde.

Essen & Trinken

Kurhaus Dangast, Fr–So 9–19 Uhr. An der Rennweide 46, ✆ 04451/4409, www.kurhausdangast.de.

Bremen im Kasten

Braunkohl und Pinkel

„Wie bitte, Kohl und *was* soll ich essen?" So lautet die bisweilen leicht hysterische Frage, wenn ahnungslosen Gästen in Bremen die Spezialität „Kohl und Pinkel" angeboten wird. Was sich tatsächlich etwas ekelig anhört, entpuppt sich als höchst schmackhafte regionale Spezialität. Zum deftigen Gericht gehört in Bremen „und umzu" traditionell eine Kohlfahrt, bei der allerdings weniger gefahren denn spazieren gegangen wird – und wobei meistens reichlich Schnaps und Bier fließt.

Der Grünkohl, der in Bremen Braunkohl genannt wird, ist ein typisches Wintergemüse und wird klassischerweise mit Piment und Zwiebeln zubereitet, mit Kartoffeln und reichlich Fleisch wie Kassler, Bauchspeck und groben Kochwürsten serviert. Und eben mit jener dubiosen Pinkel(-wurst). Dabei handelt es sich um eine geräucherte Grützwurst, die im Wesentlichen aus Speck, Hafer- oder Gerstengrütze, Schweineschmalz – bisweilen auch Rinderfett – Zwiebeln und diversen Gewürzen besteht. Über die Herkunft des merkwürdigen Namens streiten die Gelehrten. Die langweiligste Version lautet: Pinkel sei der plattdeutsche Name für Rinderdarm. Andere wiederum leiten ihn daher, dass die Würste früher zur Lagerung aufgehängt wurden und alsbald das Fett zu Boden tropfte – die Wurst also pinkelte.

Als Gesetz gilt im Kohl- und Pinkelland, dass man den Kohl nicht vor dem ersten Frost essen sollte. Tatsächlich entzieht der Frost dem Gemüse einen Großteil seiner Bitterstoffe. Allerdings gibt es längst Züchtungen, die den Kälteschock nicht mehr benötigen. Rein theoretisch könnte man zum Essen direkt den nächstbesten Gasthof ansteuern. Das gehört sich jedoch gar nicht. Vor dem Kohlgenuss geht es auf Kohlfahrt. In den Wintermonaten sind an den Wochenenden Tausende rund um Bremen unterwegs. Der erfahrene Kohlfahrer zieht einen gut gefüllten Bollerwagen hinter sich her, dessen Inhalt überwiegend hochprozentig ist und den die Kohlgemeinschaft vorzugsweise an Wegkreuzungen reduziert. Einige betätigen sich während der Kohl- und Pinkeltour gern sportlich. In der Regel wird gebosselt. Beim Bosseln handelt es sich um eine traditionelle (ostfriesische) Sportart, bei der eine Kugel von zwei gegnerischen Parteien möglichst weit die Straße entlang geschleudert wird. Dass die Zielgenauigkeit mit zunehmender Dauer des Spaziergangs nachlässt, versteht sich von selbst. Viele Kohlfahrten verkommen inzwischen leider zu einem gigantischen Besäufnis. Am Ende jeder Kohlfahrt bekommt einer der Teilnehmer – traditionell derjenige, der am meisten Kohl und Pinkel verdrückt hat – einen Schweinekieferknochen am Bande verliehen und wird zum Kohlkönig bzw. zur Kohlkönigin gekürt. Der neue Regent ist damit verpflichtet, das Grünkohlessen der kommenden Saison zu organisieren.

Überaus stilvoll und im Rahmen einer streng festgelegten Speisenreihenfolge wird der Kohl bei der Schaffermahlzeit verspeist (→ S. 22). Damit wäre das Vorurteil widerlegt, der Grünkohl sei ein Armeleuteessen.

Eine kleine Auswahl von Adressen zum Kohl- und Pinkelessen in und rund um Bremen (siehe auch Blockland):

Haus am Walde, Kuhgrabenweg 2, 28359 Bremen, ☏ 0421/212765, www.hausamwalde.de; **Union Brauerei Bremen**, Theodorstraße 13, 28219 Bremen, ☏ 0421/8982160, www.brauerei-bremen.de; **Gasthaus Holschenböhl**, Zum Holschenböhl 2, 27321 Emtinghausen, ☏ 04295/248, www.holschenboehl.de; **Deichkind Bollen**, Bollener Dorfstraße 60, 28832 Achim, ☏ 04202/3586, www.bollen-deichkind.de.

Stadt an der Wesermündung

Bremens kleine Schwester

Ein Ausflug nach Bremerhaven lohnt sich. Zwar ist die Stadt alles andere als hübsch, aber in den Havenwelten am Weserdeich präsentiert „Fishtown" mit dem Klimahaus 8° Ost und dem Deutschen Auswandererhaus zwei Museen bzw. Erlebniscenter der absoluten Extraklasse.

Klimahaus 8° Ost, eine Reise um die Erde, S. 109

Deutsches Auswandererhaus, Aufbruch in die Neue Welt, S. 111

Natusch, Fisch-Buffet vom Feinsten, S. 117

Attraktionen an der Waterkant

Bremerhaven

Bremerhaven ist „Boomtown" und Armenhaus zugleich. Als die traditionellen Werften starben, orientierte sich die Seestadt neu, machte sich als „Stadt der Wissenschaften" einen Namen und setzte vor allem verstärkt auf den Tourismus. Direkt an der Waterkant entstanden die „Havenwelten", eine maritime Meile mit Hotels, Shopping-Center, vor allem aber wurden mit dem Deutschen Auswandererhaus und dem Klimahaus 8° Ost zwei echte Attraktionen geschaffen. Aber weder die touristischen Highlights noch die gigantischen Anlagen von Container- und Autoterminal können über die wirtschaftlichen Probleme von Bremens kleiner Schwester hinwegtäuschen.

Bremerhaven ist eine verhältnismäßig junge Stadt. 1827 kaufte Bremens Bürgermeister Johann Smidt vom Königreich Hannover ein Areal zwischen Geeste und Wesermündung. Die Weser war zusehends versandet, Bremen brauchte einen neuen „Haven". Bremerhaven entwickelte sich alsbald zu einem der wichtigsten Industriestandorte Deutschlands. Die Kaiserschleuse war einst die größte Schleuse der Welt, der Norddeutsche Lloyd die größte Reederei. Die Häfen haben immer noch einige Superlative und Rekorde zu bieten: Nördlich der „Havenwelten" erstreckt sich über fünf Kilometer das weltweit größte zusammenhängende und seewassertiefe Container-Terminal. Bremerhaven hat den größten Parkplatz der Welt, nirgendwo sonst werden mehr Pkws umgeschlagen, bisweilen stehen Autos im Gesamtwert von vier Milliarden Euro auf den riesigen Abstellflächen.

Schon ein Bruchteil dieser Summe würde der Stadt helfen. Denn irgendwann starben die Werften, die Fischereiflotte schrumpfte. Die Seestadt war

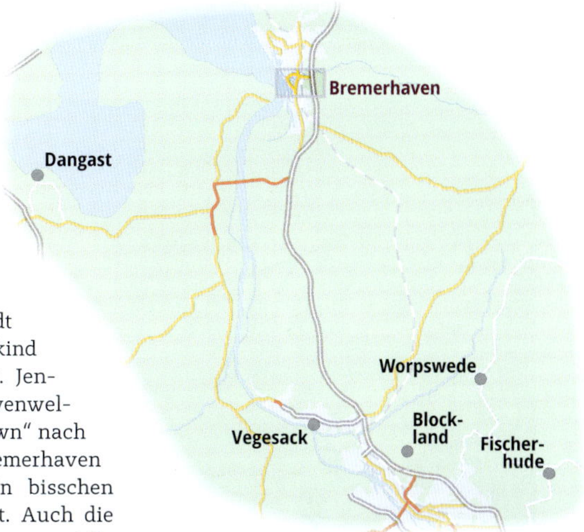

deutschlandweit Spitzenreiter bei den Hartz-IV-Empfängern, in den späten 1990er-Jahren war fast jeder vierte Bremerhavener arbeitslos. Es hat sich durchaus einiges getan seitdem, aber die Stadt ist und bleibt das Sorgenkind des kleinsten Bundeslands. Jenseits der touristischen Havenwelten präsentiert sich „Fishtown" nach wie vor grau und trist. Bremerhaven ist eine Industriestadt, ein bisschen Ruhrpott an der Waterkant. Auch die Menschen hier haben diese spezielle Hart-aber-herzlich-Mentalität.

Bereits in den 1990er-Jahren planten Investoren den Ocean Park, gegen den sich zunächst massiver Widerstand formierte, sodass die Pläne wieder in der Schublade verschwanden. In der obersten Schublade allerdings, denn schon in den „Nullerjahren" begann die Planung der Havenwelten auf dem Gelände zwischen dem Neuen und dem Alten Hafen. Früher parkten hier Autos auf einer staubigen Brache. Aber Bremerhavens Stadtväter haben erkannt, welch städtebauliches Filet-Stück da vor ihrer Nase lag. Und heute präsentieren sich die Havenwelten als touristisches Highlight an der gesamten Nordseeküste.

Fast alle Sehenswürdigkeiten befinden sich fußläufig zwischen Weserdeich und den Hochhäusern des Columbus-Centers am Neuen und Alten Hafen.

Das markanteste Gebäude ist sicherlich das 2009 eröffnete Klimahaus 8° Ost: ein gläsernes Oval mit tausenden von Glasscheiben, das wie ein riesiges futuristisches Schlauchboot anmutet.

Neben dem Klimahaus im Zentrum der Havenwelten lohnt sich ein Besuch des Deutschen Auswanderhauses am südwestlichen Zipfel des Neuen Hafens (beide an einem Tag zu besuchen empfiehlt sich nicht). Ganz im Norden der Havenwelten liegt der Zoo am Meer, am anderen Ende das Deutsche Schifffahrtsmuseum.

Vom Bremerhavener Hauptbahnhof braucht man zu Fuß rund eine halbe Stunde (2,5 km) in die Havenwelten. Mehrere Busse (502, 505, 506, 508 und 509) fahren in 10 Min. vom Hbf dorthin.

Sehenswertes

Reise auf dem 8. Längengrad

Klimahaus 8° Ost

Das Klimahaus 8° Ost ist eines der spannendsten und gleichzeitig unterhaltsamsten Museen seiner Art in Europa, ja vielleicht sogar auf der ganzen Welt. Es ist Museum, Science Center und Erlebnispark in einem. Den Namen hat es bekommen, weil man sich hier auf eine Reise macht, einmal um die ganze Welt auf dem 8. Längengrad. Sie führt von Bremerhaven über die Schweizer Alpen und Sizilien in die Wüste des Niger und den Regenwald

Im Klimahaus 8° Ost

Kameruns, in die Südsee nach Samoa und über die Antarktis, die St. Lawrence Inseln in Alaska und die Halligen in der Nordsee wieder zurück zum Ausgangspunkt. Als Besucher begleitet man seinen „Reiseführer" Axel Werner. Dieser – und insofern auch man selbst – begegnet auf der Reise Menschen, die mit ganz und gar unterschiedlichen Lebensbedingungen klar kommen müssen: Eiseskälte, brutaler Hitze und drückender Schwüle. Auf einem knapp ein Kilometer langen Rundgang durch das Erlebnis-Center absolviert man 40.000 Kilometer rund um den Globus und kommt aus dem Staunen nicht mehr heraus: über die immens hohe Selbstmordrate im scheinbar so paradiesischen Südseestaat Samoa, über die ausweglose Lage der Innuit in Alaska und den daraus resultierenden Alkoholismus. Man lauscht den Tieren im Regenwald und lernt, wie gefährdet das einzigartige Ökosystem sowohl dort als auch in den Korallenriffen der Südsee ist. Ganz besonders wundert man sich über den jungen Tuareg namens Ibrahim. Denn der behauptet doch glatt, während er in seinem modernen SUV durch die Wüste fährt, es sei völliger Blödsinn, dass die Erde eine Kugel sei. Die Erde, so Ibrahim, ist definitiv eine Scheibe. Das würde man doch schließlich daran merken, dass jeden Morgen eine neue Sonne über der Sahara aufgeht …

Neben der Reise auf dem 8. Längengrad gibt es im Klimahaus weitere Ausstellungsbereiche (u. a. Perspektiven, World Future Lab und ein Wetterstudio), die auch anhand interaktiver Stationen die klimatischen Zusammenhänge auf der Erde verdeutlichen: Im World Future Lab kann man selbst und im Team Entscheidungen treffen und sich als Klimaretter betätigen. Man erinnert sich noch gut an die Menschen, die man auf der Reise kennengelernt hat und kann sich realistische Szenarien anschauen, wie die Lebensgrundlagen dort im Jahr 2050 sein werden, wenn wir so weitermachen. Dennoch macht diese tolle Ausstellung die Gefahren des Klimawandels anschaulich, ohne den pädagogischen Zeigefinger zu heben.

Sept. bis Febr. tägl. 10–18 Uhr, März bis Juni Mo–Fr schon ab 9 Uhr, Juli und August Mo–Fr 9–19 Uhr und Sa/So 10–19 Uhr. Eintritt 17 €, erm. 12 €. Am Längengrad 8, ✆ 04791/ 9020300, www.klimahaus-bremerhaven.de.

Aufbruch in die Neue Welt

Deutsches Auswandererhaus

In Zeiten, in denen immer mehr Menschen weltweit aus ihrer Heimat fliehen müssen, ist der Besuch des Deutschen Auswandererhauses vielleicht noch eindringlicher als sowieso schon. Mehr als sieben Millionen Menschen haben zwischen 1830 und 1974 ihre Heimat über Bremerhaven verlassen, um ihr Glück in der Neuen Welt zu finden. Auch unter ihnen waren verzweifelte Menschen, die oft nicht mehr dabei hatten als ihre Kleider am eigenen Leib. Aber unter den Auswanderern, die von hier aus aufbrachen, waren auch Abenteurer und Adelige. Ihre Geschichten, ihre verschiedenen Schicksale erzählt das Deutsche Auswandererhaus, das 2007 als „Europäisches Museum des Jahres" ausgezeichnet wurde. Zu Beginn des Rundgangs nimmt der Besucher die Identität eines Emigranten an. Das kann einer jener armen Schlucker sein, mit dem man in der 3. Klasse fortan Dreck, Flöhe, Lärm und miserables Essen teilt. Es kann aber auch sein, dass man als Besucher in die Rolle eines noblen Schnösels schlüpft, der im feudalen Speisesaal der 1. Klasse mit seinesgleichen Champagner schlürft. Spannend wird es, wenn man in der Rolle eines der Auswanderer am vermeintlichen Ziel der Reise ankommt. Nicht wenigen, die in der alten Heimat alles aufgegeben hatten, verweigerten die Behörden auf Ellis Island – die letzte Station auf dem Rundgang – die Einreise in die USA. „Insel der Tränen" wurde das Eiland vor New York deshalb auch genannt.

2012 wurde ein erster Erweiterungsbau eröffnet, in dem über 300 Jahre Einwanderungsgeschichte nach Deutschland präsentiert werden. 2019 wurde der Grundstein für eine nochmalige Erweiterung gelegt. Entstehen sollen dort ein Pop-Up-Museum, die Academy of Comparative Migration Studies (ACOMIS) sowie ein Besucherforschungszentrum. Die Eröffnung ist für das Frühjahr 2021 geplant.

Durch die Verbindung von historischer sowie der aktuellen Aus- und Einwanderungssituation hat sich das Museum in Bremerhaven zum ersten Migrationsmuseum in Deutschland entwickelt. Laut der Bremer Wissenschaftssenatorin Claudia Schilling sei das

Das Deutsche Auswandererhaus

Bremerhaven → Karte S. 114/115

Deutsche Auswandererhaus auf einem guten Weg, sich zum zentralen nationalen Forschungsmuseum im Themenbereich Migration zu entwickeln.

März bis Okt. tägl. 10–18 Uhr, Nov. bis Febr. tägl. 10–17 Uhr. Eintritt 15,80 €, erm. 13 €, Kinder von 5 bis 16 J. 9 €, Single Mom / Single Dad (1 Erwachsener und eigene Kinder von 5 bis 16 J.) 29,90 €, Familienticket 41,80 €. Columbusstraße 65, ✆ 0471/902200, www.dah-bremerhaven.de.

Eisbären & Co.

Zoo am Meer

Im Zoo am Meer ist immer dann richtig was los, wenn wieder mal ein neues Eisbärenbaby geboren wird. Im Dezember 2019 kamen dann sogar Zwillinge zur Welt. Um die Eisbärenjungen nicht zu stören, wurde an Silvester rund um den Zoo sogar das Abbrennen von Feuerwerk verboten. So sehr haben sie sich in „Fishtown" um ihre kleinen, süßen Eisbären gesorgt. Aber auch ohne Eisbärenbabys ist der in den vergangenen Jahren komplett sanierte und umgestaltete Zoo mit dem Nordsee-Aquarium einen Besuch wert. Die Gehege sind relativ großzügig und naturnah gestaltet, der Schwerpunkt liegt eindeutig auf der Haltung von Tieren, die in und am Meer leben.

April bis Sept. tägl. 9–19 Uhr, März und Okt. 9–18 Uhr, Nov. bis Febr. 9–16.30 Uhr. Eintritt 9 €, erm. 6,50 €, Kinder bis 14 J. 5,50 €, Familienkarte 24 €. Hermann-Heinrich-Meier-Straße 7, ✆ 0471/3084141, www.zoo-am-meer-bremerhaven.de.

Historische Hansekogge als Herzstück

Deutsches Schifffahrtsmuseum

Das Deutsche Schifffahrtsmuseum zwischen dem Alten Hafen und dem Weserdeich gehört zu Bremerhaven wie der Roland zu Bremen. Seit einiger Zeit wird das DSM umfassend und für viele Millionen Euro saniert und umgebaut, sodass bis voraussichtlich 2021 nicht alle Bereiche zugänglich sein werden. Die aktuellen Infos erfährt man auf der Homepage. Herzstück und wohl auch die größte Attraktion des Museums ist die restaurierte Hansekogge aus dem Jahr 1380. 1962 wurde sie im Schlamm der Weser bei Rablinghausen entdeckt und war so etwas wie die Initialzündung für die Gründung des Museums. Zahlreiche Exponate im Museumsgebäude erzählen Wissenswertes zur Geschichte der deutschen Schifffahrt, von der Handelsmarine bis zu den Walfängern, über den industriellen Schiffbau vor Ort und weltweit, über die Hochseefischerei und die Navigation im Wandel der Zeit.

April bis Mitte Nov. tägl. 10–18 Uhr, sonst Di–So 10–18 Uhr. Eintritt 3 €, erm. 1,50 €. Hans-Scharoun-Platz 1, ✆ 0471/482070, www.dsm.museum.

Stadt- und Hafengeschichte

Historisches Museum Bremerhaven

Bremerhavens verhältnismäßig junge Stadtgeschichte von der Gründung bis 1960 wird im Historischen Museum der Seestadt präsentiert: die Bedeutung der Häfen für die Stadt, das Arbeitsleben auf einer historischen Werft, Szenen vom Hafenumschlag aus früheren Zeiten sowie der Betrieb im Fischereihafen.

Di–So 10–17 Uhr. Eintritt frei. An der Geeste, ✆ 0471/308160, www.historisches-museum-bremerhaven.de.

Nostalgie pur

Museum der 50er-Jahre

Eine kulturhistorisch spannende und vielfach amüsante Ausstellung präsentiert Bremerhaven in der Militärkirche einer einstigen US-Kaserne: eine bunte Sammlung von mehr als 20.000 Exponaten aus dem Alltagsleben der Wirtschaftswunderjahre von 1949 bis 1963.

Ostern bis Ende Okt. So 11–17 Uhr. Eintritt 4,50 €, Familienkarte 12 €. Amerikaring 9, ✆ 0471/83305, www.museum-der-50er-jahre.de. Bus 509.

Bremen im Kasten

Seute Deern

Wohl selten wurde so viel „Gedöns" um ein einziges Schiff gemacht wie um die „Seute Deern" (auf Hochdeutsch: Süßes Mädchen). Die hölzerne Bark war jahrzehntelang Ausstellungsstück im Museumshafen des Deutschen Schifffahrtsmuseums (DSM), viele Jahre davon als Restaurantschiff. Der größte weltweit je gebaute Frachtsegler aus Holz (Baujahr 1919) war schon so etwas wie das Wahrzeichen der Seestadt geworden. Aber schon längst war die Seute Deern kein gesundes Mädchen mehr, ständig drang Wasser ins Schiff. Und als im August 2019 sämtliche Pumpen ausfielen, sank der historische Kahn. Unabhängige Gutachter stellten einen Totalschaden fest; das marode Museumsschiff müsste zu 75 Prozent neu aufgebaut werden, so die Fachleute. Und die Sanierung würde Schätzungen zufolge mindestens 30 Millionen kosten; etwas mehr als die Hälfte davon sollte der Bund beisteuern. Die Emotionen in Bremen und Bremerhaven kochten hoch: Der Riss ging quer durch die Bevölkerung, quer durch die Parteien, quer durch Familien gar. Nostalgiker und Pragmatiker stritten wie die Kesselflicker, wie wichtig denn nun der Erhalt des Schiffes sei.

Schließlich beschloss der Stiftungsrat des DSM im Oktober 2019 schweren Herzens, das Schiff aufzugeben und vor Ort zurückzubauen. Doch mit einem Mal war wieder alles anders: Der Haushaltsausschuss des Bundestags beschloss Mitte November in seiner sogenannten Bereinigungssitzung, die Mittel für die Renovierung des maroden Seglers noch einmal aufzustocken. Auf die eh schon bewilligten 17 Millionen Euro packten sie noch einmal gut 29 Millionen oben drauf. Mit sage und schreibe rund 47 Millionen Euro sollte nun also ein Kahn aus Holz wieder schick gemacht werden.

Denkmalpflege ist etwas Schönes und etwas Wichtiges, fraglos. Doch in diesem Fall stellt sich vielmehr die Frage: Kann man so viel Geld in einer Stadt, in der die Kinderarmut so hoch ist wie nirgendwo sonst in Deutschland, nicht besser anderweitig einsetzen? Zumal die Museumsmacher in Bremerhaven nun ein bislang ungelöstes Problem an der Backe haben: Soll der aberwitzig teure Nachbau nicht wieder vergammeln, kommen Instandhaltungskosten von rund zwei Millionen Euro jährlich auf das Museum zu – und die hat das DSM definitiv nicht übrig.

Da war die Welt noch in Ordnung: die Seute Deern im Bremerhavener Museumshafen

Übernachten (S. 117)
2 Atlantic Hotel SAIL City
4 Nordsee Hotel
5 Best Western Plus
Essen & Trinken (S. 117)
1 Pier 6
3 Treffpunkt Kaiserhafen
6 Natusch
7 Fischbratküche Höpker
Container-Terminal, Museum der 50er-Jahre
Wiener Str.
Pestalozzistr.
Schleusenstr.
Rudloffstr.
Martin-Donandt-Platz
Am Leher Tor
Bogen-str.
Barkhausenstr.
An der Allee
Hafenstr.
Grimsbystr.
Rutenbergstr.
Hannastr.
Bürgermeister-Smidt-Str.
Grazer Str.
Schiffer-str.
Sonnen-str.
Gasstr.
Lohmannstr.
Neuer Hafen
Lloydstr.
B 212
Rampenstr.
Deichstr.
Folkert-Potrykus-Str.
Ufer-str.
Preßburger Str.
Columbusstr.
Keilstr.
Geeste
Deutsches Auswandererhaus
Zoo am Meer
H.-H.-Meier-Str.
Schifferstr.
Mühlenstr.
Große Kirche
Prager Str.
Kirchenstr.
Klimahaus 8° Ost
Mediterraneo
Alter Hafen
Schleswiger Str.
Mittelstr.
Columbus Center
Am Alten Hafen
Weser
Museumsschiffe
Th.-Heuss-Platz
Am Strom
Deutsches Schifffahrtsmuseum
Karlsburg
Columbusstr.
Weserstrandbad
Geeste
Bülowstr.
Bussestr.
Köperstr.
Fischereihafen
Alfred-Wegener-Institut
B 6
A 27
Lehe
Mitte
Geestemünde
Schiffdorferdamm
Weser
Fischereihafen
Grünhöfe
Wulsdorf
1,5 km
Bremerhaven Umgebung

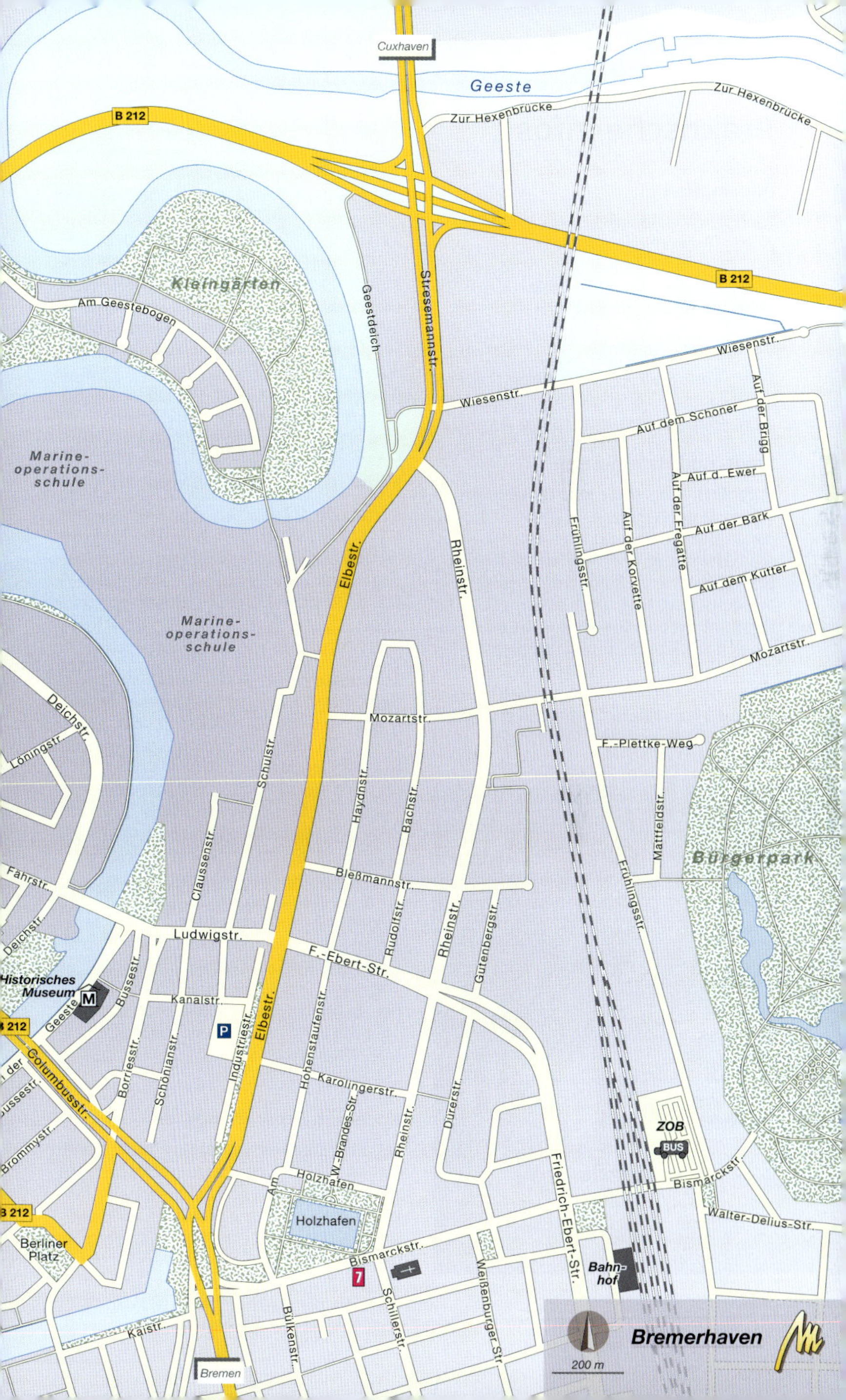

Cuxhaven
Geeste
Zur Hexenbrücke
Zur Hexenbrücke
B 212
B 212
Kleingärten
Am Geestebogen
Gestdeich
Stresemannstr.
Wiesenstr.
Wiesenstr.
Auf dem Schoner
Auf der Brigg
Auf d. Ewer
Auf der Bark
Auf der Fregatte
Auf der Korvette
Frühlingsstr.
Auf dem Kutter
Marine-operations-schule
Marine-operations-schule
Elbestr.
Rheinstr.
Mozartstr.
Mozartstr.
Deichstr.
Löningstr.
F.-Plettke-Weg
Schulstr.
Haydnstr.
Bachstr.
Mattfeldstr.
Bürgerpark
Frühlingsstr.
Claussenstr.
Bleßmannstr.
Fährstr.
Ludwigstr.
F.-Ebert-Str.
Rudolfstr.
Rheinstr.
Gutenbergstr.
Deichstr.
Historisches Museum
M
Bussestr.
Kanalstr.
Geeste
B 212
P
Industriestr.
Elbestr.
Columbusstr.
Borriesstr.
Schönianstr.
Hohenstaufenstr.
Karolingerstr.
Dürerstr.
Friedrich-Ebert-Str.
ZOB
BUS
Brommystr.
W.-Brandes-Str.
Rheinstr.
Am Holzhafen
Holzhafen
Bismarckstr.
Walter-Delius-Str.
B 212
Berliner Platz
Bismarckstr.
7
Bahnhof
Schillerstr.
Weißenburger Str.
Kaistr.
Brükenstr.
Bremen
200 m
Bremerhaven

Praktische Infos

→ Karte S. 114/115

Information

Tourist-Info Hafeninsel, H.-H.-Meier-Straße 6, 27568 Bremerhaven, ✆ 0471/414141 oder 0471/80936120; **Tourist-Info Schaufenster Fischereihafen**, Am Schaufenster 5, ✆ 0471/80936127. www.bremerhaven.de.

Veranstaltungen

Alle fünf Jahre versammeln sich zur **Sail Bremerhaven** historische Windjammer in der Wesermündung. Nächste Veranstaltung: Aug. 2025.

Stadt- und Hafentouren

HafenBus: Wer sich die gigantischen Hafenanlagen aus der Nähe anschauen will, der kann das in Bremerhaven nur mit dem HafenBus. Aus Sicherheitsgründen war das Gelände um das Container- und Auto-Terminal lange Jahre absolutes Sperrgebiet. Doch seit 2012 führt die Rundfahrt mit dem Bus auch in diese faszinierende und für viele absolut fremde Welt. Der Bus startet in der Herwigstraße am Schaufenster Fischereihafen zu einer gut zweistündigen Tour zum Preis von 13 €. Infos und Buchungen unter: www.bremerhaven.de/hafenbus.

Schlagader Bremerhavens: das riesige Container-Terminal

Tour de Fisch: Bremerhaven ist die Welthauptstadt des Fischstäbchens. Mehr als zehn Millionen der kleinen tiefgefrorenen Dinger werden täglich in „Fishtown" produziert. Seit 2017 wird in Bremerhaven eine geführte Bus-Tour durch den Fischereihafen angeboten. Die Guides auf der „Tour de Fisch" erzählen eine Menge Wissenswertes über die Tradition des Fischfangs und die heutige, von Tiefkühlprodukten bestimmte Fischverarbeitung, weshalb Bremerhaven gern auch der größte Gefrierschrank Europas genannt wird. Sa 11 Uhr, Abfahrt am Deutschen Schifffahrtsmuseum, Hans-Scharoun-Platz 1, 12 €, zu buchen über Bremerhaven-Tourismus. www.bremerhaven.de.

Börteboot Lottjen: An den Wochenenden (11–17 Uhr) verkehrt ein originales Helgoländer Börteboot stündlich zwischen den Havenwelten und dem Schaufenster Fischereihafen. Die Fahrt mit der „Lottjen" dauert eine gute halbe Stunde und kostet für Erwachsene 7,50 €, Kinder zahlen 5 €. www.lottjen.com.

Zum Leuchtturm Roter Sand: Der Leuchtturm Roter Sand in der Außenweser ist zwar längst nicht mehr in Betrieb, ist aber gleichwohl eines der Wahrzeichen Bremerhavens. Der 1885 errichtete Leuchtturm war das erste Bauwerk weltweit, das komplett auf dem Grund des Meeres errichtet wurde. 2010 wurde er als „Historisches Wahrzeichen der Ingenieurskunst" ausgezeichnet. Seit 2014 kann der Leuchtturm wieder besichtigt werden. Die Fahrt dorthin dauert ca. 2,5 Stunden. Tagesfahrten mit Besichtigung des Turms beziehungsweise Übernachtungen auf dem Leuchtturm Roter Sand sind in den Monaten Juni, Juli und August und nur für Personen ab zwölf Jahren möglich (www.foerderverein-leuchtturm-roter-sand.de). Rechtzeitig buchen über INNOVEN Marine Service, Westkai 34, ✆ 0471/95845090.

Kochen & Experimentieren

Schaufenster Fischereihafen: Zu der maritimen Meile an den ehemaligen Packhallen zählt u. a. das Seefischkochstudio (www.seefischkochstudio.de), in dem Profiköche interessierten Hobbyköchen in einer Kochshow die Zubereitung von schmackhaften Fischgerichten beibringen (Mo–Sa 10.30 und 12.30 Uhr, So 11 Uhr). An der Packhalle IV, ✆ 0471/3010003, www.schaufenster-fischereihafen.de.

Phänomenta Bremerhaven: In der Experimentierausstellung heißt es ausdrücklich: „Anfassen erlaubt“. In den Räumlichkeiten einer ehemaligen Gewürzmühle werden Phänomene aus Natur und Technik im wahrsten Sinne des Wortes begreifbar gemacht. Tägl. 10–18 Uhr. Höbelstraße 24, ✆ 0471/413081, www.phaenomenta-bremerhaven.de.

Essen & Trinken

Natusch 6, erste kulinarische Adresse in Bremerhaven war über Jahrzehnte das Fischrestaurant Natusch im Fischereihafen. Das Ambiente ist maritim-kitschig und gutbürgerlich. Die Fischgerichte vom Eismeer-Seewolf (24,50 €) über den Nordsee-Steinbutt aus Wildfang (33,50 €) bis hin zum Oste-Zander (23,50 €) sind fast immer erstklassig. Besonders zu empfehlen ist das skandinavische Buffet Smörgåsbord (Fr ab 18 Uhr, Reservierung empfehlenswert). Dann wird für 36,50 € alles aus Neptuns Reich aufgefahren, was man sich nur vorstellen kann. Alleine wegen der „Austern satt“ lohnt es sich. Ansonsten gibt es Salate, Lachsvariationen, feinsten Räucherfisch wie Aal und Schillerlocken, Krustentiere, Paella, Fischsuppe, Desserts, Käse und zu allem Überfluss auch noch Schweinebraten. Di–So 11.45–15 Uhr und 17.30–22 Uhr. Am Fischbahnhof 1, ✆ 0471/71021, www.natusch.de.

Pier 6 1, geht das, ein gebürtiger Franke, der in Bremerhaven direkt an der Waterkant kocht? Das geht sogar ziemlich gut. Steffen Heumann hat mit dem Pier 6 ein gastronomisches Highlight in Bremerhaven geschaffen. In dem stylishen Restaurant direkt am Neuen Hafen serviert er Speisen „ohne Schäumchen, Türmchen und chi chi“, wie der Chef verspricht. Was auf den Teller kommt, kann sich dennoch sehen lassen und schmeckt. Beispielsweise der Tatar vom Yellow-Fin-Thunfisch mit roten Zwiebeln, Wildkräuter-Salat, Pumpernickel-Crumble, Shiso Leaves und Limetten-Sorbet (15 €) oder der rosa gebratene Kalbsrücken mit schwarzen Bohnen, Polenta und Mini-Paprika an Rotwein-Jus (28 €). Tägl. wechselnder Mittagstisch für 13 € inkl. einem Softdrink (0,2 l) oder einem 0,1 l-Glas Wein. Mo–Sa 11–14.30 und 18–21.30 Uhr. Barkhausenstraße 6, ✆ 0471/48364080, www.pier6.eu.

Fischbratküche Höpker 7, hart, aber herzlich geht es in der Fischbratküche Höpker am Holzhafen zu, wo schon seit 1926 frische und vor allem günstige Fischgerichte auf den Teller kommen. Wahrscheinlich der beste Bratfisch in „Fishtown“, der Kartoffelsalat dazu ist ebenfalls lecker. Mo–Sa 11–18.30 Uhr, So 11–14.30 Uhr. Bismarckstraße 34, ✆ 0471/21743.

Treffpunkt Kaiserhafen 3, am ehemaligen Bananen-Pier sitzen Touristen, Bremerhavener Hafenarbeiter und Schlipsträger einträchtig beieinander und genießen die Küche und vor allem die besondere Atmosphäre. Der gesamte Laden, eher eine Baracke als ein echtes Haus, ist voll gestopft mit maritimem „Gedöns“: Positionslampen, Rettungsringe, Buddelschiffe und alte Gallionsfiguren. Der Ausblick auf die großen „Pötte“ im Hafen ist klasse, das Essen sehr in Ordnung und recht günstig. Das Motto lautet „Bei uns ist die Welt zuhause“, im Volksmund wird das Lokal „die letzte Kneipe vor New York“ genannt. Ab und zu Livemusik. Tägl. 11–24 Uhr. Franziusstraße 91, ✆ 0471/42219, www.treffpunktkaiserhafen.de.

Übernachten

Atlantic Hotel SAIL City 2, das Hotel wird aufgrund seiner Architektur gern auch als „Burj al Arab für Arme“ bezeichnet. Das Hotel am Deich ist seit der Eröffnung 2008 das erste Haus am Platze und mit 147 m Höhe das höchste Gebäude „Fishtowns“. Der Preis von 3 € für einmal Fahrstuhlfahren ist zwar ziemlich dreist, aber von der Aussichtsplattform in 86 m Höhe hat man tatsächlich einen fantastischen Panoramablick. Der Preis für ein Doppelzimmer fängt bei 99 € an. Am Strom 1, ✆ 0471/309900, www.atlantic-hotels.de.

Nordsee-Hotel 4, es ist das Traditionshaus in Bremerhaven, zentral gelegen an der Fußgängerzone und nur einen Steinwurf von den Havenwelten entfernt. Der in den 1950er-Jahren erbaute Kasten ist nicht wirklich ein Schmuckstück, aber seit der kompletten Renovierung und Neugestaltung von Lobby und Zimmern kann sich das Nordsee-Hotel wirklich sehen lassen. Theodor-Heuss-Platz 14–18, ✆ 0471/90083600, www.snw-hotels.de/nordsee-hotel-bremerhaven.

Best Western Plus Bremerhaven 5, unmittelbar in der Nähe des Schaufensters Fischereihafen steht Bremerhavens modernstes Design-Hotel. Das Plus am Best Western Plus ist die Lage und die durchaus gewagte und gelungene Architektur des Hauses. Auf der Terrasse schwebt man quasi über dem Hafenbecken. Gutes Frühstück mit noch besserem Blick über die Hafenanlagen, hinüber zu den Havenwelten bis zum Containerterminal. DZ ab 120 €. Fischkai 2, ✆ 0471/80935300, www.bestwestern.de.

Bremerhaven → Karte S. 114/115

Loriots Knollennasenmann

Nachlesen & Nachschlagen

Detail am Bremer Rathaus

Stadtgeschichte

Bremen blickt auf eine rund 1250-jährige Geschichte zurück. Als Erzbistum im frühen Mittelalter galt Bremen vorübergehend als das „Rom des Nordens". Der Bremer Roland aus dem frühen 15. Jh. ist Symbol für das Streben der Bürger nach Freiheit und Unabhängigkeit von der einst so mächtigen katholischen Kirche. Eine neuerliche Blütezeit erfuhr die Stadt als Mitglied der Hanse, wenngleich sie erst 1646 vom Kaiser den Status als Freie Reichsstadt erhielt. Nach Reformation und turbulenten Jahren nach dem Westfälischen Frieden – inklusive schwedischer und französischer Besatzung – entwickelte sich Bremen weiter als wirtschaftlicher und kultureller Mittelpunkt des Nordwestens. Die Häfen Bremens und Bremerhavens sorgten bis in die 1970er-Jahre hinein für Arbeit und Wohlstand in der Region. Mit dem Werftensterben geriet Bremen zunehmend in die Krise. Der Stadtstaat, einst reiches Geberland, ist hoch verschuldet und auf Geld des Bundes angewiesen (→ Kasten S. 126).

Erste Siedlungen von Chauken und Sachsen

Bis vor rund 10.000 Jahren konnte man noch trockenen Fußes über das sogenannte Doggerland zur Ostküste Englands gelangen. Was man heute als Norddeutsche Tiefebene bezeichnet – mit Bremen mittendrin –, muss man sich als eine Art Tundra vorstellen, durch die Jäger und Sammler zogen. Erst im 3. Jt. v. Chr. siedelten Viehzüchter und Ackerbauern dauerhaft in der Region zwischen Elbe und Weser. Das belegen Großsteingräber u. a. in Osterholz-Scharmbeck und Uthlede sowie in Wildeshausen bei Bremen. Ungefähr ab dem 3. Jh. v. Chr. siedelten Chauken und Sachsen in der Region um Bremen, beides Stämme der Germanen, wobei sich die Historiker noch nicht einmal einig sind, ob es sich bei Chauken und Sachsen vielleicht sogar um ein und dieselbe Volksgruppe handelte.

Was der römische Gelehrte Plinius der Ältere von seinen Reisen um 50 n. Chr. über die Gegend zu berichten hatte, ist alles andere als schmeichelhaft: „Dort haust ein bejammernswertes Volk. Mit ihren Händen sammeln sie Schlamm, den sie dann mehr im Winde als in der Sonne trocknen, kochen mit dieser Erde ihre Speisen und erwärmen ihre im Nordwind erstarrenden Leiber". Dennoch entstanden in den ersten acht Jahrhunderten nach der Zeitenwende an der Weser zahlreiche kleine Siedlungen, überwiegend auf dem Geestrücken bzw. auf der hochwassergeschützten Bremer Düne zwischen dem heutigen Verden und dem Gebiet Bremer Norden. Bei Plinius' Kollegen Tacitus hörte sich der Bericht über die damaligen Bewohner an der Weser übrigens deutlich freundlicher an: Der römische Chronist nannte die Siedler um Bremen „das vornehmste Volk unter den Germanen". Um 150 n. Chr. schrieb der alexandrinische Gelehrte Claudius Ptolemaeus von einer Ansiedlung namens „Fabiranum", die man heute jedoch geografisch nicht mehr zuordnen kann.

Auf der Weserdüne nahe des heutigen Bremer Doms wurden in den 1970er-Jahren Scherben gefunden, die die Besiedlung durch die Chauken in der vorrömischen Zeit der Völkerwanderung nachweisen. Nicht genau nachzuvollziehen ist jedoch das exakte Gründungsdatum Bremens. Wer mag, hält sich an die Legende, die der Bremer Stadtchronist Friedrich Wagenfeld im 19. Jh. aufschrieb, also an die Sage von der Gluckhenne, die im Arkadenbogen des Bremer Rathauses zu erkennen ist (→ S. 20).

Bremen wird Bischofssitz

Anno 780 wurde ein gewisser Willehad von Kaiser Karl dem Großen mit der Missionierung des heidnischen Wigmodi (auch Gau Wigmodien) beauftragt, als dessen Hauptort Bremen galt. Zwei Jahre später, also 782, wurde die Ansiedlung unter diesem Namen erstmals urkundlich erwähnt. Der Name der Stadt Bremen (lat. Brema) soll so etwas wie „am Rande liegend" bedeuten („brim" bzw. „bremo" hieß in der damaligen altsächsischen Sprache Rand). Der Hobby-Historiker Osvald Prepeliczay überraschte 2017 mit der Erklärung, der Missionar und erste Bischof Willehad hätte der Stadt den Namen Bremen gegeben. Dieser stammte ursprünglich aus Schottland und taufte Bremen nach einem Stadttor aus seiner Heimat namens Bremenium, das er täglich durchschreiten musste.

Willehads Mission erwies sich als nicht eben einfach; in seinen Aufzeichnungen aus dem Jahr 782 ist die Rede von einem oder sogar zwei Geistlichen, die von den Chauken erschlagen wurden. Fünf Jahre später, so berichten die Quellen, seien die Aufstände der Aufsässigen niedergeschlagen worden. Karl der Große erhob die Stadt 787 in den Stand eines Bischofssitzes. Zum ersten Bischof Bremens ernannte er Willehad, der auf der Weserdüne an der Stelle des heutigen Doms die erste Kirche Bremens bauen ließ (→ S. 29). Willehad überlebte die Domweihe lediglich eine Woche und starb im November 789 an schwerem Fieber. Der Dom wurde dem eiligen Petrus geweiht, stand allerdings lediglich drei Jahre, ehe er in den Sachsenkriegen abbrannte.

In die Ära von Willehads Nachfolger Willerich (805–835), der dem Erzbischof in Köln unterstellt war, fielen der Bau eines ersten steinernen Doms zu Ehren seines Vorgängers im Dombezirk sowie der Bau einer Holzkirche St. Vitus, die an der Stelle der heutigen Liebfrauenkirche stand. 845 (848/49 nach anderen Quellen) verlegte der einstige Erzbischof Ansgar von Hamburg nach normannischen Überfällen auf die Stadt an der Elbe seinen Bischofssitz nach Bremen. Damit wurde Bremen zum Erzbistum. Geschichtsschreiber gehen davon aus, dass der Dombezirk schon zu dieser Zeit durch eine Mauer und einen Graben vom Rest der Stadt abgetrennt war.

„Rom des Nordens"

Noch im selben Jahrhundert (888) verlieh Kaiser Arnulf der Stadt zunächst das Marktprivileg, 965 dann erhielt Bremen von Kaiser Otto I. das Marktrecht inklusive Marktzoll, Münzrecht und Marktgericht, weitere 70 Jahre später erlaubte Konrad II. den Bremern, jeweils im Frühjahr und im Herbst einen großen (Jahr-)Markt abzuhalten. Damit gilt das Jahr 1035 als die Geburtsstunde des Bremer Freimarkts. Wenige Jahre danach (1041) zerstörte ein Großbrand Teile der Stadt und des Dombezirks; auch der 860 geweihte Dom fiel den Flammen zum Opfer. Unter der Herrschaft von Erzbischof Adalbert, der sogar auf die Papstwürde verzichtet hatte, um Bremen zu einer Art „Rom des Nordens" zu machen, wurde ab 1042 ein neuer Dom auf der Weserdüne errichtet. Bremen prosperierte unter Adalberts Herrschaft, trieb umfang- und ertragreichen Handel u. a. mit skandinavischen Ländern, den Friesen im Norden der Niederlande, den Sachsen und einigen Städten in Westfalen. Der Chronist Adam von Bremen schrieb, Bremen sei zu einem „Sammelpunkt der Völker des Nordens" geworden. Der auch am kaiserlichen Hofe äußerst einflussreiche Adalbert, der seine Macht weit über die Stadtgrenzen Bremens ausgedehnt hatte, wurde in den späten 70er-Jahren des 11. Jh. weitgehend entmachtet, sein Amt als Erzbischof zu Bremen übte er 1072 nur noch pro forma aus.

An der Nordseeküste errichtete man zu dieser Zeit die ersten Deiche. Auch in Bremen wurde damit begonnen, das feuchte und unwirtliche Marschland der Region urbar zu machen. Spezialisten aus Holland entwässerten ab 1106 die Sumpflandschaft rund um die Stadt, auch hier wurden entlang der Flüsse Deiche gebaut. Und bald wurde vor den Toren der Stadt, im Hollerland, im Blockland, in den heutigen Stadtteilen Horn und Oberneuland gesiedelt und Landwirtschaft betrieben. Außerhalb der Stadtmauer im heutigen Ostertor war bereits Mitte des 11. Jh. das Paulskloster des Benediktiner-Ordens entstanden.

Bürgerrechte durch die Barbarossa-Urkunde

Ein Meilenstein in der Geschichte Bremens wurde 1186 in Gelnhausen im Hessischen ins Rollen gebracht. Kaiser Friedrich I. sicherte den Bremern in der Barbarossa-Urkunde eine Art Bürgerrecht zu, freie Selbstverwaltung unter der Oberaufsicht des Kaisers sowie Garantien zum Schutz von Erbe und Grundeigentum. Nach dem im Mittelalter tatsächlich gültigen Rechtsgrundsatz „Stadtluft macht frei nach Jahr und Tag" waren die Bremer von nun an keinem Landesherren außerhalb Bremens mehr untertan. Oberster Machthaber in der Stadt war aber zunächst weiterhin der Erzbischof, was in den kommenden vier Jahrhunderten zu ständigen Machtkämpfen zwischen Bürgern und Kirche führen sollte. Erstmals 1225 wurden die sogenannten „consules" (auch „consoles"), die Ratsmitglieder der Stadt, urkundlich erwähnt, fünf Jahre später verwendeten die Bremer bei offiziellen Anlässen erstmals ihr eigenes Siegel. Von 1260 bis 1285 war die Stadt zum ersten Mal Mitglied des Kaufmannsbundes Hanse. Auf das Jahr 1303 datiert sind die ersten Aufzeichnungen der „Statuten", des ersten Bremer Stadtrechts. Der Weg zur selbstständigen Bürgerstadt war jedoch noch längst nicht zu Ende gegangen.

Bremen breitete sich in dieser Zeit gleichwohl erneut als wichtige „Metropole" im Norden Deutschlands aus. Nach dem Abriss der Mauer um den Dombezirk Mitte des 11. Jh. wurde Anfang des 13. Jh. eine neue Stadtmauer errichtet, Altstadt und Dombezirk wuchsen zusammen. Die Domherren hatten allerdings bis 1522 noch einen ausschließlich ihnen vorbehaltenen Ausgang durch die sogenannte Bischofsnadel, heute eine Passage zwischen Domshof und Wallanlagen. Bremen hatte zu dieser Zeit bis zu 15.000 Einwohner. Im Jahr 1350 wurde fast die Hälfte von ihnen von der Pest dahingerafft.

Blütezeit als Mitglied der Hanse

Wenige Jahre später dann trat Bremen erneut der Hanse bei. Allerdings in schweren Zeiten – und eher aus der Not heraus. Bremen war nicht nur von der Pest heimgesucht worden, sondern hatte in der Hoyaer Fehde auch noch Macht und viel Geld verloren. Auch in der Stadt selbst wollte keine Ruhe einkehren: Handwerker lehnten sich gegen die hohen Steuern auf, die Bischöfe erlangten wieder mehr Macht. Einer von ihnen, Albert II., ließ den von Bürgern 1366 errichteten hölzernen Roland zerstören (→ S. 17). Doch der Schritt in die Hanse erwies sich für das arg gebeutelte Bremen als goldrichtig. Die Blütezeit der Hanse bedeutete auch Wohlstand für die freien Bürger und Kaufleute Bremens. In diese Zeit (1404) fällt der Bau des bis heute erhaltenen Bremer Rolands sowie des gotischen Rathauses (1405–1410). Zwischenzeitlich wurde Bremen zwar aus der Hanse ausgeschlossen (1427–1438), doch dem vergleichsweisen Reichtum und der Bedeutung der Stadt schadete das kaum. Einzig die Tatsache, dass Bremen – im Gegensatz zu Köln und Lübeck – vom Kaiser noch nicht zur freien Reichsstadt ernannt worden war, wurmte die Bremer Bürger. Also beschloss der damalige Bürgermeister

Schmückt seit 1404 den Marktplatz: der Bremer Roland

Johann Hemeling ein wenig nachzuhelfen und ließ Urkunden fälschen, die Bremen kaiserliche Privilegien als freie Reichsstadt garantierten.

100.000 Reichstaler für die Freiheit

Tatsächlich jedoch musste Bremen darauf bis 1646 warten; erst dann erklärte Kaiser Ferdinand III. im Linzer Diplom die Stadt Bremen für reichsunmittelbar. Das bedeutete, dass Bremen keinen anderen Landesherrn über sich zu dulden hatte als den Kaiser selbst, nur ihm Steuern zu zahlen und Heerfolge zu leisten hatte. Zu verdanken hatte Bremen diese Urkunde wohl auch dem Umstand, dass der Monarch durch den Dreißigjährigen Krieg Geldsorgen hatte und er die von Bremen zu zahlenden 100.000 Reichstaler gut gebrauchen konnte.

In der Zwischenzeit war 1580 die Schlachte als neuer Hafen in der Stadt angelegt worden (→ S. 41), im Bremer Norden entstand in Vegesack zwischen 1618 und 1623 der erste künstliche Flusshafen Deutschlands. Die Stadt dehnte sich auf der anderen Weserseite aus, die Neustadt entstand. Bremens reiche Kaufmannschaft gönnte sich 1538 den prächtigen Schütting in 1-A-Lage am Markt (→ S. 27) und das Rathaus erhielt Anfang des 17. Jh. seine Fassade im Stil der Weserrenaissance.

Bereits wenige Jahre, nachdem Martin Luther 1517 seine Thesen an die Tür der Schlosskirche zu Wittenberg genagelt hatte, wurde auch Bremen von der Reformation erfasst. Auf seiner Flucht vor der Inquisition hielt der Augustinermönch Heinrich von Zutphen 1522 in der Bremer Ansgarikirche eine Predigt und wetterte gegen die katholische Kirche. Die Bremer Bürger waren angetan, zeitgleich herrschte mit Christoph dem Verschwender ein geldgieriger und höchst unbeliebter Kirchenfürst in Bremen. Und schon bald nahm die Reformation ihren Lauf, der evangelisch-lutherische Glaube setzte sich in Bremen durch. 1532 wurde im Dom, der Kirche des Erzbischofs, der erste evangelische Gottesdienst abgehalten.

Schwedenkriege und französische Besatzungszeit

Mit dem Westfälischen Frieden 1648, also dem Ende des Dreißigjährigen Krieges, ging die Säkularisation des Erzbistums Bremen einher. Mitte des 17. Jh. rieb sich Bremen in zwei aufeinanderfolgenden Schwedenkriegen auf; im Jahr 1666 anerkannte Schweden im Habenhauser Frieden die Unabhängigkeit der Stadt. Mitte des 18. Jh. hatte Bremen fast 30.000 Einwohner, die sich über die Neuigkeiten in der Stadt und der Welt in den „Bremer Wöchentlichen Nachrichten“ erkundigen konnten. Das mit den Neuigkeiten aus aller Welt machte Sinn, denn mit der Unabhängigkeitserklärung der USA im Jahr 1776 begann für Bremen die Zeit des transatlantischen Handels. Die Routen der Bremer Reeder führten nach Westindien, Ostasien und eben in die Vereinigten Staaten.

Als wenige Jahre später, 1801, preußische Soldaten vor den Toren Bremens standen, musste die Stadt kapitulieren. Die alten Mauern boten nicht wirklich Schutz und der Rat der Stadt beschloss, die alten Festungswälle im Jahr darauf abzureißen und durch die Wallanlagen zu ersetzen. Schon damals dachten die Stadtväter daran, dass diese Parkanlagen den Bürgern auch zu Spaziergängen dienen sollten – und das tun die 1811 fertiggestellten Wallanlagen noch heute. Seit der Auflösung des deutschen Kaiserreichs 1806 nannte sich Bremen Freie Hansestadt. Doch mit der Freiheit war es bald vorbei; auch Bremen wurde im November des Jahres 1810 von kaiserlichen französischen Truppen besetzt und zur Hauptstadt des Départements „Bouches du Weser“ ernannt. 1814 zogen die Franzosen wieder ab, den Roland ließ Kaiser Napoleon Bonaparte gottlob auf dem Bremer Marktplatz stehen. Wenige Jahre später erwies sich Bremens amtierender Bürgermeister Johann Smidt als Spitzen-Diplomat, erreichte er doch 1815 auf dem Wiener Kongress, dass Bremen als souveränes Mitglied im Deutschen Bund aufgenommen wurde.

Geburtsstunde von Bremerhaven

Bremen war inzwischen nicht nur Kaufmanns-, sondern vor allem auch wichtige Hafenstadt. Weil die Weser jedoch zusehends zu versanden drohte und Bremen um die Wirtschaftlichkeit seiner Häfen bangte, kaufte Bürgermeister Smidt im Jahr 1827 dem Königreich Hannover ein Areal an der Wesermündung ab. Es war die Geburtsstunde

Bremerhaven: Vorposten an der Wesermündung

Bremerhavens. Die Stadt am Meer entwickelte sich prächtig: Der Norddeutsche Lloyd war Ende des 19. Jh. die größte Reederei der Welt, Millionen von Auswanderern verließen die Alte Welt von Bremerhaven aus, um in der Neuen Welt ihr Glück zu suchen (→ S. 111).

Die Freie Hansestadt Bremen wurde mit der Gründung des Deutschen Reichs 1871 Bundesstaat. Im Laufe der folgenden Jahrzehnte bis zum Beginn des Ersten Weltkriegs wurde die Weser bis Bremen „korrigiert", es entstanden gigantische Hafenanlagen im Bremer Westen, Werften wie der Vulkan oder die AG Weser gaben Tausenden von Bremern Arbeit.

Erster und Zweiter Weltkrieg

Die Novemberrevolution führte auch in Bremen Ende 1918 zu Aufständen und im Januar 1919 zur Ausrufung der Bremer Räterepublik. Die Machtübernahme des Arbeiter- und Soldatenrats wurde im Februar des Jahres von bürgerlichen Kräften und den Sozialdemokraten niedergeschlagen. Nach einem rund einmonatigen Ausnahmezustand wurde im März die verfassungsgebende Bremer Nationalversammlung gewählt, die wiederum die Bremer Landesverfassung verabschiedete. Sie galt in der Zeit der Weimarer Republik bis zur Machtübernahme der Nationalsozialisten im Jahr 1933. Mit dem Gesetz über den Neuaufbau des Reichs vom 30. Januar 1934 wurde die Bremer Bürgerschaft von den Nazis aufgelöst und die Stadt dem Reichsgau Weser-Ems mit Sitz in Oldenburg untergeordnet, Bremen verlor damit seine politische Unabhängigkeit.

Im Zweiten Weltkrieg zwischen 1939 und 1945 wurde Bremen von den Bomben der Alliierten schwer getroffen, das Stadtgebiet bei insgesamt 173 Luftangriffen zu fast zwei Dritteln zerstört, die Hafenanlagen zu mehr als 90 Prozent. Beim schwersten Angriff auf die Stadt Mitte August 1944 starben in nicht einmal 48 Stunden mehr als 1000 Bremer, insgesamt kamen in der

Hansestadt 4000 Menschen während des Zweiten Weltkriegs ums Leben.

Nach Kriegsende wurde Bremen zunächst britische Besatzungszone, ab 1947 gehörte die Stadt als Exklave zur Amerikanischen Zone. Die US-amerikanischen Streitkräfte hatten sich Bremen vor allem aufgrund der strategischen Bedeutung der Hafenanlagen gesichert.

Wiederaufbau unter Wilhelm Kaisen

Für den Wiederaufbau der Stadt suchten sich die amerikanischen Besatzer bereits 1945 den Sozialdemokraten Wilhelm Kaisen als Regierenden Bürgermeister der ersten Nachkriegsbürgerschaft Bremens aus. Eine gute Wahl: Der einstige Journalist Kaisen, der während der Nazi-Diktatur im ländlichen Borgfeld als Landwirt in innerer Emigration gelebt und gearbeitet hatte, erwies sich als umtriebige und fürsorgliche Führungspersönlichkeit und war maßgeblich am Wiederaufbau der Stadt beteiligt. Von 1948 bis zu seinem Ausscheiden aus der Politik im Jahr 1965 war Wilhelm Kaisen Bürgermeister und Präsident des Bremer Senats. Bereits im Oktober 1947 war die

Bremen im Kasten

Ein Berg an Schulden

Sie tickt und tickt, gnadenlos zeigen die Ziffern an der Bremer Schuldenuhr, dass Bremen mit mehr als 21 Mrd. Euro beim Bund in der Kreide steht. Bremen gilt als das Armenhaus unter den 16 deutschen Bundesländern. Die Rede war bereits von den „Griechen von der Weser", aber man tut den Bremern ein wenig Unrecht, denn im Vergleich zu anderen deutschen Großstädten steht Bremen sogar gut da und erwirtschaftet seit Jahren ein Bruttoinlandsprodukt, das deutlich über dem Durchschnitt liegt. Bei den Löhnen liegt Bremen ebenfalls weit vorne, kaum eine andere deutsche Stadt hat so viele Einkommensmillionäre. Kurz gesagt: Der Wirtschaftsstandort Bremen boomt – die Kassen sind leer.

Dass Bremen chronisch pleite ist, hat auch mit der Gemeindefinanzreform aus dem Jahr 1969 zu tun. Zigtausende zogen in den sogenannten „Speckgürtel" nach Niedersachsen und pendeln seitdem an ihren Arbeitsplatz nach Bremen. Und da seither die Einkommenssteuer am Wohnsitz gezahlt wird, gingen und gehen Bremen Millionen an Steuern verloren. Diese sollten durch Zahlungen im Rahmen des Länderfinanzausgleichs aufgefangen werden. Doch die Crux war und ist: Der Schlüssel zur Berechnung der Zahlungen basiert u. a. auf der Einwohnerzahl – und Bremen schrumpft seit Jahren.

Bis Ende der 1960er-Jahre zählte der Stadtstaat zu den Geberländern im Bund. Doch mit dem Strukturwandel gingen die Arbeitsplätze verloren. 1970 lag die Arbeitslosenquote noch unter einem Prozent, 2017 war im Land Bremen ungefähr jeder Zehnte arbeitslos gemeldet. Der Senat reagierte auf die Krise einst mit Investitionen und einem massiven Einstellungsprogramm für den öffentlichen Dienst. Die Personalausgaben waren immens hoch, Pensionen und Renten für die Staatsdiener fressen Jahr für Jahr ein riesiges Loch in den Haushalt. Die Folgen des Einstellungsbooms von damals wirken also bis in die Gegenwart.

In den 1980er-Jahren begann das große Werftensterben: 1983 machte die AG Weser dicht, 1986 meldete der Vulkan Insolvenz an, Tausende von Arbeitsplätzen

neue Landesverfassung der Freien Hansestadt Bremen in Kraft getreten, ab 1949 wurde der Stadtstaat Bremen/Bremerhaven Bundesland der neu gegründeten Bundesrepublik Deutschland. Kaisens SPD regierte Bremen zunächst zusammen mit der Nachkriegspartei BDV (Bremer Demokratische Volkspartei) und den Kommunisten der KPD. In den 1950er-Jahren waren erstmals auch FDP und CDU an der Regierungsbildung in Bremen beteiligt. Bis zum heutigen Tag stellten die „Sozis" in Bremen stets den Bürgermeister und waren stärkste Fraktion in der Bürgerschaft. 1979 zog die Bremer Grüne Liste als erste grüne Partei in ein deutsches Landesparlament ein, allerdings als Oppositionskraft. Erstmals mitregieren durften die Grünen in der Jamaika-Koalition der Jahre 1991 bis 1995 unter Bürgermeister Klaus Wedemeier. Maßgeblich geprägt wurde Bremen nach dem Krieg von den Bürgermeistern Kaisen (1945–1965), Hans Koschnick (1967–1985) sowie Henning Scherf (1995–2005). Auf ihn folgte Jens Böhrnsen, den wiederum Carsten Sieling ablöste, der von 2015 bis 2019 Regierungschef einer rot-grünen Koalition war.

fielen weg. 1992 entschied das Bundesverfassungsgericht, dass der Stadtstaat finanzielle Unterstützung des Bundes bekommen würde. Die Bremer behaupten, unverschuldet in die Finanzkrise geraten zu sein. Doch das stimmt so auch nicht. Mehrmals hat Bremen Steuergelder en masse zum Fenster hinausgeworfen, wie beispielsweise beim Millionengrab Space Park.

Bremen ist Stadtstaat, der deutlich höhere Kosten für Infrastruktur und Verwaltung aufbringen muss als vergleichbare Städte und musste schon immer die kleine Schwester Bremerhaven mit durchbringen. Deutschlands kleinstes Bundesland ist inzwischen zu einem rigiden Sparkurs gezwungen – obwohl eh schon kein Geld da ist. Der einstige Bremer Bürgermeister Jens Böhrnsen sagte einmal: „Wir haben schon lange keinen Speck mehr auf den Rippen, sondern sind auf den Knochen angelangt. Und trotzdem müssen wir weitersparen." Bremen spart auch dort, wo es wehtut, beispielsweise bei der Bildung. Die PISA-Studie, bei der Bremer Schüler in schöner Regelmäßigkeit letzte Plätze belegen, lässt grüßen. Inzwischen wurden Tausende von Stellen im öffentlichen Dienst abgebaut. Wirtschafts- und Finanzexperten glauben dennoch nicht mehr daran, dass Bremen auf einen grünen Zweig kommt. Das liegt vor allem an den enormen Zinsen: Bayern zahlt von jedem eingenommenen Euro rund 4 Cent für Zinsen, Bremen muss das Sechsfache berappen! Die 2009 vom Bund eingeführte Schuldenbremse soll dafür sorgen, dass die Bundesländer ihre Neuverschuldung bis 2020 auf Null herunterfahren. Bremen muss sein Defizit jedes Jahr um 120 Mio. Euro senken. Schafft es das nicht, bekommt es 300 Mio. Euro weniger vom Bund. Bislang wurde das Sparziel jedes Jahr erreicht, seit Mai 2019 läuft die Bremer Schuldenuhr sogar wieder rückwärts, anders gesagt: Bremen baut seitdem rechnerisch Schulden ab.

Dennoch wird über einen Zusammenschluss mit Niedersachsen nachgedacht. Wirtschaftswissenschaftler glauben, dass ein „Nordweststaat" Bremen-Niedersachen im Wettbewerb bessere Chancen besäße, zudem würden die Verwaltungskosten sinken. Gegen den Willen der Bremer, die mächtig stolz sind auf ihre Eigenständigkeit, wird man diese Fusion nicht durchsetzen können – weshalb immer wieder die Idee eines Volksbegehrens ins Spiel kommt.

Bei der Bürgerschaftswahl im Mai 2019 war die SPD erstmals seit dem Ende des Zweiten Weltkrieges nicht mehr stärkste Fraktion in Bremen. Die CDU mit dem Unternehmer und politischen Quereinsteiger Carsten Meyer-Heder erreichte 26,7 Prozent der Stimmen, die Sozialdemokraten lediglich 24,9 Prozent. Mitregieren durfte die CDU dennoch nicht. Gemeinsam mit den Grünen und den Linken bildet die SPD seit August 2019 die erste rot-grün-rote Regierungskoalition in einem westdeutschen Landesparlament. Neuer Bürgermeister und Nachfolger Carsten Sielings ist Andreas Bovenschulte.

Vom Geberland zum Nehmerland

Bremen entwickelte sich in den Zeiten des Wirtschaftswunders prächtig, die Bremer Häfen waren zwischenzeitlich die drittgrößten Europas. Hatten Ende des Zweiten Weltkriegs nur noch rund 370.000 Menschen in Bremen gelebt, so erreichte die Einwohnerzahl in den späten 1960er-Jahren mit 607.000 ihre Höchstmarke. Bereits in den späten 1950er- und frühen 1960er-Jahren entstand auf der größten Baustelle Europas der neue Stadtteil Vahr mit Wohnungen für mehr als 30.000 Menschen – bekannt geworden auch durch den Sven-Regener-Roman „Neue Vahr Süd". Es war eine Zeit, in der sich große Unternehmen in Bremen ansiedelten und in der das reiche Bremen übrigens noch Geberland war und die armen Bayern finanziell unterstützte.

In Hans Koschnicks Zeit fielen 1971 die Eröffnung der Universität Bremen und die des inzwischen – gemessen an der Jahresproduktion – weltweit größten Mercedes-Werks im Jahr 1978, aber auch die Randale am 6. Mai 1980 bei der öffentlichen Rekrutenvereidigung im Weserstadion. Drei Jahre später weinte der aufrechte Sozialdemokrat Koschnick bittere Tränen, als er die Schließung der AG Weser nicht verhindern konnte. Das Werftensterben in Bremen und Bremerhaven ging weiter; in der Ära Scherf musste 1996 die Vulkan AG in Vegesack Insolvenz anmelden, bereits 1992 beschloss das Bundesverfassungsgericht, dass Bremen aufgrund seiner extremen Haushaltsnotlage Hilfen aus den Bundesländern in Anspruch nehmen könne.

Die Häfen des bremischen Stadtgebiets sind inzwischen auf einen kargen Rest zusammengeschrumpft, parallel dazu entstand im Bremer Stadtteil Strom unweit des Neustädter Hafens das größte Güterverkehrszentrum Deutschlands. Mit Astrium ist im Technologiepark am Airport ein Unternehmen angesiedelt, das maßgeblich an der Entwicklung, Produktion und am Betrieb des ISS-Weltraumlabors Columbus beteiligt ist und zudem die Oberstufe der Trägerrakete Ariane 5 baut.

Dort, wo einst mächtig was los war, im Europahafen, im Überseehafen oder im Freihafen entwickelt sich seit Ende der 1990er-Jahre die Überseestadt (→ Tour 6). Das neue Stadtviertel ist in stetigem Wandel. Seit 2017 steht fest: Bremen verliert mit dem Cornflakes-Hersteller Kellogg's einen wichtigen Arbeitgeber, das Areal direkt an der Weser ist jedoch auch ein städtebauliches Filetstück. Auf der sogenannten Überseeinsel entsteht ab 2021 ein komplett neues Quartier mit einem Mix aus Arbeiten, Wohnen und Freizeit; zukunftsgerichtet und nachhaltig soll es werden, familiengerecht und angeblich nicht nur für die oberen Zehntausend bezahlbar.

Doch nicht nur dort herrscht Bewegung und Betriebsamkeit im ansonsten oft etwas trantütigen Bremen: Ein großer Teil des Bahnhofsvorplatzes ist neu bebaut worden und es gibt große Pläne für die Neugestaltung der Innenstadt. Es tut sich was in Bremen.

Tradition seit 1545: die Schaffermahlzeit

In neuem Glanz: Speicher XI in der Überseestadt

Kultur- und Nachtleben

Bremen ist keine Weltstadt, die ganz großen Acts machen zumeist einen Bogen um Bremen, spielen lieber in Hamburg oder Hannover. Doch Bremen hat eine kleine, aber feine und äußerst aktive Kulturszene. Das Theater am Goetheplatz war einst berühmt und berüchtigt für seine radikalen Inszenierungen. Die Deutsche Kammerphilharmonie Bremen zählt zu den gefragtesten Orchestern der Welt. Größere Pop- und Rockkonzerte finden in der ÖVB-Arena statt (Stadthalle an der Bürgerweide), im Pier 2 in der Überseestadt, im Modernes oder in kleineren Klubs im Viertel. Interessante Konzerte von Jazz über Weltmusik bis Klassik sowie spannende Lesungen gibt es in der Glocke. Das Nachtleben Bremens – wenn man damit Klubs und Diskotheken meint – ist ziemlich überschaubar, wenn nicht sogar ein wenig provinziell. Kneipen gibt es hingegen wie Sand am Meer, vor allem natürlich im „Viertel", aber inzwischen auch im Peterswerder und auf der anderen Weserseite. Die Neustadt hat wirklich rein gar nichts an Sehenswürdigkeiten zu bieten, aber ist so etwas wie das Neukölln Bremens. Viele Studenten haben sich inzwischen wegen der im Ostertor gestiegenen Mieten angesiedelt – und inzwischen hat die Kneipenszene nachgezogen.

Theater

Theater Bremen: Das Theater am Goetheplatz (→ S. 64) umfasst heute vier Sparten: Musiktheater, Schauspiel, Tanz, Kinder- und Jugendtheater. Der Komplex am Ostertorsteinweg beherbergt das Große und das Kleine Haus sowie im ehemaligen Brauhauskeller der St.-Pauli-Brauerei die Spielstätte der „Jungen Akteure". Das Moks ist die Spielstätte des Kinder- und Jugendtheaters in Bremen. Im Foyer des Kleinen Hauses hat vor einigen Jahren das „Noon" eröffnet, ein guter Platz zum Relaxen. Goetheplatz 1–3, ✆ 0421/36530, www.theaterbremen.de. S 2 und 3.

bremer shakespeare company: Eine Institution in der Bremer Theaterlandschaft ist die bremer shakespeare company auf der Neustadt-Seite. 1983 von einigen Enthusiasten als selbstverwaltetes Theaterkollektiv gegründet, wurden seitdem unzählige Stücke des englischen Dramatikers auf die Bühne gebracht.

Das Ensemble hat im Laufe der Jahre in der Dramatikerwerkstatt zudem einige eigene Stücke geschrieben und inszeniert. Nach wie vor pflegen die Schauspieler die Maxime, den Theaterabend gemeinsam mit dem Publikum zu erleben. So verkaufen die Ensemble-Mitglieder vor der Aufführung Tickets, begrüßen die Gäste, ehe der Vorhang geöffnet wird. Alljährlich im Sommer zieht das Theater während „Shakespeare im Park" zu Open-Air-Aufführungen in den Bremer Bürgerpark um. Theater am Leibnitzplatz, ✆ 0421/500222 oder ✆ 0421/500333, www.shakespeare-company.de. S 4.

Schwankhalle: Die Schwankhalle in der Neustadt stand von 2003 bis Sommer 2015 für innovative und experimentelle Produktionen junger (Bremer) Künstler. Seit der Wiedereröffnung durch den Trägerverein „Neugier" sieht sich die Schwankhalle in der Tradition von freien Künstlerhäusern, die ihren Künstlern „Zeit, Raum und Unterstützung für transdisziplinäre und selbstbestimmte Recherche, Fortbildung und Entwicklung in einem inspirierenden Umfeld" geben. In der ehemaligen Remmer-Brauerei finden u. a. Tanzfestivals und experimentelle Theaterproduktionen sowie -Installationen statt. Von der ursprünglichen Idee, dass die Zuschauer für die Vorführungen zahlen können, was es ihnen wert ist, ist man inzwischen abgerückt. Buntentorsteinweg 112/116, ✆ 0421/520 80710 (Ticket-Hotline: ✆ 0421/5208070), www.schwankhalle.de. S 4.

Schnürschuh-Theater: Das Schnürschuh-Theater ist eines der ältesten Kinder- und Jugendtheater in ganz Deutschland (gegründet 1976) und spielt längst nicht mehr nur Stücke für Kids. Auf dem Spielplan stehen selbst inszenierte Stücke wie „Herr Lehmann" oder „Neue Vahr Süd" nach den Bestsellern des Bremer Autors und Musikers Sven Regener, vor allem aber auch Stücke mit aktuellem Bezug wie „Jihad Baby", das von der religiösen Radikalisierung Jugendlicher erzählt. Großartig und zeitlos wie das Buch ist die Inszenierung von Wolfgang Herrendorfs Meisterwerk „Tschick". Buntentorsteinweg 145, ✆ 0421/555410, www.schnuerschuh-theater.de. S 4.

Bremer Geschichtenhaus im Schnoor: Bremer Berühmtheiten aus den vergangenen Jahrhunderten oder Bremer Originale wie Heini Holtenbeen nehmen den Besucher mit auf eine Zeitreise. Schauspieler in historischen Kostümen machen die Geschichte der Hansestadt erlebbar, bisweilen auf amüsante Art und Weise, manchmal wird es gruselig: Etwa wenn die Massenmörderin Gesche Gottfried davon berichtet, wie sie einst mithilfe von Rattengift zahlreiche Mitmenschen ins Jenseits beförderte. Wüstestätte 10, ✆ 0421/3362651, www.bremer-geschichtenhaus.de. S 4, 6 und 8.

bremer kriminal theater: Spannend wird es fast immer, bisweilen auch ziemlich komisch. Das bremer kriminal theater hat Klassiker von Patricia Highsmith oder Alfred Hitchcock auf dem Spielplan, aber auch solch blutrünstige und skurrile Stücke wie „Dänische Delikatessen". Ernst wird es bei Ferdinand von Schirachs „Terror – Ihr Urteil". Einmal monatlich am Sonntagvormittag lädt das kriminal theater zum Mordsfrühstück. Bei einer Tasse Kaffee oder Tee liest ein oder lesen mehrere Ensemblemitglieder Krimi-Kurzgeschichten, Hörspiele, Drehbücher oder Krimi-Theaterstücke vor. Theodorstraße 13 a, ✆ 0421/16691758, www.bremer-kriminaltheater.de. S 2, 10 und Bus 26.

Literaturkeller: Das außergewöhnliche Theater im Bremer Ostertor rühmt sich, das kleinste Theater der Welt zu sein. Im Repertoire hat der Literaturkeller eine bunte Mischung: Klassiker wie Faust (in maximal 40 Minuten, verspricht die Homepage), Lesungen und Stücke von Wilhelm Busch, Kurt Tucholsky, Stefan Zweig oder Erich Kästner. Vor jeder Aufführung gibt es ein Glas Sekt und bezahlt wird nach Gusto: Jeder Gast legt so viel in das Goldene Buch des Theaters, wie es ihm wert war (mindestens jedoch 25 €). Schildstraße 21, ✆ 0421/7926586, www.literaturkeller-bremen.de. S 2, 3 und 10.

GOP Varieté-Theater: Die Dame ohne Unterleib gibt es nicht mehr, dafür zahlreiche andere spektakuläre Shows und Varieté-Vorführungen. In unmittelbarer Nähe zur Weser, am Rande der Überseestadt, präsentiert das GOP u. a. Artistik auf höchstem Niveau. Wie üblich in der Branche haben Gäste die Möglichkeit, das Programm inklusive eines Menüs zu genießen. Am Weser-Terminal 4, ✆ 0421/89898989, www.variete.de/spielorte/bremen. S 3, 5 und Bus 20.

Schaulust: Spielstätte der freien Theaterszene Bremens am alten Güterbahnhof in der Nähe des Hauptbahnhofs. Von Theater über Musik, Tanz, Zirkus und Show bis hin zu Poetry Slam kommt hier so einiges auf die Bühne. Einmal im Monat heißt es „Techno Tanz & Törtchen". Wer also Lust hat auf Tanzmusik, aber sich nicht die Nächte um die Ohren schlagen will, der ist hier genau richtig. Kein ganz dumpfer Bumm-Bumm-Techno, eher etwas älteres Publikum (Eintritt 7 €, www.schaulust-cafe-elektrik.de).

Im Güterbahnhof, Tor 48, Beim Handelsmuseum 9, www.bremen-schaulust.de.

Boulevard-Theater gibt es sowohl im **Packhaustheater im Schnoor** (Wüstestätte 11, ✆ 0421/7908602, www.packhaustheater-im-schnoor.de) oder auf dem **Theaterschiff** an der Weser zu sehen (Weserpromenade ungefähr in Höhe Altenwall, ✆ 0421/7908600, www.theaterschiff-bremen.de). Das **FRITZ Theater** am Herdentorsteinweg bietet ebenfalls Boulevard-Stücke sowie Comedy, Revues und Musicals (Herdentorsteinweg 39, ✆ 0421/41650580, www.fritz-bremen.de).

Rock/Pop/Musical

Stadthalle/ÖVB-Arena: Der größte Konzertsaal Bremens hieß in den vergangenen Jahren AWD-Dome, Bremen Arena und seit 2011 ÖVB-Arena. Die Bremer nennen den markanten Bau an der Bürgerweide immer noch Stadthalle. Hier treten Stars wie Helene Fischer, die Toten Hosen oder Peter Maffay in der Halle 1 auf. Kleinere Acts spielen in der Halle 7, die zudem während des Freimarkts als Party-Halle herhalten muss. In der Stadthalle finden auch das Sechstagerennen statt, zudem verschiedene Messen, Märkte oder gelegentlich auch andere Sportveranstaltungen. Findorffstraße, ✆ 0421/35050, www.oevb-arena.de. S 6, Busse 26 und 27.

Pier 2 **1** (→ Karte S. 98): Im Pier 2 in der Überseestadt treten Künstler aus dem Bereich Pop, Rock und Comedy auf, die es (noch) nicht schaffen, die ganz großen Hallen zu füllen. Einst wurde die heutige Veranstaltungshalle auf dem Gelände der AG Weser als Lagerhalle genutzt, heute passen knapp 3000 Zuschauer rein, wenn Gentleman, Kaya Anar oder Fritz Kalkbrenner auftreten. Gröpelinger Fährweg 6, ✆ 0421/6918181, www.pier2.de. S 3.

Metropol Theater Bremen: Einst hieß es Bremer Musical Theater und hat als solches eine bewegte Geschichte: Erfolgsmodell, Insolvenz, Schließung. Seit 2011 traten internationale Stars wie Tom Jones, Anastacia oder Chris de Burgh im Musical Theater im ehemaligen Bremer Zentralbad auf. 2016 kaufte ein Bremer Investor das Gelände und plante zunächst, das Musical Theater dicht zu machen und stattdessen Wohnungen zu errichten. Wohl auch aufgrund öffentlicher Proteste entschloss sich der Eigentümer, einem neuen Betreiber einen Vertrag bis 2023 zu geben, der im Metropol Theater Bremen nun ein abwechslungsreiches Programm aus Show, Musik und Theater präsentiert. Richtweg 7, ✆ 0421/988850, www.metropol-theater-bremen.de. S 4, 6, Busse 24 und 25.

Mein Tipp **Kulturzentrum Schlachthof**: Das Kulturzentrum ist einer der wichtigsten Veranstaltungsorte für Musik aus den Bereichen Rock, Pop, Weltmusik; zudem Bühne für Theatervorstellungen und Lesungen. In die Kesselhalle, sicherlich einer der schönsten Veranstaltungsorte in Bremen, passen bei Konzerten rund 1000 Zuschauer. Legendär ist der Magazinkeller des Kulturzentrums: Im April 1982 gaben die Punks der Toten Hosen hier ihr erstes Konzert, dummerweise falsch angekündigt als

Konzerthalle am Hafen: das Pier 2

die „Toten Hasen“. Im Sommer Kneipenbetrieb auch draußen, zudem Open-Air-Kino. Findorffstraße 51, ✆ 0421/377750, www.schlachthof-bremen.de. Bus 25.

Modernes: 1919 unter dem Namen „Modernes Theater“ als Stummfilmkino in der Neustadt eröffnet, wurde das Modernes im Zweiten Weltkrieg fast vollständig zerstört und in den 1950er-Jahren neu erbaut. Das Kino hatte wie viele andere in den 1960er-Jahren mit Zuschauerschwund zu kämpfen, versuchte sich als Pornokino, ehe zwei Bremer Kulturschaffende den Laden übernahmen und ab den späten 1980er-Jahren zu dem machten, was er heute ist: wichtiger Veranstaltungsort für Konzerte, Lesungen und das inzwischen legendäre „Rudelsingen“. Am Wochenende viel besuchte Party-Location mit Tanznacht und „Freaky Friday“. Besonderheit des Gebäudes ist das runde, komplett zu öffnende Dach. Neustadtswall 28, ✆ 0421/505553, www.modernes.de. S 1 und 4.

Aladin: Hier sind schon Black Sabbath, TonSteineScherben, The Police, Johnny Cash und Die Ärzte aufgetreten, um nur einige zu nennen. In der legendären Disco (und dem benachbarten Tivoli) im Stadtteil Hemelingen ging es zumeist etwas härter zu, was auch den Namen „Das Dröhn“ erklärt, unter dem das Aladin auch bekannt ist. Inzwischen wird hier auf vier Areas auch Techno, Elektro und Jungle gespielt, nach wie vor natürlich auch Hardrock und Heavy Metal. Regelmäßig im Programm: Ü30- sowie Ü40-Tanznächte. Hannoversche Straße 11, ✆ 0421/435150, www.aladin-bremen.de. Busse 29, 40 und 41.

Meisenfrei Blues Club: Das Meisenfrei in Bahnhofsnähe ist *der* Blues-Klub in Bremen. Seit mehr als 20 Jahren treten hier überwiegend Blues-, Bluesrock- oder Rock-Bands auf. Viele von ihnen sind nur Insidern bekannt, andere sind Coverbands von Megastars wie Jimmy Hendrix, Amy Winehouse oder Led Zeppelin. Aber im Meisenfrei haben auch schon internationale Größen wie Mitch Ryder und Bon Scott oder nationale Blues-Legenden wie Abi Wallenstein gespielt. Hankenstraße 18, ✆ 0421/69639539, www.meisenfrei.de. S 4, 6, 8 und 10.

Tower **3** (→ Karte S. 37): Der angesagte Szene-Klub unweit der Discomeile ist ganz und gar anders als die übrigen Locations dort. Hier spielen noch Geheimtipps aus den Bereichen Indierock, Hip-Hop, Singer-Songwiriter und Elektro, aber auch alte und schräge Recken wie

Kult-Diskothek im Ostertor: die Lila Eule

Bernd Begemann. Ein großer Erfolg war zuletzt der Hafensänger-Contest für Nachwuchskünstler aus Bremen. Auf den Partys hat Musik aus den Charts nichts zu suchen, auch hier dominieren Hip-Hop, Trap, Grime und Elektro-Sound. Am Mittwochmorgen hat sich schon so mancher Hochschulprofessor in Bremen gewundert über seinen Studentenschwund – der Grund: Dienstags ist im Tower die legendäre StuDi-Party. Herdentorsteinweg 7 a, ✆ 0421/691 8181, www.tower-bremen.de. S 4, 6, 8 und 10.

Lila Eule **25** (→ Karte S. 74/75): Mehr Kult in Bremen geht nicht. Die „Eule“ mitten im Viertel wurde bereits 1959 eröffnet und war zunächst Jazz-Keller, dann Treffpunkt der politischen Szene und schließlich über Jahre die Disco schlechthin in Bremen. Das ist sie auch heute noch, auch wenn Anwohner immer wieder wegen Lärmbelästigung klagen. Vor allem aber finden in der Lila Eule (das Lila lässt man in Bremen weg) heute wieder Konzerte von Hip-Hop über Underground bis Singer-Songwriter statt. Kleine Tanzfläche, überwiegend Studi-Publikum. Bernhardstraße 10–11, ✆ 0421/794 0664, www.lilaeule.com. S 2, 3 und 10.

Jazz/Klassik

Die Glocke: Kein Geringerer als Herbert von Karajan nannte die Glocke einen der besten drei Konzertsäle Europas. Das Konzerthaus im Zentrum hat nicht nur den Maestro, sondern auch schon viele Künstler im Laufe der Jahrzehnte durch seine außerordentlich gute Akustik begeistert. Und natürlich Abertausende von Zuschauern, die in dem Art-déco-Ensemble Konzerte aus U- und E-Musik genossen haben. Louis Armstrong hat hier gespielt, genauso wie ABBA oder die Dubliners. Die Bandbreite heute reicht von Helge Schneider bis zu regelmäßigen Konzerten der Bremer Philharmoniker. Im Programm zudem verschiedene Reihen wie Glocke JAZZnights, Glocke Vocal oder Glocke Spezial, bei dem beispielsweise Schauspieler Joachim Krol auf das Orchestre du Soleil trifft. Domsheide 6–8, ✆ 0421/336699, www.glocke.de. S 2, 3, 4, 6 und 8.

Sendesaal Bremen: Der Sendesaal Bremen auf dem ehemaligen Gelände von Radio Bremen wurde von einer Initiative vor dem Abriss gerettet und ist heute aufgrund seiner besonderen Akustik ein renommierter Veranstaltungsort insbesondere für Jazz und Klassik, darunter zahlreiche Klavierkonzerte der Reihe „Auf schwarzen und weißen Tasten“. Bürgermeister-Spitta-Allee 45, ✆ 0421/33004991, www.sendesaal-bremen.de. Busse 21 und 24.

Schon Karajan schwärmte von der Akustik der Glocke

Diskotheken und Klubs

Abgesehen davon, dass in der Lila Eule, im Tower oder im Modernes auch getanzt und gefeiert werden kann, gibt es noch einige reine Diskotheken und Klubs in Bremen.

Gleis 9 **1** (→ Karte S. 37): „Tanzhalle“ unweit des Bahnhofs hinter dem ehemaligen Fruchthof. Dancehall, Afrobeat, Hip-Hop, Minimal, Goa und Afrotrip, das Programm der DJs im Gleis 9 ist vielfältig. In dem Klub tanzen überwiegend Kids zwischen 18 und Anfang 20. Bei der Klangwelten-Party gibt es nicht nur ordentlich was auf die Ohren, zur Dauerbeschallung verteilen die Macher Tausende von Knicklichtern und Wassereis. Bürgermeister-Smidt-Straße 15, ✆ 0421/70901784, www.gleis9-disco.de. S 1, 4, 6 und 10, Busse 24, 25, 26, 27 und 63.

MS Treue **31** (→ Karte S. 74/75): Eine der coolsten Locations der Stadt ist die „MS Treue“, ein altes Betonschiff, das zu einem Klub umgestaltet wurde und Tanzwütige am Weserufer empfängt. Das Nachtprogramm besteht – wie die Betreiber es selbst so schön beschreiben – „zum größten Teil aus elektronischen Partys“. Klare Ansage der Macher: Rassismus, Sexismus und Homophobie haben bei uns keinen Platz. „Nazi“-Marken wie Thor Steinar, Yakuza u. Ä. werden auf der Treue nicht geduldet. Anleger Tiefer 3 (ungefähr Höhe Altenwall), www.mstreue.de. S 2, 4 und 6, Busse 24 und 25.

Calavera **32** (→ Karte S. 74/75): Das Publikum in dem kleinen, aber feinen Keller-Klub im Ostertor ist etwas älter, gespielt wird (Indie)-Rock und Pop. Groovig wird es bei der „Soul Explosion“, etwas heftiger geht es bei der „Tick-Tick-Boom-Night“ zu. Auf dem Plattenteller liegen dann Scheiben von Arcade Fire, No Means No, Kings of Leon, aber auch neueren Bands wie Kakkmaddafakka. Körnerwall 1, www.calavera-bremen.de. S 2, 3 und 10.

La Viva **2** (→ Karte S. 37): Mainstream, Charts, Black, R'n'B wird im La Viva in einer Nebenstraße der Discomeile gespielt. Tendenziell etwas älteres und etwas schickeres Publikum als im STUBU, aber auch mit mehreren Floors, auf denen die verschiedenen Musikstile gespielt werden. Wer Promikontakt sucht, ist hier richtig. Im La Viva feiern auch die Profis des SV Werder ganz gerne. Auf der Brake 7–21, ✆ 0421/1689090, www.laviva-disco.de. S 1, 4, 6 und 10.

NFF Club: Der NFF Club (Nur für Freunde) ist ein etwas schickerer Keller-Klub in der Innenstadt, in dem überwiegend EDM (Electronic Dance Music) bis Tech House und Deep House gespielt wird. Heimische DJs, aber auch Kollegen aus den Metropolen der Republik legen hier auf. Katharinenstraße 12–14, www.nffclub.de. S 4 und 6, Busse 24 und 25.

Kinos

Drei empfehlenswerte Kinos in Bremen haben sich zu den **Bremer Filmkunsttheatern** zusammengefunden: die Schauburg im Steintor, die Gondel in Schwachhausen und das Atlantis in der Böttcherstraße (✆ 0421/792550, www.bremerfilmkunsttheater.de).

Das größte Kino von den dreien ist die **Schauburg**. Hier wird Kino zelebriert, hier machen Menschen Kino, die nicht dem schnöden Mammon hinterherlaufen, sondern das Kino lieben. Montags treffen sich Bremer Cineasten hier zur Sneak Preview, nicht selten laufen Filme im Großen und im Kleinen Haus im OmU (Original mit Untertiteln). Die Wände des gemütlichen Cafés zieren Fotos von all den Schauspielern, Regisseuren und Filmemachern, die in der Schauburg ihre Filme präsentiert haben, darunter Wim Wenders, Katja Riemann, Dietmar Schönherr oder Fatih Akin. In der Schauburg laufen Autorenfilme, Geheimtipps, hier werden Opern live gespielt, es gibt eine Reihe mit französischen und eine mit spanischen Filmen – aber inzwischen auch den einen oder anderen Blockbuster. Einmal im Monat präsentieren die Schauburg und das Filmbüro Bremen e. V. beim sogenannten „Heimspiel" Filmschaffende aus der Region mit ihren Werken. Besonderheit der Schauburg: Das Kino gönnt sich und seinen Besuchern draußen über dem Eingang wechselnde, handgemalte Kinoplakate. 2019 haben die Schauburg-Macher expandiert und einen ehemaligen Tabak- und einen Blumenladen an der Ecke Horner Straße/Vor dem Steintor in eine „Bar Tabac" nach französischem Vorbild umgewandelt. Schöne Plätze draußen an der Horner Straße. Vor dem Steintor 114. S 2, 3 und 10.

Die **Gondel** in Schwachhausen ist das vielleicht schönste Kino in Bremen. In den gemütlichen, samtroten Sesseln versinkt man förmlich. Der Schwerpunkt der Gondel liegt auf europäischem und hier nochmal speziell auf französischem (Autoren-)Kino. In den vergangenen Jahren ist auch das Bistro im französischen Stil um- und ausgebaut worden. Ebenfalls nach dem Vorbild Frankreichs läuft in der Gondel bereits ab 12 Uhr das „Cinema Midi". Die Sneak Preview in der Gondel findet jeweils am letzten Mittwoch des Monats statt. Schwachhauser Heerstraße 207. S 1, 4 und Bus 22.

Das dritte Kino im Bunde, das kleine **Atlantis**, befindet sich im gleichnamigen, in den 1930er-Jahren von Bernhard Hoetger gestalteten Haus Atlantis in der Böttcherstraße. S 2, 3, 4, 6, Busse 24 und 25.

Das **Cinema im Ostertor**, Deutschlands ältestes Programmkino (→ S. 66), hat seit seinem Bestehen 1969 für das außergewöhnliche Angebot über 45 Bundesfilmprogrammpreise erhalten. Andrea und Thomas Settje führen das Erbe des Gründers Gert Settje fort. Ostertorsteinweg 105, ✆ 0421/700914, www.cinema-ostertor.de. S 2, 3 und 10.

Das **Kommunalkino Bremen** residiert inzwischen in den ehemaligen Räumlichkeiten des City-Kinos und nennt sich seit dem Umzug dorthin auch City 46. In den 1970er-Jahren von einigen Kulturschaffenden aus der Studentenbewegung gegründet, wollte das Kommunalkino in Bremen „andere Filme anders zeigen". Und das will das aktuelle City 46 noch immer. Seit den 1990er-Jahren findet im Bremer Kommunalkino das „Internationale Symposium zum Film" statt. In dem Gebäude mit reichlich 1950er-Jahre-Charme laufen verschiedene Filmreihen, Experimentalfilme, Kinderfilme, interessante Dokumentarfilme sowie Low-Budget-Produktionen – gern auch aus Afrika und Asien –, die nirgendwo sonst einen Verleiher finden. Birkenstraße 1, ✆ 0421/44963585, Ticketvorbestellung ✆ 0421/95799290, www.city46.de. S 4, 6, Busse 24 und 25.

Mainstream-Kinos, in denen die Blockbuster laufen (und die sind ja nicht immer schlecht), gibt es in Bremen natürlich auch. Unweit des Hauptbahnhofs liegt das **CinemaxX** (Breitenweg 27, ✆ 040/80806969, S 1, 4, 6 und 10, Busse 24, 25, 26, 27 und 63) mit zehn Kinosälen und knapp 3000 Plätzen. Der **Cinestar-Kristall-Palast** (Hans-Bredow-Straße 9, ✆ 0451/7030200, S 1) mit elf Kinos liegt in der Nähe des Einkaufszentrums Weserpark im Bremer Osten. Schon etwas Besonders ist das **Cinespace** (AG-Weser-Straße 1, ✆ 0421/500990, S 3) in der Shopping Mall Waterfront. Ursprünglich war das Cinespace Teil des geplanten Space Centers auf dem Gelände der ehemaligen AG Weser in Gröpelingen, daher rührt das „spacige“ Ambiente des Kinos. Doch der geplante Space Park scheiterte grandios, wurde zum Millionengrab.

Kneipen

Ostertor/Steintor

Im Viertel gibt es keine Sperrstunde, sodass alle Bars und Kneipen so lange aufhaben können, wie sie wollen.

Litfass 16 (→ Karte S. 74/75): einer der Szeneläden schlechthin. Draußen, direkt am O-Weg und zum Teil unter Schatten spendenden Bäumen, ist das Litfass einer der besten Plätze zum Chillen oder zum Fußballgucken. Die Wände in der Kneipe bieten seit Jahren alle drei Monate neuen Künstlern eine Ausstellungsfläche; im Theater-Fenster präsentieren Schauspieler vom nahe gelegenen Bremer Theater aktuelle Produktionen, speziell auf das Litfass zugeschrieben. Abends ist die schlauchartige Kneipe bisweilen übel verqualmt. Tägl. 10–2 Uhr. Ostertorsteinweg 22, ✆ 0421/703292, www.littfass-bremen.de. S 2 und 3.

Kafé Lagerhaus 30 (→ Karte S. 74/75): Im Kafé im Kulturzentrum Lagerhaus treffen sich bisweilen in die Jahre gekommene „Ostertorsche“ und ihre Kinder. Das als Kneipen-Kollektiv in den 1980er-Jahren gegründete Kafé ist inzwischen vor allem Treffpunkt für Studenten und sonstiges junges Publikum. Wenn der Laden voll ist und auch noch gekickert wird, ist es allerdings ein ziemliches Kreuz mit der Akustik. Anders gesagt, man muss ganz schön brüllen, wenn man sich unterhalten will. Großer, abgetrennter Raucherbereich, leckere Suppen und Fladenbrote. Im Saal in der ersten Etage finden regelmäßig Konzerte statt. Tägl. ab 18 Uhr. ✆ 0421/701000-50, www.kulturzentrum-lagerhaus.de. S 2, 3 und 10.

Wohnzimmer 17 (→ Karte S. 74/75): angesagter Hipster-Treffpunkt am Ostertorsteinweg. Drinnen fleezt man sich auf gemütlichen Retro-Sofas oder -Sesseln, draußen sitzt man auf Bierbänken direkt an der Straße. Nachmittags gibt es ganz leckeren Kuchen, abends das übliche Programm von Bier bis Cocktail. Die Karte ist in alten BRAVO-Heften versteckt und die Sprüche des Tages auf der Tafel sind manchmal wirklich sehr gelungen. Ostertorsteinweg 99, ✆ 0421/1632064, www.wohnzimmer-bremen.de. S 2, 3 und 10.

Fehrfeld 9 (→ Karte S. 74/75): Das Fehrfeld hatte in den vergangenen Jahren schon so einige Namen, mal schauen, ob es länger bei diesem bleibt. Besonders einfallsreich ist er nicht, die Bar im Retro-Style ist schlicht und ergreifend nach der Straße benannt. Hier trifft sich überwiegend junges Publikum (bis 25), es gibt einen Kicker im Keller und ein paar außergewöhnliche Schnäpse. Nette Atmosphäre, sonntagabends wird hier gemeinsam Tatort geguckt. Fehrfeld 58/59, ✆ 0421/79424915. S 2, 3 und 10.

Eisen 24 (→ Karte S. 74/75): Das Eisen unweit des Sielwallecks ist Kult und wichtiger Teil der Bremer (Sub-)Kultur. 1992 eröffnet, dröhnt hier tagtäglich immer noch Punk, Independent und Rock aus den Lautsprechern. Die verrauchte Kneipe an der Ecke Bernhardstraße sollte ursprünglich „Sollbruchstelle“ oder „Kirche“ heißen. Dann entschied man sich für „Eisen“ und stattete den Kneipenraum mit Mobiliar aus selbigem Material aus, zusammengesammelt auf den Schrottplätzen Bremens. Ein bisschen gesitteter als damals geht es inzwischen zu im Eisen, durchdrehen ist vor allem angesagt, wenn Werder gewinnt, denn das Eisen war und ist durch und durch Werder-Kneipe. Wenn die Grün-Weißen mal wieder vergeigt haben, hilft vielleicht ein „Krabeldiwandenuff“, ein hier ausgeschenkter starker Kräuterschnaps. Faire Preise, schräge Veranstaltungen wie „Electro-Bingo“ oder „teak it or break it“. Sielwall 9, ✆ 0421/9887740. S 2, 3 und 10.

Bermuda 5, Capri Bar 4, Heartbreak Hotel 6, Rum Bumper's 3 und Lemans 2 (→ Karte S. 74/75): Am „Bermuda-Dreieck“ Ecke Fehrfeld, Römerstraße, Humboldtstraße sind gleich eine Handvoll Kneipen zu finden, die sich bestens zum Abstürzen eignen. Zum einen das namensgebende Bermuda (Fehrfeld 34), das Heartbreak Hotel (Fehrfeld 30) und die legendäre Capri Bar (Fehrfeld 35). Einst war die heutige Szenekneipe eine Nachtbar mit Separées in Grottenform. Das Ambiente ist geblieben, aber heute gibt es hier Bier und laute Musik statt käuflichen Sex. Schräg gegenüber im Rum Bumpers (Humboldtstraße 34) kann man astrein vorglühen und genauso gut die Nacht zum Tag machen. Und wer dann immer noch nicht ins Bett will, zieht weiter in die Feldstraße in die angesagte Kellerbar Lemans (Keplerstraße 36). S 2, 3 und 10.

Hegarty's 26 (→ Karte S. 74/75): Irish Pub, der zu Beginn von den Viertelbewohnern skeptisch beäugt und gemieden wurde. Hat sich aber längst etabliert und zieht nicht mehr nur Touristen an, auch weil fast immer irgendein Fußballspiel auf den diversen Bildschirmen

Eisenharte Kneipe

läuft. Klassische Pub-Atmosphäre, im Angebot die üblichen irischen Biere sowie 30 verschiedene Whisky-Sorten. Geraucht wird in einem abgetrennten Raum, in dem auch ein Kicker steht und Darts gespielt werden kann. Die Burger sind gar nicht so schlecht. Tägl. ab 17 Uhr. Ostertorsteinweg 80, ✆ 0421/701297, www.hegartys.de. S 2 und 3.

Innenstadt

Lemon Lounge **7** (→ Karte S. 37): Wo einst im Wallcafé kaffeesiert wurde, werden bereits seit 2002 erstklassige Cocktails gemixt. Die Lemon Lounge empfängt ihre Gäste in einer klassischen Bar-Atmosphäre: chillige Musik, gedämpftes Licht. Die Barkeeper verstehen ihr Handwerk, servieren Klassiker und geben ihr Wissen gern an die Gäste weiter. Und zwar am „Mix-es-dir-selbst-Mittwoch", an dem Gäste auch ohne Anmeldung an einem speziellen Tresen selbst ihre Cocktails mixen können. Am Wall 164, ✆ 0421/5148855, www.lemonlounge.de. S 2, 3 und 8.

Überseestadt

CHILLI CLUB **11** (→ Karte S. 98): Der Chilli Club im Schatten des Weser Towers liegt am Übergang zwischen City und Überseestadt. CHILLI kommt in diesem Fall sowohl von „chillen" als auch von „Chillies", denn zum einen werden hier direkt am Weserufer asiatische Spezialitäten serviert, zum anderen ist die Location eine Bar, in der bis „open end" leckere Cocktails kredenzt werden. Eher schickes Publikum, Mainstream-Klubmusik. Am Weser-Terminal 8, ✆ 0421/39099000, www.chilliclub-bremen.de. S 2 und 3.

Neustadt

Die Neustadt hat sich gemausert in den vergangenen Jahren. Viele Studenten leben auf der anderen Weserseite, die lange Zeit als die „falsche" Seite verschrien war. Inzwischen gibt es hier reichlich Start-Ups, zahlreiche hippe Kneipen(-kollektive), überwiegend für junges Publikum. Allerdings gibt es auch eine große Fluktuation bei den Kneipen. Einen Überblick über die aktuelle Kneipenszene in der Neustadt bekommt man unter: https://kneipenfuehrerneustadt.jimdo.com.

PAPP **16** (→ Karte S. 37): Direkt an der Weserbrücke hat sich das PAPP schnell vom Geheimtipp zum angesagten Szenelokal gewandelt. Einst war die Kneipe ein ziemlich verrockter Döner-Laden, heute werden hier fairer Kaffee und Limonaden ausgeschenkt, Bio-Eis verkauft, gemeinsam Werder geguckt und ab und zu bei kleinen Live-Konzerten gefeiert. Spezialität des PAPP: Cold Brew, angesagter und speziell zubereiteter kalter Kaffee mit Tonic und Zitrone (Di–Sa ab 14 Uhr, So 14–19 Uhr).

Eröffnung des Bremer Musikfestes

Veranstaltungen

In Bremen gibt es gleich zwei Mal eine sogenannte fünfte Jahreszeit: Sowohl der Freimarkt auf der Bürgerweide als auch das Sechstagerennen in der Stadthalle werden so bezeichnet. Den Freimarkt gibt es schon seit 1035 und er ist damit eines der ältesten Volksfeste der Welt. Bei den Bremer Sixdays drehen die Radprofis seit den 1960er-Jahren ihre Runden. Ansonsten ist Bremen, mal abgesehen von Werder Bremen, keine ausgesprochene Sportstadt. Da hat Bremerhaven mit Erstligisten im Eishockey und Basketball mehr zu bieten. In Sachen Kultur hingegen steht einiges auf dem Kalender in Bremen: angefangen vom Sambakarneval im Februar über die Jazzahead! im April und die furiose Breminale bis hin zum Musikfest Bremen und dem Sommer in Lesmona. Traditionell und bisweilen auch ziemlich skurril geht es bei solchen Traditionsveranstaltungen wie der Eiswette zu.

In vielen Cafés, in Kinos und diversen Veranstaltungsorten liegt das „MIX“ aus, ein kostenloses und monatlich erscheinendes Stadtmagazin, in dem die aktuellen Veranstaltungen zu finden sind.

Januar

Bremer Sechstagerennen: Während überall im Land die Sixdays den Bach runtergingen, hält sich die Veranstaltung in Bremen seit 1965 – wobei es genau genommen schon 1910 ein Sechstagerennen in Bremen gab. Da wurde auf einer nur 96 m langen Bahn gefahren, die im Volksmund „Nudeltopf“ genannt wurde. Und am Ende brannte auch noch der Kassierer mit den Einnahmen durch ... Dass die Bremer Sixdays nach wie vor stattfinden, liegt wohl vor allem daran, dass das Event in der Bremer Stadthalle seit eh und je auf eine besondere Mischung aus Show und Sport setzt. Spötter behaupten gar, lediglich die Radfahrer würden stören. Seit einigen Jahren zeichnen neue Veranstalter für die Bremer Sixdays verantwortlich, die versuchen, den Radsport mehr in den Fokus zu rücken. Auf dem in Bremen extrem engen und steilen Lattenoval kämpfen Welt- und Europameister um den Sieg. www.sixdays-bremen.de.

Eiswette: Alljährlich am Dreikönigstag (6. Januar) versammelt sich am Punkendeich zu Bremen eine sonderbar anmutende Schar von Menschen in historischen Gewändern. Einer von ihnen, ein Schneiderlein, das nicht mehr als 99 Pfund wiegen darf, trägt ein Bügeleisen bei sich. Der Schneider mit Bügeleisen hat zu prüfen, „of de Werser geiht oder steiht" (ob die Weser geht oder steht). Anders ausgedrückt, ob sie zugefroren ist oder nicht. Und ob man also trockenen Fußes über den Fluss gelangt. Der Schneider nimmt jedoch noch eine andere Aufgabe wahr: Mit spitzer Zunge prangert er die politischen Zustände in der Stadt an und macht sich über die Mächtigen lustig. Die Tradition der Eiswette geht auf das Jahr 1829 zurück. Damals wetteten einige Bremer Kaufleute darum, ob die Weser fließt oder zugefroren ist, was zu der Zeit einen durchaus ernst zu nehmenden Hintergrund hatte: War sie zugefroren (was damals noch öfter vorkam), so mussten die Kaufleute um die An- und Ablieferung ihrer Waren fürchten. Wetteinsatz war die Ausrichtung eines gemeinsamen Kohl- und Pinkel-Essens. Seit 1928 wird auf der Eiswettfeier am dritten Sonntag des neuen Jahres für die in Bremen ansässige Deutsche Gesellschaft zur Rettung Schiffbrüchiger (DGzRS) gesammelt. www.eiswette.de.

Februar

Bremer Sambakarneval: Keine Kamelle werden geworfen, kein Helau und kein Alaaf gebrüllt, wenn der Bremer Karneval gefeiert wird. Stattdessen ziehen alljährlich im Februar Tausende bunt gekleideter Menschen zu Sambarhythmen durch die Stadt. Was mit einer Schar trommelwütiger Bremer im Winter 1986 begann, hat sich zu einer Großveranstaltung entwickelt und ist einzigartig in Deutschland. Sambagruppen aus ganz Europa nehmen inzwischen an dem Umzug teil, bis zu 50.000 Zuschauer verfolgen das farbenprächtige Spektakel am Straßenrand. Mit Musik, Tanz und akrobatischen Einlagen soll nach altem Brauch der Winter vertrieben und das kommende Frühjahr begrüßt werden. Der Sambakarneval steht jedes Jahr unter einem neuen Motto und greift durchaus auch politische Themen auf. www.bremer-karneval.de.

März

Osterwiese: Die Osterwiese ist die große Frühjahres-Kirmes in Bremen, wobei in Bremen kein Mensch Kirmes sagt. 1928 als Oster-Volksfest im Stadtteil Gröpelingen erstmals gefeiert, findet sie seit dem Ende des Zweiten Weltkriegs alljährlich auf der Bremer Bürgerweide statt, also dort, wo auch der Freimarkt seinen Standort hat. Die Osterwiese mit ihren rund 200 Schaustellern und Fahrgeschäften öffnet ihre Pforten alljährlich eine Woche vor dem Osterfest mit einem großen Feuerwerk (Karfreitag stehen die Karussells still) und dauert zwei Wochen. www.osterwiese.com.

April

Mein Tipp **Jazzahead!:** Die Jazzahead! ist sowohl Fachmesse als auch Festival.

Bremens fünfte Jahreszeit: der Freimarkt

Von einer international besetzten Jury werden alljährlich 40 Bands für das Showcase-Programm ausgewählt; oft bewerben sich mehr als zehn Mal so viele Combos für die Veranstaltung. Die Konzerte während der Jazzahead!, die sich jedes Jahr ein Partnerland sucht, sind lediglich Messeteilnehmern, also einem Fachpublikum, zugänglich. Für den Otto-Normal-Verbraucher-Jazzfan gibt es seit 2011 die „jazzahead! Clubnight", bei der man mit nur einem Ticket an mehr als 30 Standorten, in Klubs, in Museen und Theatern, in Kneipen, Kulturzentren oder auf Schiffen, die Bands der Jazzahead! live erleben kann. www.jazzahead.de.

Mai

Poetry on the Road: Beim internationalen Literaturfestival „Poetry on the Road" wird nicht einfach nur gelesen; es wird gesungen, geschrien, gerappt, geslammt, geschmettert, geflüstert und gespielt. Seit dem Jahr 2000 kamen Autoren von Weltformat wie Cees Nooteboom, Hans-Magnus Enzensberger oder Literatur-Nobelpreisträgerin Herta Müller sowie zahlreiche junge, wilde Schreiber und Dichter in die Hansestadt, um dem Publikum ihre Lyrik nahezubringen. Bei Poetry on the road ist nichts unmöglich: Da liest Werder-Legende Claudio Pizarro Texte von Pablo Neruda, da trifft Poetry-Slammerin Julia Engelmann auf den mehr als dreimal so alten Paul Maar, den Autor der Geschichten vom Sams. Die Lesungen bei dem von Radio Bremen und der Hochschule Bremen organisierten Festival finden in Museen, Theatern und Kirchen verteilt über ganz Bremen statt. www.poetry-on-the-road.com.

Juni

LA STRADA: Alljährlich im Juni wird es bunt, laut, artistisch und oft auch brüllend komisch, wenn die Künstler beim Internationalen Straßenzirkusfestival LA STRADA in der gesamten Innenstadt auftreten. Wer größer ist als 1,90 m oder so klein ist, dass er in die erste Reihe vorgelassen wird, der hat definitiv einen Vorteil. Denn die rund 150 Straßenkünstler-Solisten oder -Gruppen spielen höchst selten auf Bühnen, sondern irgendwo auf dem Bürgersteig, auf Plätzen oder auf den Wiesen der Wallanlagen. Die Vorführungen der Gaukler, Artisten, Clowns und Musikanten sind „umsonst und draußen". Lediglich die Veranstaltungen im Abendprogramm muss man bezahlen, bei der La-Strada-Gala sind es um die 30 €, bei der Aftershow-Party zahlen Tanzwütige lediglich ein paar Euro Eintritt (www.lastrada-bremen.de).

Juli

Breminale: Alljährlich im Sommer verwandeln sich die Osterdeichwiesen an der Weser für fünf Tage in ein buntes Festivalgelände. Bereits 1987 stieg das erste „Umsonst und Draußen"-Festival mit einem vielfältigen Kulturprogramm für Jung und Alt. Eingefleischte Besucher haben zur Breminale-Zeit sicherheitshalber Gummistiefel und Regenjacke im Gepäck, denn in den vergangenen 30 Jahren hat sich das Festival-Gelände allzu häufig in eine Wasserlandschaft verwandelt. Bremen mag für sein norddeutsches „Schmuddelwetter" berühmt-berüchtigt sein, aber während der Breminale hat es schon fast zuverlässig wie aus Kübeln gegossen, zudem sorgte extremes Hochwasser der Weser dafür, dass Besucher und Künstler nasse Füße bekamen. Der guten Stimmung tat das keinen Abbruch, das Publikumsinteresse war trotz des bisweilen schlechten Wetters immens. Im Durchschnitt kamen zuletzt mehr als 200.000 Besucher. Die Konzerte, die ein breites Spektrum von Rock, Jazz, Pop, Weltmusik, Rap und Blues beinhalten, werden in der Regel in Zirkuszelten gespielt. Zahlreiche „Fressbuden", Cocktailbars und Fantasievolles für Kinder runden das Programm ab. 2013 wurde das Festival-Gelände um einen zweiten Standort, die „Himmlischen Wiesen" hinter der Kunsthalle erweitert. www.breminale-festival.de.

August

Musikfest Bremen: Seit 1989, immer Ende August/Anfang September, bekommen die Stadtmusikanten Verstärkung, wenn beim Musikfest Bremen musiziert wird. Klassik, aber auch Jazz, Weltmusik und Genreübergreifendes werden geboten – und das gern auch an ganz besonderen Spielorten. Alte Musik und Zeitgenössisches, große Orchester und Kammermusik, das Bremer Musikfest lässt sich nicht festlegen, es präsentiert Weltstars und im Rahmen der Reihe „Musikfest Surprise" auch spannende Nachwuchskünstler. Seit 2001 wird das Festival von der „Großen Nachtmusik" eröffnet, währenddessen wird der Bremer Marktplatz illuminiert. Zudem strahlt das Musikfest Bremen über die Grenzen der Hansestadt hinaus; im gesamten Nordwesten, von Verden über Oldenburg bis Leer finden im Spätsommer Konzerte im Rahmen des Musikfestes statt. www.musikfest-bremen.de.

MeinTipp **Sommer in Lesmona:** Das Musikfestival „Sommer in Lesmona" besitzt längst Kultstatus in Bremen. Im wunderschönen „Knoops Park" oberhalb der Lesum in Bremen-Nord wird seit 1995 ein Open-Air-Festival zelebriert, zu dem neben der Musik vor allem eins gehört: ein möglichst prall gefüllter Picknickkorb. Insbesondere beim „Großen Orchesterkonzert" am Samstagabend geht es darum, zunächst mal all die mitgebrachten Leckereien zu vernichten, um dann einem Orchester von Weltrang, der Deutschen Kammerphilharmonie Bremen und ihren Gästen zu lauschen. Der Name des Festivals geht zurück auf den Roman „Sommer in Lesmona" der Autorin Marga Berck, der von ihrer ersten, unglücklichen Liebe in der Villa Lesmona handelt. Der Stoff wurde 1985 mit der blutjungen Katja Riemann in der Hauptrolle verfilmt und wird traditionell am späten Samstagabend gezeigt. Ebenso traditionell und schon legendär ist der Regen, der fast immer pünktlich zum „Sommer in Lesmona" heruntergeht. www.kammerphilarmonie.com.

Picknick und klassische Musik vom Feinsten beim Sommer in Lesmona

Oktober

Bremer Freimarkt: Jedes Jahr im Herbst heißt es in Bremen „Ischa Freimaak“. Der Bremer Freimarkt ist das älteste Volksfest Deutschlands und das größte im Norden. Es ist nicht mehr allzu lange hin, dann feiert der Freimarkt seinen 1000. Geburtstag. Am 16. Oktober des Jahres 1035 verlieh Kaiser Konrad II. dem damaligen Bremer Erzbischof Bezelin die sogenannte Marktgerechtigkeit. Jahrhunderte lang war der Freimarkt ein reiner Warenmarkt, erst zu Beginn des 19. Jh. veränderte sich der Charakter hin zu einem Volksfest. Während die Veranstaltung zunächst in der Bremer Altstadt stattfand, wird seit 1934 auf der Bürgerweide gefeiert. Der Freimarkt bietet seinen Besuchern alles, was man heutzutage von einem großen Volksfest erwarten darf. Spezialitäten auf dem Freimarkt sind die dampfenden Schmalzkuchen, Fischbrötchen in allen erdenklichen Variationen und gebrannte Mandeln. Seit 1967 steigt immer am zweiten Samstag der große Freimarktsumzug von der Bremer Neustadt in die Innenstadt. Wem es auf dem großen Freimarkt zu laut und hektisch ist, der findet eine Alternative auf dem Marktplatz. Zwischen Roland und Rathaus stehen lediglich ein paar kleine Fahrgeschäfte und Fressbuden. www.freimarkt.de.

Dezember

Weihnachtsmarkt und Schlachte-Zauber: Es riecht nach Lebkuchen und Glühwein, nach Kerzenwachs und gebrannten Mandeln. Von Ende November bis zum Heiligabend verwandelt sich der Bremer Marktplatz in ein Weihnachtsmärchen. Die Bremer Schlachte entlang der Weser wird zur selben Zeit in ein stimmungsvolles, mittelalterliches Dorf verwandelt. Im Schein von Fackeln und Kerzen gehen Schmiede, Töpfer, Filzer, Drechsler und Schreiber in historischen Gewändern ihrer Arbeit nach, Gaukler sorgen beim Schlachte-Zauber für Unterhaltung, Krämer und Hökerer halten ihre Waren feil und die Wirte im Dorf der Freibeuter sorgen für Speis und Trank. www.bremer-weihnachtsmarkt.de und www.schlachte-zauber.de.

Alle Jahre wieder: der Bremer Weihnachtsmarkt

Bremen mit Kindern

Eine Stadt, in der die Bremer Stadtmusikanten stehen und wo die deutsche Märchenstraße beginnt, kann eigentlich nur kinderlieb sein. Zahlreiche Museen, das Bremer Geschichtenhaus und natürlich das Universum bieten spezielle, auf Kinder zugeschnittene Programme, Führungen oder Aufführungen. Im Sommer kann man mitten in der Stadt am Café Sand einen wunderbaren Strandtag verbringen. Wenn der Fährmann der Sielwallfähre gute Laune hat, dann dreht er einige rasante Kreisel – für die „Lütschen", wie man in Bremen sagt, das ist wie Karussellfahren. Einen richtigen Zoo hat Bremen schon lange nicht mehr (dafür Bremerhaven mit dem Zoo am Meer), aber für die Jüngsten ist das Tiergehege im Bürgerpark auf jeden Fall empfehlenswert. Dort kann man außerdem Boot fahren, Minigolf spielen oder auf dem großen Spielplatz herumtoben. Im Figurentheater Mensch, Puppe! werden Geschichten für Kinder erzählt bzw. auf die Bühne gebracht, ebenso im Moks. Und wenn die lieben Kleinen von der Sightseeing-Tour genervt sind, dann geht man mit ihnen zum Schlemmen aufs Pannekoekschip „Admiral Nelson" an der Schlachte.

Kindertheater

So gelungen die verschiedenen Denkmäler für Esel, Hund, Katze und Hahn auch sein mögen, richtig prickelnd ist das nicht für Kinder. Besser geht man am Sonntag auf den Domshof, wo die Kinder die **Stadtmusikanten live** auf der Bühne erleben können. Die Vorstellung ist kostenlos und dauert rund eine halbe Stunde. Mai bis Sept. um 12 Uhr, Juni/Juli zusätzlich um 16 Uhr.

Mensch, Puppe!, das Bremer Figurentheater, kombiniert Schauspiel und Puppentheater auf zauberhafte Weise und spielt Stücke für Erwachsene und Kinder. Im Programm für die Kurzen stehen Märchen-Klassiker wie „Aschenputtel" und „Die Prinzessin auf der Erbse", aber auch Otfried Preußlers „Dumme Augustine".

Schildstraße 21, ✆ 0421/79478318, www.menschpuppe.de. S 2, 3 und 10.

Das **Moks** ist die Kinder- und Jugendtheatersparte am Theater Bremen mit eigener Spielstätte im Brauhauskeller. In der Raumbühne sind die jungen Besucher immer nah dran am Geschehen. In der Regel gibt es pro Jahr zwei neue Inszenierungen für Kinder und zwei für Jugendliche. Häufig bieten die Akteure des Moks den Besuchern an, nach dem Ende des Stücks zusammenzukommen und gemeinsam über die Aufführungen zu reden.

Junge Akteure – die Moks-Theaterschule, Goetheplatz 1, ✆ 0421/3653449, www.theaterbremen.de. S 2 und 3.

Übersee-Museum

Das Übersee-Museum mit seinen Exponaten aus aller Welt ist eigentlich so schon spannend genug. Doch die Museumsmacher haben sich eine ganze Palette an kindgerechten Veranstaltungen bzw. Führungen ausgedacht. Bei den Kinder- bzw. Familienaktionen wird gemalt und gebastelt, geknobelt und sogar getanzt. Für Kinder von 6 bis 12 Jahren verteilt das Übersee-Museum „Entdecker-Rucksäcke", mit denen die Kids auf eine Expedition durch Asien und Ozeanien gehen können und mit Hilfe der Utensilien in ihrem Rucksack knifflige Fragen zu Natur und Kultur dieser Kontinente beantworten müssen. „Nachts im Museum" war nicht nur ein erfolgreicher Hollywood-Film, in Bremen kann man die Ausstellungen im Übersee-Museum auf einer Taschenlampenführung im wahrsten Sinne des Wortes in einem anderen Licht betrachten.

Eintrittspreise/Öffnungszeiten → Tour 5, S. 78.

Focke-Museum

Auch im Focke-Museum, dem Bremer Landesmuseum für Kunst und Kulturgeschichte, müssen Kinder sich nicht langweilen. Im Obergeschoss des Hauses Riensberg ist das Kindermuseum mit einer großen Spielzeugausstellung untergebracht. Hier können sich die Smartphone-Kids von heute anschauen, wie und womit Kinder vom Mittelalter bis ins 20. Jh. gespielt haben. Erfahrungen haben jedoch gezeigt, dass die Erwachsenen mindestens genauso begeistert sind wie die Kurzen, wenn sie Barbie und Ken, Zinnsoldaten, Schaukelpferden und alten Kaufmannsläden wiederbegegnen.

Eintrittspreise/Öffnungszeiten → Tour 5, S. 86.

Universum

Das Highlight für Kinder und die ganze Familie ist zweifelsohne das Wissenschafts-Center Universum. Für die jüngeren „Forscher" bietet der Bereich „Milchstraße" eine Menge an kindgerechtem Infotainment an. Der Außenbereich ist ein fünf Hektar großes „Abenteuerland", in dem man auch mit den Kleinsten zahlreiche Experimente machen kann. Draußen gibt es zudem weitere Mitmachstationen, eine Kletterwand, einen Kriechtunnel und den „Mondspringer", bei dem man sich fast wie ein Astronaut im All fühlt.

Eintrittspreise/Öffnungszeiten → Tour 5, S. 83.

botanika

Im Entdeckerzentrum der botanika gibt es einiges zum Staunen, Lernen und Mitmachen für große und kleine Kinder, beispielsweise ein Bienenvolk. Bei der Kinder-Führung „Gibbon, Chamäleon & Co." lernen die Kinder noch die anderen Tiere der botanika und ihre Besonderheiten kennen.

Eintrittspreise/Öffnungszeiten → Tour 5, S. 87.

Olbers-Planetarium

Auch das Olbers-Planetarium in der Neustadt bietet Veranstaltungen für Kinder verschiedener Altersklassen. „Die Maus im Mond" beispielsweise erklärt u. a. die Schwerelosigkeit für Kinder ab 4 Jahren und auch bei der „Ret-

Highlight für Kids: das Universum Bremen

tung der Sternenfee Mia" und bei „Ronja und die verschwundene Sonne" erfahren die Kleinsten auf spielerische Art und Weise einiges über das Universum.

Eintritt 5,50 €, erm. 4 €. Werderstraße 73, ✆ 0421/408899300, www.planetarium.hs-bremen.de. S 4 und 6, Bus 24.

Café Sand und Kinderwildnis

Der vielleicht beste Platz, um mit der ganzen Familie ein paar Stunden jenseits von Museum und Sehenswürdigkeiten zu verbringen, ist das Café Sand am Weserstrand (→ S. 69). Unweit davon ist 2005 auf einer Wiese am Stadtwerder die Bremer Kinderwildnis entstanden. Bremer Kinder waren in der Zukunftswerkstatt an der Gestaltung des Naturereignisgeländes beteiligt, der BUND sorgte für die Umsetzung. Kinder können hier ihrer Fantasie freien Lauf lassen, herumtoben in der Matschkuhle oder an den Balancierseilen. Gebastelt wird in der Steinwerkstatt, „Lehmbau und Feuerkunst", „Farben aus Pflanzen" heißen andere naturpädagogische Veranstaltungen.

Kinder- und Jugendfarm

Auf der Kinder- und Jugendfarm können Stadtkinder das Leben auf einer Farm kennenlernen, Tiere füttern (und streicheln). Ponys, Ziegen und Schafe, Hühner und Gänse, Bienen, Kaninchen und Meerschweinchen sowie Hängebauchschweine hopsen, traben, watscheln und kreuchen und fleuchen über das großzügige Areal in Bremen Habenhausen.

Mo–Fr 10–18 Uhr, Sonderöffnungszeiten auf der Homepage. Ohserstraße 40 a, ✆ 0421/832798, www.jugendfarm-bremen.de. Bus 22.

Bremer Abenteuerland

Wenn die Kurzen allzu zappelig sind und sich dringend auspowern müssen, kann man mit den lieben Kleinen ins Bremer Abenteuerland fahren (was genau genommen nicht mehr auf dem Bremer Stadtgebiet liegt). Dort können sie sich auf Trampolinen, Hüpfburgen, Wabbelbergen und auf der Kartbahn, an Ball-Kanonen oder Klettergerüsten so richtig austoben.

Mo–Fr 14–19 Uhr, Sa/So 10–19 Uhr. Eintritt Kinder ab 1 Jahr 8,50 €, Erwachsene 3,50 €. 28816 Stuhr, Luxemberger Weg 7, ✆ 04221/3234, www.bremer-abenteuerland.com. Mit dem ÖPNV nicht gut zu erreichen.

Musikwerkstatt

Die Musikwerkstatt der Bremer Philharmoniker bietet das ganze Jahr über spannende Veranstaltungen für Kinder an: Wie klingt ein Fagott? Wie fühlt sich das Streichen eines Cellos an? Und wie bloß bekommt man einen Ton aus einer Posaune? Antworten auf solche und andere Fragen bekommen Kinder zwischen 3 und 6 Jahren bei „Musik mit Pfiff". Beim Instrumenten-Workshop basteln sich Kinder von 6 bis 12 Jahren selbst ihre Musikinstrumente (jeweils nur in Begleitung eines Erwachsenen).

Plantage 13, ✆ 0421/6267321, www.bremer-philharmoniker.de. Bus 25.

Bremen (fast) umsonst

Bremen ist kein teures Pflaster, die Preise für die Museen und Sehenswürdigkeiten sind moderat. Viele der Einrichtungen werden gar von kommunaler Seite finanziell unterstützt, sonst könnten sie nicht überleben. Zudem gibt es in Bremen noch eine Reihe von Aktivitäten und Veranstaltungen, die nichts oder nur wenig kosten. Wer das klassische Sightseeing-Programm abspulen und trotzdem sparen will, der ist gut beraten, sich die **ErlebnisCARD** zu besorgen (→ S. 149). Infos unter www.bremen-tourismus.de.

Günstig essen und trinken

Dass ein Mittagstisch günstiger ist als die Abendkarte, dürfte sich herumgesprochen haben. Das gilt natürlich auch für Bremen. Besonders günstig sind die **türkischen Imbisse im Ostertor**. Das in Bremen kreierte **Rollo** (→ Kasten S. 76) macht für verhältnismäßig wenig Geld satt – und schmeckt auch noch gut. Wer in der Überseestadt unterwegs ist, dem bieten sich gleich mehrere Möglichkeiten, bei denen das Preis-Leistungs-Verhältnis absolut stimmig ist. **Ritas Hafencasino** (Waller Stieg 6) in der Nähe des Speichers XI bietet einen ehrlichen, deftigen und preisgünstigen Mittagstisch, das Stammessen gibt es bereits ab 3,50 €. Ebenfalls günstig und empfehlenswert ist die **Kaffee-Quartier-Kantine** in der Überseestadt (Lloydstraße 6). Und im **Phở Việt**, einem vietnamesischen Imbiss-Restaurant, das inzwischen nicht mehr in einer Bude, sondern in der ehemaligen Kellogg-Kantine residiert, gibt's leckere günstige Currys und andere asiatische Spezialitäten (Auf der Muggenburg 15).

Im **Haus des Reichs** in der Nähe der Wallanlagen (Rudolf-Hilferding-Platz 1) kann man noch Paternoster fahren und in der öffentlichen Kantine gut und günstig zu Mittag essen.

Kultur und Sightseeing

Der Eintritt in alle Bremer **Kirchen** ist kostenfrei, und auch der Besuch im **Dom-Museum** kostet nichts. Im Rahmen des Mittagsgebets im Dom (Mo–Sa, ab 12 Uhr) kann man kostenlos einem rund 20-minütigen Orgelkonzert lauschen.

Wahrlich beeindruckend, aber nichts zum Spaßhaben ist der Besuch des **Denkorts Bunker Valentin** in Bremen-Farge. Beim Bau dieses gigantischen U-Boot-Bunkers, den die Nazis von Zwangsarbeitern errichten ließen, kamen während der Bauphase von 1943 bis 1945 fast 6000 Arbeiter aufgrund der unmenschlichen Arbeitsbedingungen ums Leben. Der Rundgang durch das Mahnmal ist kostenlos, einen Multimedia-Guide kann man gegen Pfand ausleihen.

Di–Fr und So 10–16 Uhr. Rekumer Siel, ✆ 0421/69673670, www.denkort-bunker-valentin.de.

In den Schuppen Eins in der Überseestadt, wo einst Stückgut umgeschlagen wurde, ist vor einigen Jahren das **Zentrum für Automobilkultur und Mobilität** eingezogen (→ Tour 6, S. 96). Für Besucher verbirgt sich dahinter vor allem eine kostenfreie Ausstellung von wunderschönen Oldtimern, darunter natürlich auch einige Modelle der einstigen Bremer Autoschmiede Borgward.

Im **Haus am Walde** (→ Tour 5, S. 88), einem der schönsten Biergärten der Stadt, finden in den Sommermonaten Open-Air-Konzerte statt, zudem werden im Open-Air-Kino in Zusammenarbeit mit dem Kommunalkino 46 zumeist recht interessante Filme gezeigt. Auch das **Kulturzentrum Schlachthof** an der Bürgerweide (→ S. 132) zeigt den ganzen Sommer über spannende Filme für lediglich 5 € Eintritt.

An verschieden Spielstätten in Bremen finden **Konzerte** des in Bremen gegründeten Musiknetzwerks „Songs and Whispers" statt. Die Gigs der zumeist jungen Nachwuchskünstler sind in der Regel kostenlos (http://songsand whispers.blogspot.com).

Den Marktplatz aus einer ungewöhnlichen Perspektive erlebt man aus dem Inneren der **Bremischen Bürgerschaft,** zudem kann man einer öffentlichen Plenarsitzung des Bremer Senats beiwohnen, und auch die Führungen durch das Haus der Bürgerschaft sind kostenlos (→ Tour 1, S. 28). Jeden Freitagnachmittag von Mai bis September öffnet die Bürgerschaft den Skulpturengarten (Plastiken von Gerhard Marcks) zur **Readers Corner.** Dabei kann jeder aus einem Buch seiner Wahl vorlesen, bisweilen lesen hier auch Bremer Prominente.

Jeden Samstag bietet die Initiative **FreeTourBremen** Führungen auf Englisch und Spanisch durch die Hansestadt an. Treffpunkt ist jeweils um 12 Uhr am Roland, Erkennungsmerkmal ist der schwarze Regenschirm mit dem grünen Bändchen. Hinterher gibt jeder Teilnehmer den Guides das, was ihm die Führung wert war.

Im Grünen

Der Besuch des **Rhododendron-Parks** im Stadtteil Horn-Lehe ist kostenlos und lohnt sich natürlich am ehesten zur Blütezeit im Frühjahr (→ Tour 5, S. 87). Im **Bürgerpark** gibt es viel Grün und einen kleinen Tierpark „für lau" und am Weserufer am **Café Sand** können die Kleinen Sandburgen bauen und in der Weser baden, die Großen relaxen oder Beachvolleyball spielen.

Was bei so gut wie keinem Profiklub mehr möglich ist, in Bremen geht es noch: Mehrfach pro Woche kann man den Bundesligakickern des **SV Werder** beim öffentlichen Training in der Nähe des Weserstadions zuschauen. Und sich hinterher sogar noch ein Autogramm holen oder ein Selfie mit Profi machen.

Veranstaltungen

Gleich mehrere der kulturellen Highlights in Bremen fallen unter die Kategorie „Umsonst & Draußen". Die **Breminale** mit ihrem bunten Programm (auch viel „Kinderquatsch" im Angebot) gehört dazu, das Straßenkünstler-Festival **LA STRADA** und der Bremer **Sambakarneval** ebenfalls (→ S. 139). Im August findet in der Neustadt das kleine, aber feine **Summer Sounds Festival** statt, jedes Jahr im Sommer messen sich mehrere Teams auf der Weser im **Kutterpullen.**

Eine ganz besondere Stimmung herrscht bei **Musik und Licht** am Hollersee, wo alljährlich zum Schein der zahlreichen Fackeln das Jugendsinfonie-Orchester Bremens aufspielt und am Ende des Konzerts traditionell alle zusammen „Der Mond ist aufgegangen" singen.

Schon seit mehr als 20 Jahren treffen sich jeweils am ersten Dienstagabend des Monats (Mai bis Sept.) Hunderte bis Tausende von Skatern zur kostenfreien Bremer **Skate Night** (www.happy skater.de).

Flohmärkte

Samstags findet man zwischen März und November beim Flohmarkt am Weserufer das eine oder andere Schnäppchen. Der größte Flohmarkt der Stadt findet in den Sommermonaten immer am Sonntagmorgen auf der Bürgerweide statt, in den Wintermonaten am Hansa-Carré am Hastedter Osterdeich. Weitere Trödelmärkte (jeweils Sonntagvormittag) gibt es am Sander-Center in Oslebshausen sowie am Real-Markt an der Neustädter Duckwitzstraße.

Lebensader des Viertels: der Ostertorsteinweg

Unterwegs in Bremen

Auch wenn die meisten Bremer es wahrscheinlich nicht mehr hören können: Bremen ist ein „Dorf mit Straßenbahn". Die Sehenswürdigkeiten in der Altstadt liegen fast alle fußläufig beieinander, die außerhalb der Innenstadt sind mit Bus und Bahn bequem zu erreichen. Ansonsten empfiehlt sich beispielsweise die Erkundung der Überseestadt oder des Bürgerparks mit dem Fahrrad. Bei Fahrten nach Bremen-Nord oder Bremerhaven bieten sich die Nahverkehrszüge an, die zum Verkehrsverbund Bremen/Niedersachsen (VBN) zählen, insbesondere in den Sommermonaten empfiehlt sich die Route per Schiff nach Vegesack oder Bremerhaven.

Von Beginn bis Ende des Jahres 2019 geisterte in Bremen die Idee herum – und begeisterte durchaus ziemlich viele Bremer –, eine Seilbahn zu bauen. Die Gondel sollte in der täglich hoffnungslos verstopften Überseestadt für Entlastung sorgen; eine Studie der Hochschule Bremen kam zu dem Ergebnis, dass die Seilbahn auch noch kostengünstiger als eine neue Straßenbahnlinie wäre. Gleichzeitig wäre die Seilbahnverbindung über die Weser eine neue Touristenattraktion gewesen. Doch Ende des Jahres 2019 beendete die neue Wirtschaftssenatorin der Linken, Kristina Vogt, die Spekulationen über die „Luftnummer". Man sehe „keinen hohen Mehrwert (...), der die damit verbundenen Investitionskosten rechtfertigen würde", hieß es im Amtsdeutsch aus dem Wirtschaftsressort.

Öffentliche Verkehrsmittel

1875 fuhren die ersten Pferdebahnen in Bremen, heute befördern mehr als 300 **Busse und Bahnen** der Bremer Straßenbahn AG (BSAG) täglich rund 300.000 Menschen durch die Hansestadt.

Der ÖNPV in Bremen funktioniert gut – wenngleich man in Bremen mit einer Taktung wie in echten Großstädten nicht rechnen darf. Zu den Stoßzeiten fahren die Hauptlinien der BSAG bestenfalls im Sechs-Minuten-Takt. Busse und Straßenbahnen verkehren in der Regel zwischen ca. 5 Uhr in der Früh bis kurz nach Mitternacht. Für Nachtschwärmer hat die BSAG Nachtlinien eingerichtet.

Der Preis für ein BSAG-Einzelticket im gesamten Stadtgebiet beträgt 2,80 €, für Kinder von 6 bis 14 Jahren 1,45 €, für eine Kurzstrecke muss man 1,45 € berappen (alle Preise Stand Ende 2020). Die Einzeltickets sind nicht übertragbar, gelten für die Dauer von drei Stunden und können in den Bussen und Bahnen nur mit Karte oder passendem Kleingeld am Automaten gekauft werden. Ein Tagesticket kostet 8,30 € für einen Erwachsenen, für jeden weiteren Erwachsenen noch einmal 2,70 € (max. 5 Pers., bis zu drei Kinder von 6 bis 15 Jahren können pro Ticket kostenlos mitfahren). Das 7-TageTicket kostet 23,80 €, es gilt allerdings nur in Verbindung mit einer Kundenkarte, die man auf der Homepage der BSAG herunterladen oder in einem der BSAG-Kundenzentren kaufen kann. Mit der BOB-Card, die man ebenfalls beantragen muss, fährt man bargeldlos durch Bremen und zahlt am Ticket-Terminal in den Bussen und Bahnen. Es wird dann der jeweils günstigste Tarif berechnet und nachträglich per Lastschrift vom Konto abgebucht.

Die **Nahverkehrszüge** nach Bremen-Nord verkehren mehrfach pro Stunde ab Hauptbahnhof, nach Bremerhaven fahren sie in der Regel stündlich.

Infos zum ÖNPV in Bremen „und umzu" findet man unter: Verkehrsverbund Bremen/Niedersachsen GmbH (VBN), ✆ 0421/596059, www.vbn.de oder Bremer Straßenbahn AG, ✆ 0421/55960, www.bsag.de. Die VBN-Fahr-Planer-App verbindet digitale Fahrplanauskunft sowie den Kauf von Tickets für alle Linien im VBN-Bereich per Smartphone (für Android und Iphone erhältlich).

ErlebnisCARD Bremen

Die Bremer Touristik-Zentrale bietet die ErlebnisCARD Bremen an. Die Tageskarte für einen Erwachsenen und zwei Kinder bis 14 Jahre kostet 9,90 €. Damit kann man nicht nur endlos Bus und Bahn fahren oder die Sielwallfähre

Wurde 2012 zu Deutschlands „Bahnhof des Jahres" gekürt: der Bremer Hauptbahnhof

nutzen, sondern erhält auch ermäßigten Eintritt in diversen Museen, einigen Restaurants und beim Besuch anderer Sehenswürdigkeiten.

Die Tageskarte für 2 Erwachsene und 2 Kinder bis 14 J. kostet 12,50 €, die für 5 Personen 20,90 €. Die ErlebnisCARD gibt es auch für 2 Tage (1 Erw./2 Kinder 13 €, 2 Erw./2 Kinder 15,90 €, bis zu 5 Erw. 26,90 €) und für 3 Tage (18,90/22,90/33,50 €). Gültig sind die ErlebnisCARDS bereits ab 18 Uhr abends vor dem ersten eingetragenen Datum.

Fahrrad und E-Roller

Bremen ist eine Fahrradstadt, es gibt sogar einen extra Wikipedia-Eintrag „Radverkehr in Bremen". Wie der ehemalige Bürgermeister Henning Scherf, der täglich auf seinem Drahtesel ins Rathaus radelte, so nutzen auch viele Bremer das Rad auf dem Weg zur Arbeit oder in der Freizeit. Fast ein Viertel aller in der Stadt zurückgelegten Wege werden auf Zweirädern erledigt, so viel Fahrradverkehr gibt es in keiner anderen vergleichbaren Großstadt Deutschlands. Einerseits wird die Infrastruktur für Radler in Bremen gestärkt, andererseits fehlt das Geld, um die teilweise maroden Radwege zu sanieren. Für eine Fahrradzählstation hat das Budget anscheinend gereicht, die Aufstellung dieser 27.000 € teuren Maschine auf einer der Weserbrücken hat sogar Teile der Fahrrad-Lobby verwundert. Seit 2011 misst sie, wie viele Radfahrer täglich vorbeifahren. Es sind definitiv viele und es werden – zum Glück – immer mehr. Bremen, seit 2019 von einer rot-grün-roten Koalition regiert, plant für die kommenden Jahre mehrere Fahrradschnellwege nach dem Vorbild Kopenhagens, drei Weserbrücken für Radler und Fußgänger sollen mindestens gebaut werden; bis 2030 soll die Innenstadt zwischen Altenwall, Martinistraße, Am Wall und Bürgermeister-Smidt-Straße weitgehend autofrei sein. Ein Quartier in der Alten Neustadt wurde ab 2018 zur ersten Fahrradzone in ganz Deutschland erklärt und bis Sommer 2019 entsprechend umgebaut. Fast alle Einbahnstraßen in Bremen dürfen von Radlern auch in die „verkehrte" Richtung befahren werden. Die Radrouten in Bremen sind fast durchgängig gut ausgeschildert, führen zudem oft durch verkehrsarme Grünstreifen.

Fahrräder (Cityräder und E-Bikes) leihen kann man direkt am Hauptbahnhof in der **ADFC-Radstation**. Infos zu den Preisen unter ☏ 0421/51778822, www.radstation-bremen.de. E-Bikes kann man in den Sommermonaten zudem am Martinianleger bei Hal över leihen (☏ 0421/338989) und dort auch die eigenen Akkus aufladen. Bremer Stadträder in verschiedenen Ausführungen und zu extrem günstigen Preisen kann man bei StadtRadBremen leihen (☏ 0421/9870336, www.stadtradbremen.de). Eine Liste mit weiteren Radverleihern findet man unter http://www.bremen-tourismus.de/verleih-stationen.

Seit Sommer 2018 sind die **WK-Bikes** in Bremen am Start. Wer eines der Räder ausleihen möchte, muss sich vorher einmal mit der WK-Bike- bzw. Nextbike-App oder auf der Website www.wk-bike.de registrieren. Die Räder stehen überall in der Stadt herum und können innerhalb einer bestimmten Zone auch überall wieder abgestellt werden. Beim Basistarif kostet die Ausleihe 1 € pro halbe Stunde, der Tagestarif beträgt 9 €. Bei Problemen oder einem Defekt erreicht man die Hotline unter ☏ 0421/36713671.

Seit Ende des Jahres 2019 stehen (oder liegen) in Bremen mehrere Hundert **E-Roller** zum Ausleihen zur Verfügung. Die Modelle Voi und Tier kann man über die jeweilige App starten und in streng regulierten Zonen nutzen. Kostenpunkt pro Minute: 18 ct (www.tier.app/de und www.voiscooters.com).

Auto und Parken

Sich innerhalb der City mit dem eigenen Pkw zu bewegen macht in der Regel wenig bis gar keinen Sinn. Innenstadt mit Schnoor und Schlachte sowie Ostertor sind gut zu Fuß, mit dem Rad oder mit dem ÖNPV zu erreichen, zudem gibt es kaum Parkplätze in der Innenstadt. Über die Standorte und Preise der Bremer **Parkhäuser** kann man sich

„Hal över": die Sielwallfähre

auf der Homepage des Betreibers informieren (www.brepark.de). Am Stadtrand Bremens gibt es drei **Park & Ride-Plätze:** Am Sielhof in Huckeriede (A 1/Straßenbahnlinien 1 und 8), an der Norderländer Straße in Grolland (B 75/Linie 4) sowie am Bahnhof Bremen-Burg (DB Stadtexpress). 2009 hat Bremen eine **Umweltzone** eingeführt. Das bedeutet, dass nur Pkws mit einer grünen Umweltplakette die ausgewiesenen Zonen rund um die Altstadt und in der Neustadt anfahren dürfen.

Wer Mitglied bei **Cambio Carsharing** ist und sich beispielsweise mit dem Auto im Umland bewegen oder nach Bremerhaven fahren will, der findet in Bremen mehr als 80 Cambio-Stationen. Das Büro befindet sich im Steintor in der Humboldtstraße 131–137, ✆ 0421/792700, www.cambio-carsharing.de.

Taxi

Drei Taxi-Unternehmen teilen sich den Markt in Bremen, die Traditionsunternehmen Taxi Roland (✆ 0421/14433) und Taxi-Ruf (✆ 0421/14014) sowie die Bremer Taxi IG (✆ 0421/38709454). In Bremen-Nord kann man beim Autoruf Bremen-Nord ein Taxi bestellen (✆ 0421/650065). Taxi-Ruf und Taxi Roland bieten das Frauen-Nacht-Taxi an, bei dem Frauen und Kinder bis 14 Jahre angeblich besonders sicher, auf jeden Fall aber zu einem reduzierten Preis fahren.

Schiff und Fähre

„Hal över" (Hol über) riefen die Bremer einst zum anderen Ufer hinüber, um dem Fährmann zu signalisieren, dass er Kundschaft hat. Heute gibt es im Stadtgebiet Bremens zwar fünf Brücken über die Weser (eine davon nur für Fußgänger, eine weitere ist in Planung), die Fähren spielen im Alltagsverkehr dennoch eine wichtige Rolle. Nur hinüber gebrüllt werden muss nicht mehr. Weder an der **Sielwallfähre,** die vom Ostertor hinüber zum Café Sand auf die Neustadtseite führt, noch an der **Weserfähre** zwischen Gröpelingen und Woltmershausen (Pier 2/Waterfront–Molenturm–Lankenauer Höft; www.weserfähre-bremen.de). Betrieben wird die Sielwallfähre von der Reederei Hal över/Schreiber (www.hal-oever.de), die zudem einige Ausflugsdampfer in der Region betreibt.

Im Bereich **Bremen-Nord** fahren gleich drei Weserfähren (die nächste Möglichkeit auf der Straße ist weserabwärts der Wesertunnel in Höhe Dedesdorf). Täglich und über das ganze Jahr verkehren die Weserfähren Vegesack–Lemwerder, Blumenthal–Motzen sowie Farge–Berne. Infos zu Zeiten und Tarifen unter www.faehren-bremen.de. Ebenfalls täglich verkehrt die Fähre von Blexen nach **Bremerhaven** und zurück (www.weserfaehre.de).

Einzigartig in ganz Deutschland dürfte der Service sein, mit dem Schiff zum Bundesligaspiel zu schippern. Bei Heimspielen des SV Werder startet **„Das Schiff Nr. 2"** in Bremen-Farge ganz im Norden der Hansestadt und pickt dann an verschiedenen Anlegern die Fans der Grün-Weißen auf und spuckt sie direkt am Anleger am Weserstadion wieder aus. Infos und Preise findet man unter www.hal-oever.de.

Bremens kleinstes Hotel im Schnoor

Karte S.154/155

Übernachten in Bremen

Bremen wird von Jahr zu Jahr beliebter bei Städtereisenden und so hat sich auch die Hotellandschaft in der Hansestadt verändert. Vor allem im Bereich der Budget-Design-Hotels ist einiges passiert. Man könnte schon fast behaupten, in der Innenstadt und auch in Bahnhofsnähe sind die Häuser wie Pilze aus dem Boden geschossen. Fast alle dieser Hotels in Bremen, ob sie nun Motel One heißen oder Prizeotel, bekommen von den Gästen überwiegend positive Bewertungen – wobei inzwischen sicherlich jeder Reisende weiß, dass Bewertungsportale mit Vorsicht zu genießen sind.

Im Bereich der hochpreisigen Hotels ist Bremen schon seit Jahrzehnten gut aufgestellt. Einziges Hotel in der Luxusklasse ist das Parkhotel. Seit Bremens Vorzeige-Hotel nicht mehr von der Familie Wehrmann, sondern von der Hotel-Kette Dorint geführt wird, hat sich dort über einige Jahre nicht alles zum Guten verändert. 2019 steuerten die Betreiber gegen den Abwärtstrend, investierten Millionen und machten die Nobelherberge zum „Hommage Luxury Hotel".

Was der so traditionsreichen Hansestadt merkwürdigerweise fehlt, sind schicke, kleine Hotels im 3- bis 4-Sterne-Bereich, insbesondere in der Altstadt oder im Ostertor. In Bremens buntestem Viertel gibt es tatsächlich bislang kein einziges Hotel, von einem Hostel und dem Turmhotel Weserblick am Osterdeich einmal abgesehen.

Zur Zeit des Weihnachtsmarktes, während des Sechstagerennens im Januar und bei Messen sind die Hotels in Bremen schnell ausgebucht. Und natürlich gilt auch in Bremen: Wer zuerst kommt, mahlt zuerst – und zahlt vor allem weniger. Zu buchen sind natürlich auch alle Hotels in Bremen über die üblichen Portale im Internet, ob nun Trivago, booking.com, expedia.de oder hrs.de. Und natürlich sind die meisten Unterkünfte in Bremen auch auf der Website der Bremer Touristik-

Zentrale (www.bremen-tourismus.de) aufgelistet und buchbar.

Dort finden Reisende auch Angebote für eine Unterkunft inklusive Tickets, Führungen und/oder Ausflügen. Manche Hotels in Bremen haben einigermaßen stabile Preise, andere variieren je nach Anfrage und Verfügbarkeit an den entsprechenden Tagen oder Wochen.

Über den Community-Marktplatz Airbnb lassen sich natürlich auch in Bremen Unterkünfte finden und buchen. Insgesamt sind es rund 130 Anbieter, die möbilierte Zimmer oder auch ganze Ferienwohnungen offerieren. Die Preisspanne reicht von etwas mehr als 20 € bis zu knapp 200 € für eine komplette Wohnung oder Haus. www.airbnb.de.

Wer auf der Suche nach einer besonderen Unterkunft ist (und nicht leicht seekrank wird), der hat die Wahl zwischen einigen schwimmenden Hotels auf der Weser.

Im Umland von Bremen sind vor allem in der Künstlerkolonie Worpswede einige hübsche Hotels zu finden. In Bremerhaven ist das Atlantic Hotel Sail City (spöttisch auch Burj Al Arab für Arme genannt) das erste Haus am Platz, aber auch in der Seestadt sind im Verlauf der vergangenen Jahre einige durchaus empfehlenswerte Häuser hinzugekommen (→ Kapitel Bremerhaven).

Gehobene Preisklasse

Parkhotel Bremen 3, erstes Haus am Platz. Das Parkhotel zählte einst zu den „Leading Hotels of the World" und ist immer noch das Maß aller Dinge in Bremen – wenngleich es mit der Übernahme durch die Dorint-Gruppe ein wenig an Qualität und Charme eingebüßt hat. 2019 steckten die Betreiber knapp zehn Millionen Euro in die Modernisierung und machten das Parkhotel zum ersten Haus ihrer neuen „Hommage Luxury Hotels Collection". Nur ein paar Gehminuten vom Bahnhof entfernt liegt der Prachtbau aus dem frühen 20. Jh. majestätisch am Hollersee am Rande des Bürgerparks. Das Park-Restaurant knüpft inzwischen wieder an gute alte Zeiten an. Riesiger Spa-Bereich. DZ ab ca. 150 €, bis 850 € für die Luxus-Suite. Am Bürgerpark, ✆ 0421/34080 und ✆ 0221/48567-444 (Buchungs-Hotline), www.hommage-hotels.com/parkhotel-bremen.

Atlantic Grand Hotel 16, verhältnismäßig neues 4-Sterne-Superior-Haus am Rande der Altstadt. Moderne, relativ große und recht geschmackvoll eingerichtete Zimmer, Fitness- und Spa-Bereich. Stylishes Restaurant „alto", das regionale und internationale Speisen serviert. Aber warum es in einem Bremer Hotel eine Almhütte mit alpenländischer Küche geben muss, bleibt wohl das Geheimnis der Hotelbetreiber. DZ ca. 125–185 €, Suite 215–305 €, Grand Suite 999 €. Bredenstraße 2, ✆ 0421/62062-0, www.atlantic-hotels.de.

Designhotel ÜberFluss 14, innen stylishes Retro-Intérieur von diversen Stardesignern, außen die Weser vor der Tür. Das Designhotel ÜberFluss mit 50 individuell gestalteten

Burj al Arab für Arme: das Sail-City-Hotel in Bremerhaven (l.)

Übernachten

1 Schulschiff Deutschland
2 HafenTraum
3 Park Hotel Bremen
4 Prizeotel Bremen-City
5 a&o Hostel
6 7Things - my basic hotel Bremen
7 Hanse Camping
8 Monopol Boutique Hotel
9 Steigenberger Hotel Bremen
10 Backpacker Hostel Bremen
11 Bremer Jugendherberge
12 Villa Linnenschmidt
13 Motel One
14 Designhotel ÜberFluss
15 Arthotel ANA Liberty
16 Atlantic Grand Hotel
17 Boutique Hotel Classico Bremen
18 Alexander von Humboldt
19 Townside Hostel
20 Gästehaus im Brigitten-Kloster
21 Hochzeitshaus Bremen im Schnoor
22 Reisemobilstellplatz am Kuhhirten

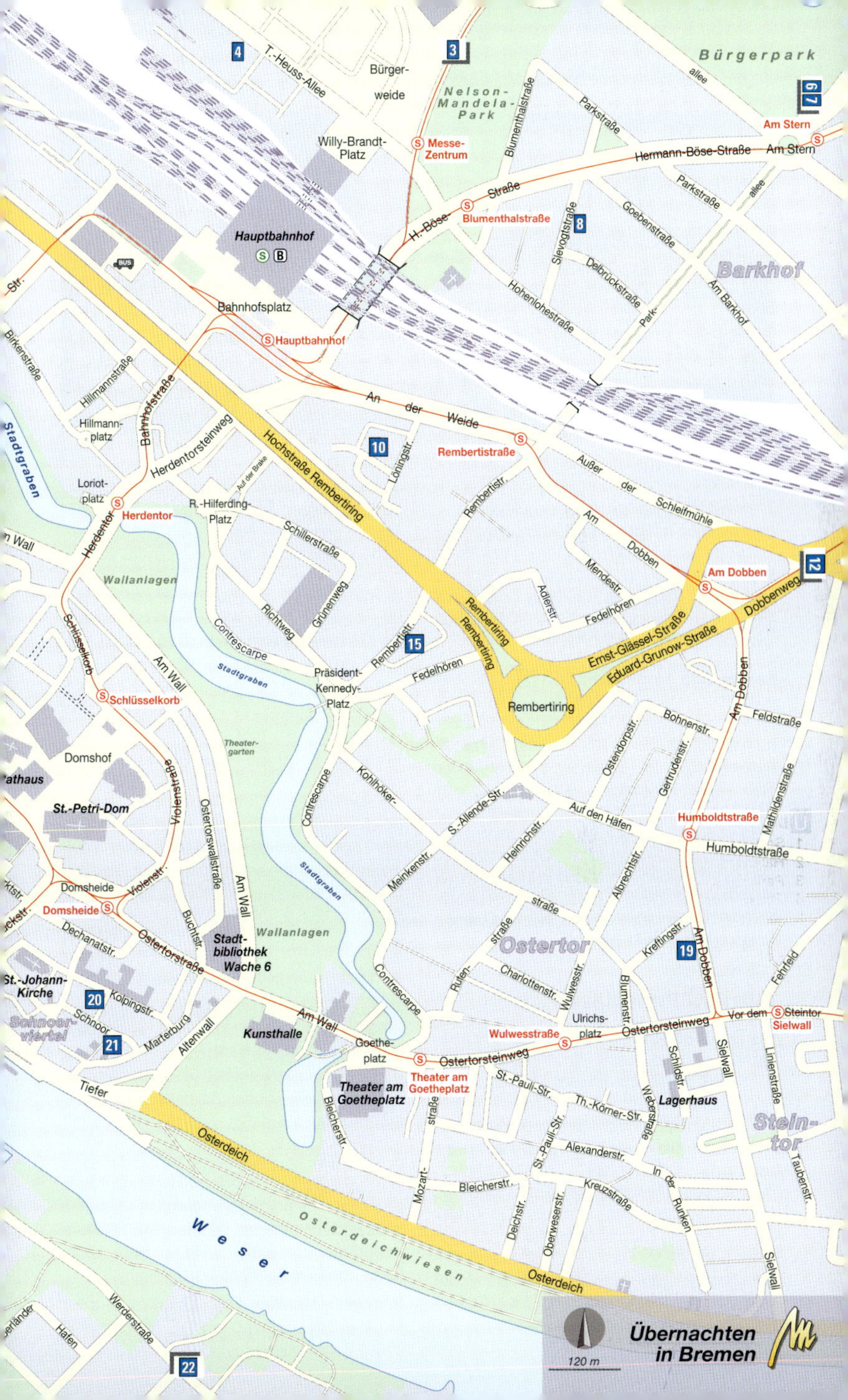
Bürgerpark
Bürger-
weide
T.-Heuss-Allee
Nelson-Mandela-Park
Willy-Brandt-Platz
Messe-Zentrum
Blumenthalstraße
Parkstraße
Am Stern
Hermann-Böse-Straße
H.-Böse-Straße
Hauptbahnhof
Bahnhofsplatz
Sievogtstraße
Goebenstraße
Delbrückstraße
Hohenlohestraße
Barkhof
Am Barkhof
Park-allee
Birkenstraße
Hillmannstraße
Hillmann-platz
Bahnhofstraße
Herdentorsteinweg
Hochstraße Rembertiring
An der Weide
Rembertistraße
Löningstr.
Außer der Schleifmühle
Stadtgraben
Loriot-platz
Herdentor
R.-Hilferding-Platz
Auf der Brake
Schillerstraße
Am Dobben
Mendestr.
Wall
Wallanlagen
Richtweg
Grünenweg
Contrescarpe
Adlerstr.
Fedelhören
Rembertiring
Ernst-Glässel-Straße
Eduard-Grunow-Straße
Dobbenweg
Schüsselkorb
Am Wall
Präsident-Kennedy-Platz
Rembertistr.
Bohnenstr.
Feldstraße
Theater-garten
Domshof
Rathaus
St.-Petri-Dom
Violenstraße
Ostertorswallstraße
Kohlhöker-
S.-Allende-Str.
Ostendorpstr.
Gertrudenstr.
Auf den Häfen
Humboldtstraße
Mathildenstraße
Domsheide
Violenstr.
Meinkenstr.
Heinrichstr.
Albrechtstr.
Dechanatstr.
Ostertorstraße
Buchstr.
Stadt-bibliothek Wache 6
Ostertor
Kreftingstr.
Fehrfeld
St.-Johann-Kirche
Kolpingstr.
Schnoor
Schnoor-viertel
Marterburg
Altenwall
Kunsthalle
Charlottenstr.
Wulwesstr.
Ruten-
Blumenstr.
Ulrichs-platz
Vor dem Steintor
Sielwall
Wulwesstraße
Ostertorsteinweg
Goethe-platz
Theater am Goetheplatz
St.-Pauli-Str.
Th.-Körner-Str.
Weberstraße
Schildstr.
Lagerhaus
Linienstraße
Stein-tor
Tiefer
Bleicherstr.
Osterdeich
Mozart-straße
Alexanderstr.
In der Runken
Kreuzstraße
Taubenstr.
Deichstr.
Oberweserstr.
Weser
Osterdeichwiesen
Werderstraße
Hafen
120 m
Übernachten in Bremen
3
4
6
7
8
10
12
15
19
20
21
22

Hier nächtigten schon Präsidenten: Parkhotel Bremen

Zimmern, davon einige mit Blick auf die Weser, liegt in einer ruhigen Nebenstraße unweit der Schlachte und der City. Kleiner, aber feiner Wellnessbereich mit Innenpool. Mit empfehlenswertem Restaurant ÜberFluss Grill. DZ ca. 130–330 €. Langenstraße 72, ✆ 0421/322860, www.designhotel-ueberfluss.de.

Mein Tipp **Villa Linnenschmidt 12**, gediegen, edel, aber nicht aufgemotzt, so wie die Hanseaten es gerne mögen. So kommt die Villa Linnenschmidt im ebenso edlen Stadtteil Schwachhausen daher. Die 6 Zimmer und die beiden Suiten in dem prächtigen, rund 100 Jahre alten Backsteinbau sind individuell eingerichtet, mit viel Liebe zum Detail. Freundlicher Service, exquisites Frühstück und mit der Straßenbahn ist man in 10 Min. im Viertel und in 20 Min. in der City. DZ 132–298 €, EZ ab 112 €. Schwachhauser Heerstraße 157, ✆ 0421/56348387, www.villa-linnenschmidt.de.

Mittlere Preisklasse

Mein Tipp **Boutique Hotel Classico Bremen 17**, die Adresse täuscht ein wenig, denn das Haus liegt genau am Bremer Marktplatz. Mit ein bisschen Glück bekommt man ein Zimmer mit Blick auf das Weltkulturerbe-Rathaus und den Roland. Die 10 Zimmer tragen Namen wie „Cinema", „Kaffeezimmer", „Korallenzimmer", „Opera" oder „Alexander der Große" und sind entsprechend gestaltet. DZ ab 100 €, Frühstück (ab 6,50 €) wird extra berechnet und gibt es in dem angeschlossenen Café-Restaurant gleichen Namens mit Außenplätzen auf dem Marktplatz. Hinter dem Schütting 1 A, ✆ 0421/24400867, www.hotel-classico-bremen.de.

Steigenberger 9, im Schatten des Weser Towers und somit am Eingang zur Überseestadt, zudem direkt am Fluss, liegt das verhältnismäßig neue Steigenberger Hotel. Die Lage ist klasse, bis zur Innenstadt kann man in einer Viertelstunde an der Weser entlangflanieren, die Zimmer sind eher 08/15. Dafür ist der Ausblick von der Fitness-/Wellness-Abteilung aus dem sechsten Stock über der Weser außergewöhnlich gut. DZ ab ca. 85 €. Am Weser-Terminal 6, ✆ 0421/478370, www.steigenberger.com.

Monopol Boutique Hotel 8, aus dem doch sehr in die Jahre gekommenen Hotel Bölts am Park wurde Ende 2018 ein schickes und zugleich gemütliches Boutique-Hotel. Die elf Zimmer in der gediegenen alten Bremer Kaufmannsvilla sind jeweils individuell gestaltet. Das Hotel liegt in einer ruhigen Seitenstraße, gerade einmal 5 Min. zu Fuß vom Hauptbahnhof entfernt. DZ ab 89 €, Frühstücksbuffet 12,50 € extra. Slevogtstraße 23, ✆ 0421/67319580, www.monopol-bremen.de.

Arthotel ANA Liberty 15, aus dem kleinen privat geführten Hotel Lichtsinn in der Rembertistraße ist das Arthotel ANA Liberty geworden. Das Haus wurde komplett renoviert und modernisiert, die 31 Zimmer kommen nun ein wenig im Retro-Stil daher. Angenehme, freundliche Atmosphäre, gratis Kaffee, gratis Leihräder. Vor allem punktet das Hotel mit der Lage: nah am Bahnhof, und durch die Wallanlagen sind es zu Fuß nur jeweils 10 Min. ins Ostertor bzw. in die Innenstadt. DZ ab ca. 110 €. Rembertistraße 11, ✆ 0421/368070, https://ana-hotels.com/liberty-bremen-city.

Prizeotel Bremen-City 4, „Design oder nicht sein, das ist hier die Frage". Auf jeden Fall ganz schön bunt ist das Budget-Design-Prizeotel an der Bremer Bürgerweide, nur ein paar Minuten vom Hauptbahnhof entfernt. Ganz so futuristisch wie in der Lobby geht es in den Zimmern nicht zu, aber dafür sind diese mit musicLamp mit Smartphone-Anschluss und mit Regenwald-Dusche ausgestattet. DZ ab ca. 75 €. Theodor-Heuss-Allee 12, ✆ 0421/59499 401, www.prizeotel.com.

7Things – my basic hotel Bremen 6, direkt am Technologiepark, ein Katzensprung zur Universität und zum Universum Science Center, aber auch nicht weit bis in den Stadtwald und zum Unisee. Das moderne 7Things ist das Baby der Besitzer des 4-Sterne-Hotels Munte gleich um die Ecke – und die verstehen ihr Handwerk seit Jahrzehnten. An der Rezeption kann man sich kostenlos iPads ausleihen, einige sogenannte „Longstay-Zimmer" haben Kühlschrank und Kaffeemaschine. DZ ab 80 €. Universitätsallee 4, ✆ 0421/69677377, www.7things-hotel.de.

MeinTipp **Motel One 13**, noch eines dieser hippen Budget-Hotels, die in Bremen in den vergangenen zehn Jahren wie Pilze aus dem Boden geschossen sind. Zentrale Lage am Brill, nur ein paar Meter von der Weser entfernt. Wo einst im Traditionskaufhaus Leffers Klamotten und Unterwäsche verkauft wurden, kommt heute die Lobby mit einer Mischung aus viel Holz und reichlich Türkis daher. Freundlicher Service, Frühstücksbuffet kostet extra 9,50 €. DZ ab ca. 80 €. Am Brill 10, ✆ 0421/409540-0, https://www.motel-one.com/de/hotels/bremen.

Hochzeitshaus Bremen im Schnoor 21, nein, man muss nicht verheiratet sein und auch nicht unbedingt demnächst Hochzeit feiern, wenn man im Hochzeitshaus im Schnoor wohnen will, man muss nur rechtzeitig buchen. Denn das Hochzeitshaus, das sich selbst als „das wahrscheinlich kleinste Hotel der Welt" bezeichnet, hat nur Platz für höchstens zwei Gäste. Die teilen sich in dem windschiefen historischen Häuschen 48 m² auf insgesamt drei Etagen. Als Alternative bieten die freundlichen Gastgeber das kleine Ferienhaus „Idylle im Schnoor" einige Meter weiter an. Preis auf Anfrage. Wüstestätte 5, ✆ 0176/57849591, www.hochzeitshaus-bremen.de.

Gästehaus im Brigitten-Kloster 20, man sollte vorher schon einmal in sich hineinhorchen, ob man sich dort am richtigen Platz wähnt. Denn das Gästehaus des Brigitten-Klosters im Schnoor ist eine ganz besondere Unterkunft. In dem im Jahr 2000 gegründeten und zwei Jahre später geweihten Kloster stehen den Gästen insgesamt 18 Zimmer, die kleine Kapelle und ein Speisesaal über den Dächern des Altstadtviertels zur Verfügung. Das Gästehaus versteht sich als Ort der Einkehr, eben auch im spirituellen Sinne, und als Ort der Stille. Das sollte man wissen, bevor man hier ein Zimmer bucht. EZ 50 €, DZ 80 €, jeweils mit Frühstück, Halb- und Vollpension möglich. Kolpingstraße 1 c, ✆ 0421/168740, www.brigitten-kloster.de.

Auf dem Wasser

Schulschiff Deutschland 1, wo einst die angehenden Seeleute pennten, auf dem Schulschiff Deutschland, kann man heute in originalen Kojen übernachten. Luxus darf man auf dem Dreimaster, der dauerhaft am Weserufer bei Vegesack festgemacht hat, allerdings nicht erwarten. Die Kojen muss man selber bauen, das heißt, die Betten muss der Gast selber beziehen, Duschen und Toiletten auf dem Zwischendeck teilt man sich. Ab 10 Gästen auf dem Schiff wird das Frühstück in der Messe serviert, ansonsten gibt es Gutscheine für das Bäckerei-Café an Land. Doppelkabine 64 € mit Frühstück, 48 € ohne. Wer sich richtig was gönnen will, bucht die Kapitäns-Suite, bestehend aus Kapitäns-Salon, Reederkammer mit Koje, Kapitänskammer mit der Kapitänskoje und angrenzendem Bad mit Dusche und WC, Fernseher, inkl. Sektfrühstück (150 €). ✆ 0421/6587373, www.schulschiff-deutschland.de.

Alexander von Humboldt 18, einst fungierte sie als Feuerschiff mit dem Namen „Reserve Sonderburg" auf Nord- und Ostsee, die 1906 auf der AG Weser gebaute Dreimastbark.

Ab in die Koje: schlafen auf dem Schulschiff Deutschland

Berühmt geworden ist sie seit den 1980er-Jahren als „Alexander von Humboldt“, die mit ihrem markanten grünen Rumpf und den grünen Segeln über die Weltmeere segelte und u. a. Werbung für ein Bier in ebenso grünen Flaschen machte, das einst in Bremen gebraut wurde. Heute liegt die „Alex“ an der Schlachte in 1-A-Lage (ungefähr in Höhe der Martinikirche) und ist Gastronomie- und Hotelschiff mit 38 Kojen in 9 Doppelkabinen und 5 Vierbettkabinen. Pro Person ab 49 €. ✆ 0421/38039699, www.alex-das-schiff.de.

Jugendherberge und Hostels

Townside Hostel 19, von richtig günstig im Etagenbett im 10er- oder im 8er-Zimmer bis hin zum Einzel- und Doppelzimmer mit eigenem Bad kann man im Townside Hostel im Bremer Viertel übernachten. Das Hostel liegt nur einen Steinwurf entfernt von der Sielwall-Kreuzung, also mitten im Bremer Viertel. Preis pro Person 15–54 €, Frühstück 5,50 €. Am Dobben 61–62, ✆ 0421/78015, www.townside.de.

Backpacker Hostel Bremen 10, mittendrin und doch ziemlich ruhig. Ein paar Schritte vom Hauptbahnhof entfernt in einer kleinen Nebenstraße gelegen, bietet das Backpacker Hostel Betten in einfachen, aber gepflegten Zimmern. Vom Einzel- über Doppel- bis zum Mehrbettzimmer ist alles dabei. Pennen kann man auch im eigenen Schlafsack. Das Hostel hat eine Gemeinschaftsküche mitsamt Aufenthaltsraum, Waschmaschine und Trockner. Übernachtung im Mehrbettzimmer (keine Etagenbetten) ab 18 €, im DZ ab 23 €, im EZ ab 31 €. Emil-Waldmann-Straße 5–6, ✆ 0421/2238057, www.bremer-backpacker-hostel.de.

a&o Hostel 5, nur ein paar Schritte vom Hauptbahnhof entfernt und noch näher zum geplanten ZOB (wo ab 2022 die Flixbusse ankommen) liegt das a&o Hostel Bremen-City. Wirklich schön ist es nicht zwischen der Hochstraße und dem Findorff-Tunnel, aber dafür ist es halt billig. Die Zimmer sind sauber und noch nicht so abgerockt wie bisweilen in anderen Billig-Hotels und Hostels. In der 24-Stunden-Rezeption gibt es sogar frisch gezapftes Bier und ein akzeptables Frühstücksbuffet. DZ ab ca. 20 €, im Mehrbettzimmer ab 10 €. Friedrich-Rauers-Straße 20 a, ✆ 0421/9896720000, www.aohostels.com/de/bremen.

Bremer Jugendherberge 11, die Bremer Jugendherberge mit ihrem markanten, bunten Anbau liegt direkt am Weserufer, am ruhigeren Teil der Schlachte, nur ein paar Schritte von der Innenstadt entfernt. Zusätzlich zu den verschiedenen Zimmern im Haus stehen 30 Kojen auf dem Gästeschiff „Die Weser“ zur Verfügung, das in unmittelbarer Nähe am Ponton 8 festgemacht hat. 29,50 € im Mehrbettzimmer (für Menschen unter 27 J., sonst 34,50 €), DZ-Aufschlag 2,50 € pro Person, EZ-Aufschlag 15 €, jeweils inkl. Frühstück. Der Ausweis des Deutschen Jugendherbergswerks (DJH) ist zwingend erforderlich. Kalkstraße 6, ✆ 0421/163820, www.jugendherberge.de/jh/bremen.

Camping- und Wohnmobilstellplätze

Hanse Camping 7, wer in Bremen mit Seeblick übernachten will, kann dies auf dem 5-Sterne-Campingplatz am Stadtwaldsee (Unisee). Und wer mit Seeblick speisen will, der macht dies im angeschlossenen Restaurant „Il Lago“. Der Platz liegt etwa 6 km von der City entfernt, der Weg dorthin mit dem Rad führt durch den Stadtwald und den Bürgerpark. Vor der Tür hält die Buslinie 28, bis in die City braucht man mit den „Öffentlichen“ ca. eine halbe Stunde. Hochschulring 1, ✆ 0421/30746825, www.hansecamping.de.

Reisemobilstellplatz am Kuhhirten 22, ein 1-A-Stellplatz für Wohnmobilisten liegt auf der Neustadt-Seite beim Kuhhirten auf dem Stadtwerder. Ruhig gelegen, und doch ist man in nullkommanix mit der Sielwallfähre im Viertel. Der Platz verfügt über Wasser- und Stromanschlüsse, bietet WLAN sowie heiße Duschen und einen Brötchen-Service. 13 € pro Nacht pro Wohnmobil plus 2 € Touristensteuer. Kuhhirtenweg, ✆ 0173/9850092, www.stellplatz-bremen.de.

HafenTraum 2, Zeltplatz-Atmosphäre, bloß nicht unter freiem Himmel, sondern in einer alten Lagerhalle. 100-prozentige Camping-Puristen haben bestimmt etwas daran zu nörgeln, aber für alle anderen ist das erste Indoor-Hostel-Camp Norddeutschlands eine echte Alternative zu Hotel oder Pension. Im „HafenTraum“ kann man in verschiedenen Retro-Wohnwagen, einem vietnamesischen Schäferwagen oder einem skandinavischen Holzhaus übernachten. Angeschlossen sind der HafenRummel und der SchwarzLichtHof, wo man u. a. Minigolf im Dunkeln spielen kann. Übernachtung in den Hütten und Wohnwagen ab 60 €, im Backpacker-Mehrbettzimmer ab 18,50 €. Cuxhavener Straße 7, ✆ 0421/3038958, www.hafentraum.de.

Tor zur Überseestadt: der Wesertower (links)

Bremen von A bis Z

Anreise

Auto: Mit dem Auto erreicht man Bremen über die A 27, die A 1 oder die A 28. Von Hamburg oder Hannover aus sind es etwas mehr als 100 km. Wer kein eigenes Auto hat, dem sei die inzwischen größte **Mitfahrzentrale** ans Herz gelegt (www.blablacar.de). Die Preise sind in den vergangenen Jahren enorm angestiegen. Eine Mitfahrgelegenheit von Berlin nach Bremen beispielsweise ist kaum noch unter 20 € zu bekommen, wer aus München anreist, muss schon mit dem doppelten Preis rechnen.

Fernbus: Da bieten sich schon fast genauso die Fernbusse an, die natürlich auch Bremen ansteuern. Marktführer ist Flixbus (das kann sich in dem schnelllebigen Gewerbe allerdings ständig ändern), der Berlin–Bremen ab 15,99 € anbietet. Die Direktverbindung München–Bremen ist ab 29 € zu haben (www.flixbus.de). Eine absolute Katastrophe sind allerdings noch die Haltestellen der Fernbusse in Bremen. 2018 endlich wurde ein Platz hinter dem Übersee-Museum gefunden, wo nun im Frühjahr 2022 der neue Busbahnhof Bremens eröffnet werden soll. Die derzeitige Haltestelle ist direkt am Breitenweg, viel zu eng für die vielen Passagiere, die dort zudem ständig in Konflikt mit Radfahrern geraten.

Bahn: Den Bremer Hauptbahnhof erreicht man mit diversen Fernzügen der DB, aus Hamburg kommend auch mit dem Metronom, und wer aus Richtung Oldenburg anreist, fährt mit den Regionalzügen der NordWestBahn (www.nordwestbahn.de). Wer mit der Bahn anreisen will, kann sich überlegen, ob sich für ihn ein Niedersachsen-Ticket lohnt. Mit dem in ganz Niedersachsen (aber auch von und bis Hamburg) gültigen Ticket zahlt man als Einzelperson 24 €, für jede weitere Person (insgesamt bis zu fünf Personen) werden 5 € fällig. Das Niedersachsen-Ticket ist von

9 Uhr morgens bis 3 Uhr nachts gültig. Ansonsten gilt in der Regel natürlich auch für Bahnreisende nach Bremen: je früher gebucht wird, desto billiger. Infos unter www.bahn.de oder ✆ 0180/5996633 (14 ct/Min. aus dem Festnetz, mobil max. 42 ct/Min.). Wer mit dem Zug anreist und sein **Fahrrad** mitnehmen möchte, der sollte bedenken, dass seit Dezember 2017 nur in den neuen ICE 4 die Fahrradmitnahme möglich ist und genauso wie bei IC- oder EC-Verbindungen ohne Reservierung für das Bike nichts geht.

Flugzeug: Der Flughafen Bremen liegt inzwischen, gemessen am Passagieraufkommen, an elfter Stelle in Deutschland, was auch daran liegt, dass Ryanair die Hansestadt seit 2007 in ihr Streckennetz aufgenommen hat. Seit Ende 2017 heißt der Flughafen offiziell Bremen Airport Hans Koschnick, zu Ehren des langjährigen Bremer Bürgermeisters. Die Flieger landen auf dem Neuenlander Feld in der Bremer Neustadt, bis zur Innenstadt braucht man mit der Straßenbahnlinie 6 (alle 10 Min.) noch nicht einmal eine Viertelstunde. Eine Taxifahrt in die City kostet ca. 18 €.

Bremen Airport: Flughafenallee 20, ✆ 0421/55950, www.bremen-airport.de.

Ärztlicher Notfalldienst

Wen es außerhalb der normalen Sprechstunden in Bremen erwischt, der kann sich an den **Ärztlichen Bereitschaftsdienst im St. Joseph-Stift** in Schwachhausen wenden. Eingang Notaufnahme, Schubertstraße (Mo/Di und Do/Fr 19–23 Uhr, Mi 15–23 Uhr, Sa/So und an Feiertagen 8–23 Uhr). Telefonisch erreicht man den Bereitschaftsdienst unter ✆ 0421/116117. In Bremen-Nord ist das **Klinikum Nord** (Hammersbecker Straße 228) der Anlaufpunkt. Der **Kinder- und Jugendärztliche Bereitschaftsdienst** befindet sich in der Prof. Hess-Kinderklinik auf dem Gelände des Klinikums Mitte (✆ 0421/3404444). Alle Infos dazu unter www.kvhb.de/bereitschaftsdienst.

Baden

Wenn es denn doch mal so richtig heiß wird in der Norddeutschen Tiefebene, gibt es in Bremen einige gute Badeplätze. Am **Stadtwaldsee**, der eigentlich nur Unisee genannt wird, gibt es einen „normalen" Strand und einen FKK-Bereich. Mitten in der Stadt liegt der **Werdersee**, der streng genommen kein See, sondern ein Nebenarm der Weser ist. Zum Grillen gibt es ausgewiesene Plätze. Der vielleicht beste Platz in Bremen zum Baden und Chillen ist der **Weserstrand am Café Sand** auf der dem Bremer Viertel gegenüberliegenden Weserseite. Die Wasserqualität der Weser ist inzwischen absolut in Ordnung. Weitere Weserstrände findet man auch in Habenhausen und weserabwärts in der Nähe der Fähre Farge–Berne auf der niedersächsischen Flussseite. Etwas weiter außerhalb des Stadtgebiets liegen u. a. der Mahndorfer See, der Waller Feldmarksee und der Achterdieksee. Das beliebteste Freibad in Bremen ist das **Stadionbad** im Schatten des Weserstadions, weitere Frei- und Hallenbäder findet man im Netz unter www.bremerbaeder.de, eine Übersicht aller Badeseen und Freibäder im Internet auch unter www.bremen.de/baden.

Barrierefreiheit

Der öffentliche Nahverkehr in Bremen verspricht nicht zu 100 % Barrierefreiheit, aber dass sie weiter daran arbeiten. Die Busse und Bahnen im Bremer Stadtgebiet sind inzwischen ausschließlich Niederflurbusse und Niederflurstraßenbahnen, die auch Menschen mit Mobilitätseinschränkung das Einsteigen erleichtern. Rollstuhlfahrer gelangen über eine vom Fahrer bediente Klapprampe oder einen speziellen Lift ins Fahrzeug. Probleme könnte es allenfalls mal aufgrund der baulichen Gegebenheiten an den Haltestellen geben.

Im Netz findet man eine Datenbank für Menschen mit Mobilitätseinschränkungen, anhand derer sie checken können, ob es an den entsprechenden Orten einen barrierefreien Zugang gibt (www.bremen.de/barrierefrei). Dort erhält man zudem Informationen zu barrierefreien Toiletten und Infos über Ermäßigungen bei Stadtrundfahrten und Führungen sowie zur Ausleihe von Rollstühlen. Barrierefreie Zimmer kann man direkt telefonisch bei der Bremer Touristik-Zentrale buchen: ✆ 0421/3080010. Wer ansonsten noch Fragen hat, kann sich per E-Mail unter folgender Adresse erkundigen: barrierefrei@bremen.de.

Eine grundsätzlich schlaue Adresse, um rollstuhlgerechte Orte zu finden, ist die Homepage www.wheelmap.org. Informationen auch unter www.barriere freie-urlaubswelt.de.

Fundsachen

Das Bremer Fundamt ist in der Stresemannstraße 48, ✆ 0421/36110080, -81. Per E-Mail kann man unter fundsachen@ordnungsamt.bremen.de nachfragen, ob verloren Gegangenes gefunden wurde. Wer etwas in den Bussen oder Bahnen verliert, wendet sich am besten direkt an das BSAG-Fundbüro am Depot in Gröpelingen, ✆ 0421/55967979. Sowohl über die Homepage der BSAG (www.bsag.de) als auch über die des Stadtamtes kann man nach den vermissten Dingen auch online suchen.

Information/ Internetseiten/Apps

Anlaufstellen vor Ort

Bremer Touristik-Zentrale (BTZ), Findorffstraße 105, 28215 Bremen, info@ bremen-tourism.de, www.bremen-tourismus.de. Unter der Servicenummer ✆ 0421/3080010 ist die BTZ Mo–Fr 8.30–18 Uhr und Sa 9.30–13 Uhr zu erreichen.

Die **Tourist-Information** für den Publikumsverkehr in der Innenstadt befindet sich in der Böttcherstraße 4, Mo–Fr 9.30–18.30 Uhr, Sa 9.30–17 Uhr, So und feiertags 10–16 Uhr. Die andere Anlaufstelle ist am Hauptbahnhof zu finden (gegenüber vom Reisezentrum): Mo–Fr 9–18.30 Uhr, Sa/So und feiertags 9.30–17 Uhr.

Nützliche Websites und Apps

Informationen zu Kultur, Restaurants und Veranstaltungen findet man auch unter **www.bremen.de**; dort kann man sich auch einen **Audioguide** aufs Smartphone laden (www.bremen.de/tourismus/reiseplanung/fuehrungen/audioguide-tour). Private Seiten, die zum Teil äußerst nützliche Tipps über ihre Heimat- oder Lieblingsstadt Bremen preisgeben, sind u. a. **www.bremen-lotsen.de** oder auch **www.love bremen.de**.

Die City-Initiative, die Schlachte Marketing und die Interessengemeinschaft „Das Viertel" haben gemeinsam die kostenlose **Bremen City App** (Lifestyle) entwickelt (für Android und IOS). Über 1000 Adressen von Restaurants, Cafés und Kneipen sowie Läden und Kultureinrichtungen sind auf der App zu finden. Praktischerweise ist sie auch offline zu verwenden, sobald man die Daten einmal heruntergeladen hat. Zudem findet man online die App **Bremen Navigation** sowie die App **Bremen Reiseführer**.

Literaturtipps

Bremens bekanntester und empfehlenswertester Autor dürfte wohl **Sven Regener** sein, dessen Romane allerdings zumeist in Berlin spielen. Ausnahme ist da sein zweites Buch „Neue Vahr Süd", das die Geschichte des jungen Frank Lehmann erzählt, der es verpennt hat den Kriegsdienst zu verweigern, beim Bund landet und gleichzeitig in einer Chaoten-WG am Ostertorsteinweg haust. Großartig!

Absolut empfehlens- und lesenswert ist auch der Roman „Der Mann, der durch das Jahrhundert fiel" von **Moritz Rinke**, der in dessen Heimatort Worpswede angesiedelt ist. Ebenso **Jutta Reichelts** kluges Erstlingswerk „Wiederholte Verdächtigungen", in dem sich die Hauptfigur auf die Suche nach ihrem verschwundenen Freund macht.

Der bekannteste Krimi-Autor Bremens ist **Jürgen Alberts**. Durchaus gut zu lesen und mit viel lokalem Bezug sind auch die Krimis der Autorin **Rose Gerdts**.

Der 2013 verstorbene Autor **Hermann Gutmann** hat eine stattliche Anzahl zumeist unterhaltsamer Bremensien-Bücher verfasst. Die meisten von ihnen sind im Bremer Verlag Edition Temmen erschienen (www.edition-temmen.de).

Und natürlich kann man vor oder während eines Bremen-Besuchs noch einmal das Märchen der Bremer Stadtmusikanten lesen. Ach ja, und Robinson Crusoe, die Hauptfigur in Daniel Defoes Welterfolg gleichen Namens, stammt übrigens auch aus Bremen.

Märkte

Rund 30 Wochenmärkte werden in Bremen abgehalten. Der bekannteste ist der Wochenmarkt auf dem **Domshof** (Mo–Fr 8–14 Uhr und Sa 8–15 Uhr, www.domshof-markt.de), der vielleicht schönste und lebendigste ist der **Findorffmarkt** in der Nähe des Bürgerparks (Di und Do 8–13 Uhr und Sa 8–14 Uhr, www.findorffmarkt-bremen.de). Die Stände des **Biomarkts im Viertel** stehen Mi am Ziegenmarkt, Fr am Ulrichsplatz und Sa am „Berliner Platz" im Steintor (www.oekomarkt-bremen.de).

Polizei

Das Polizeipräsidium liegt seit 1999 etwas außerhalb im Stadtteil Vahr. Wo es einst seinen Sitz hatte, nämlich an der alten Wache 6, ist heute u. a. die Stadtbibliothek untergebracht. Nebenan, Am Wall 200, befindet sich heute das Innenstadtrevier.

In der City hat die Bremer Polizei ein Mini-Revier in der Obernstraße, während der Großveranstaltungen sind auch die Dienststellen an der Stadthalle (ÖVB Arena) und am Weserstadion besetzt. Die zentrale Telefonnummer der Bremer Polizei ist die ✆ 0421/3620.

Rauchen

In Restaurants, Cafés und vielen Kneipen ist das Rauchen tabu. Es gibt jedoch eine Reihe von Raucherlokalen (ab 18) in Bremen; das sind sowohl kleine, alteingesessene Eckkneipen als auch Szenekneipen wie das Litfass oder das Eisen. Viele gastronomische Betriebe haben zudem abgeschlossene Raucherräume eingerichtet.

Sauna/Wellness

Das nasskalte Bremer Schmuddelwetter zwischen Oktober und März kann einem ganz schön in die Knochen fahren. Da bietet es sich an, sich nach einem ausgedehnten Stadtbummel in der Sauna aufzuwärmen und zu relaxen. Saunen gibt es zudem in einigen Bremer Hallenbädern (www.bremer-baeder.de).

Badehaus: Fast direkt am Bahnhof liegt das Badehaus. Das hat zwar nur eine Sauna (ohne Aufguss) und einen Hamam, bietet aber zudem Massagen an und punktet mit einer netten, gemütlichen Atmosphäre. Mo und Mi 10–22 Uhr Frauentag; Di und Do 11–22 Uhr, Fr 10–22 Uhr, Sa 10–19.30 Uhr und So 12–19.30 Uhr. Tagesticket Sauna 18 €, Massagen 34–129 €. Bahnhofstraße 12, ✆ 0421/6969840, www.badehaus-bremen.de.

Oase: Bremens größte Saunalandschaft mit mehr als einem Dutzend Saunen liegt etwas weiter außerhalb in der Nähe des Einkaufszentrums Weserpark. Mo–Do 10–22.30 Uhr, Fr/Sa 10–23 Uhr, So 10–20 Uhr. Tageskarte 24 €, Sa/So

26 €. Hans-Bredow-Straße 17, ✆ 0421/4274714, www.oase-weserpark.de.

Die Sauna im Viertel: Zwischen Bahnhof und Viertel liegt die von Sanyassins betriebene Sauna mit Garten und einem sehr schönen Ruheraum. Di 19–22 Uhr, Do–So 16–22 Uhr, Di 10–19 Uhr Frauensauna. Tageskarte 14 €. Außer der Schleifmühle 76, ✆ 0421/8408566, www.diesaunaimviertel.de.

Schwule und Lesben in Bremen

Bereits 1982 hat sich das Bremer **Rat&Tat-Zentrum für queeres Leben** gegründet. Das Rat & Tat im Bremer Viertel versteht sich als Anlauf- und Beratungsstelle sowie als Treffpunkt für Schwule, Lesben, Bisexuelle, Transsexuelle und deren Angehörige und Freundinnen und Freunde. Im **KWEER,** Café, Bar und Kneipe in einem, finden verschiedene Veranstaltungen statt (Theodor-Körner-Straße 1, ✆ 0421/700007, www.ratundtat-bremen.de).

1990 wurde in Bremen der **Sportverein Wärmer Bremen** gegründet, in dem schwule und lesbische Mitglieder (und Gäste) verschiedene Sportarten wie Boxen, Tanzen, Volleyball, Tischtennis oder Schwimmen betreiben können.

Partys wie die Stand-up-Party im Schlachthof oder die Pink Party im Modernes während des Christopher Street Days haben Tradition.

Alljährlich findet gemeinsam mit dem Kommunalkino das Festival **„queerfilm bremen"** statt. Weitere Infos findet man unter www.queerserver.de oder www.gay-location.de/Bremen.

Älteste Gay-Bar in Bremen ist das **QUEENS,** mitsamt Tom's Welt. Außer der Schleifmühle 10, ✆ 0421/325912, www.queens-bremen.de. Ebenfalls schon seit Jahren in der Szene bekannt ist die **BRONX,** Bohnenstraße 1 b, ✆ 0421/702404, www.bronxbremen.de.

Shopping

Bremen ist kein Shopping-Paradies, aber auch keine Diaspora, wie Lokalpolitiker immer behaupten und sich gegenseitig dafür die Schuld in die Schuhe schieben. Die City bietet vielfältiges

Lecker und garantiert handgemacht: die Süßigkeiten aus der Bremer Bonbonmanufaktur

„Mainstream-Shopping", das Ostertor die Alternativen dazu. Bereits 2017 kaufte ein Investor ein Parkhaus in 1-a-Citylage und versprach den ganz großen Wurf. Das Parkhaus soll abgerissen, die Fußgängerzone erweitert werden. War zunächst optimistisch mit der Eröffnung der neuen City-Galerie für 2021 gerechnet worden, so verzögert sich das Projekt jetzt mindestens bis Ende 2023.

Innenstadt

Die Sögestraße und die Obernstraße (beides Fußgängerzonen) sind die beiden Einkaufsmeilen in der Bremer City, nur wenige Traditionshäuser haben hier überlebt. Gleiches gilt für die Lloyd-Passage, die von der Sögestraße abzweigt. Die Domshof-Passage verbindet Sögestraße und Domshof. Ein paar interessante Läden findet man in der Knochenhauerstraße, die bei den „Schweinen" zu Beginn der Sögestraße nordwestlich abzweigt. Souvenirs und Bremensien gibt es rund um den Marktplatz, in der Böttcherstraße und im Schnoor.

Ostertor/Steintor

Kleine Läden jenseits des Mainstreams, Mode-Boutiquen, wirklich gute Buchläden, Second-Hand-Shops und ganz normale Einzelhändler findet man im Bremer Ostertor. Aber auch hier schreitet die Gentrifizierung voran: Alteingesessene Fachgeschäfte mussten schließen, an deren Stelle eröffneten Burger-Läden und Handy-Shops sowie vor allem im Steintor zahlreiche Quick-Shops und Kioske.

Shoppingzentren (Malls)

Die **Waterfront** in Gröpelingen ist durchaus etwas Besonderes, wurde das Einkaufszentrum doch im Gebäude des geplanten Space Parks untergebracht. Das Entertainment-Center mit dem Schwerpunkt Raumfahrt sollte einst *die* Attraktion Bremens werden, doch daraus wurde ein Millionengrab. Der **Weserpark** unweit des Bremer Kreuzes beherbergt über 150 Einzelhandelsgeschäfte und Fachmärkte. In **Posthausen** vor den Toren Bremens betreibt die Familie Dodenhof das zweitgrößte Einkaufszentrum Deutschlands. Direkt an der Landesgrenze zu Niedersachsen, in Brinkum-Nord, befindet sich mit dem **Ochtum-Park** das größte Outlet-Zentrum der Nordwest-Metropolregion.

Sport/Aktivitäten

Skaten, Klettern, Ballsport und Co.

Im **Sportgarten Bremen** in der Pauliner Marsch können Kinder, Jugendliche und Erwachsene nicht nur Fußball, Beachvolleyball und Basketball spie-

Norddeutsche Bilderbuchlandschaft bei Worpswede

len, es gibt auch eine Kletterwand sowie Angebote für Skater, BMX-Freaks und Parcours. 2016 eröffnete der Sportgarten eine Skatehalle im ehemaligen Postamt 5 beim Hauptbahnhof (www.sportgarten.de).

Paddeln

Nur ein paar Schritte vom Hauptbahnhof entfernt kann man in Bremen zu einer Paddeltour starten. Am Torfhafen in Findorff steigt man ins Boot und lässt ein paar Paddelstiche später die Großstadthektik hinter sich. Das Paddelparadies in Bremen „und umzu" ist die Wümme, die bei Wasserhorst gemeinsam mit der Hamme die Lesum bildet, die dann wiederum bei Vegesack in die Weser fließt. Stromschnellen hat man in der norddeutschen Tiefebene eher nicht zu erwarten, dafür sollte man sich mit den Gezeiten auseinandersetzen – je nachdem, wohin die Tour geht. Den Tidenkalender gibt es inzwischen auch als App. Ebbe und Flut spielen auf der Hamme bis zur Ritterhuder Schleuse und auf der Wümme bis in Höhe des Hexenbergs eine Rolle. Der Torfkanal und die Kleine Wümme bis Dammsiel sowie der Kuhgrabenweg bis Kuhsiel sind tidenunabhängig zu befahren. Infos erhält man beim Landes-Kanu-Verband Bremen (www.lkv-bremen.de).

Bootsverleih/Touren: Bei der Kanuscheune (www.kanuscheune.de) kann man nicht nur Boote leihen, sondern auch geführte Touren buchen. Der Bootsverleih am Findorffer Torfhafen nähe Hauptbahnhof (Busse 26 und 27) ist unter ✆ 0157/36488292 zu erreichen.

Torfkähne: Ab Findorffer Torfhafen fahren auch die traditionellen Torfkähne mit ihren markanten braunen Luggersegeln, die einst zu Hunderten den Torf aus der Teufelsmoor-Region über die weit verzweigten Wasserstraßen nach Bremen transportierten. Heute dienen einige originalgetreue Nachbauten der sogenannten „Halb-Hunt-Kähne" dem Transport von Touristen über den Torfkanal am Bürgerpark und die Wümme zu den Ausflugszielen im Umland (Mitte April bis Okt.). ✆ 0421/3362651 (Buchung über das Bremer Geschichtenhaus), www.torfkaehne-bremen.de.

Radfahren/Radtouren

Die schönsten Touren in und um Bremen lassen sich im Blockland entlang der Wümme machen. Ein Berufsradfahrer hat einmal behauptet, der schlimmste Feind des Radfahrers seien die Berge. Insofern hat man im topfebenen Bremen „und umzu" schon mal nichts zu befürchten. Allerdings lauert bisweilen in der Norddeutschen Tiefebene ein anderer „Feind" – nämlich der Wind bzw. genauer gesagt der Gegenwind. Wenn der in der Wümmeniederung ordentlich bläst, kann die Hälfte der Rundtour schon mal zur Qual werden. Die beliebtesten Strecken führen an der Universität vorbei nach Kuhsiel, von dort aus geht es in Richtung Dammsiel und an der Kleinen Wümme zurück in Richtung Bürgerpark. Empfehlenswert sind auch Touren entlang der Weser in Richtung Lemwerder, die Strecke zur Moorlosen-Kirche über den Lesumer Deich oder eine Tour durch Oberneuland und Borgfeld. Die klassische Blockland-Runde ist etwas mehr als 30 km lang (je nach Start und Ziel) und auch für Inlineskater zu empfehlen.

Infos zu Touren in und um Bremen findet man im Internet unter www.bremen.de/bike-it, wo man auch die Bike Citizens App herunterladen kann. Ansonsten kann man sich die GPS-Daten von verschiedenen Touren rund um Bremen auf dem Portal www.gpsies.com herunterladen.

Disc-Golf

Im Weseruferpark im Ortsteil Rablinghausen gibt es seit 2012 einen Disc-Golf-Parcours mit 18 Bahnen (Bus 24, im Sommer mit der Weserfähre vom Pier 2). Einen weiteren, etwas schwierigeren Kurs findet man auf dem Areal56 im Stadtteil Habenhausen (www.areal56.de).

Schlittschuhlaufen

Die geflutete Semkenfahrt im Bremer Blockland verwandelt sich dank des

Bremer Eisvereins bei Frost in ein Paradies für Schlittschuhläufer. Infos über den Zustand der Eisfläche findet man unter www.bremer-eisverein.de. Wenn es richtig knackig friert, kann man auch auf Wümme und Hamme Schlittschuh-Touren unternehmen.

Unabhängig von den Witterungsverhältnissen kann man im **Paradice** in Bremen (www.eissporthalle-bremen.de) und im **Eisstadion Bremerhaven** (www.eisstadion-bremerhaven.de) Schlittschuhlaufen.

Stadtführungen/ Stadtrundfahrten

Seit Sommer 2017 hat auch Bremen eine von diesen zumeist ziemlich albernen Bimmelbahnen, die Touristen durch die Stadt kutschieren. In Bremen nennt sich das Ding **„Stadtmusikanten-Express"** und fährt – immerhin elektrisch und somit umweltfreundlich – die wichtigsten Sehenswürdigkeiten in Innenstadt und Viertel ab.

Tickets kosten 8,90 €, können online auf der Website der BTZ, telefonisch unter ✆ 0421/ 3080010 oder in den Tourist-Informationen erworben werden. Treffpunkt ist vor dem Kontorhaus in der Langenstraße.

STATTReisen bietet eine ganze Reihe von thematischen Führungen durch die Hansestadt an, darunter „Bremen für Krimifans", Nachtwächter-Rundgänge auf Hochdeutsch und „Platt", mehrere kulinarische Führungen, Führungen durch die Bremer Unterwelten sowie verschiedene geführte Radtouren in Bremen und Umgebung.

Rembertistraße 99, ✆ 0421/4305656, www.stattreisen-bremen.de.

Auch die **Bremen-Lotsen** haben einiges an Führungen im Angebot, darunter Touren durch die sich ständig wandelnde Überseestadt, Zeitreisen ins mittelalterliche Bremen („Von Pfeffersäcken und Torschlusspanik") sowie Führungen entlang der Kunstwerke im öffentlichen Raum („Ist das Kunst oder kann das weg?").

Utbremer Ring 176, ✆ 0421/40899505, www.bremen-lotsen.de.

Die Initiative **Kultur vor Ort** begibt sich u. a. auf die Spuren der Giftmörderin Gesche Gottfried.

Liegnitzstraße 63, ✆ 0421/6197727, www.kultur-vor-ort.de.

Zwischen Mai und September kann man an jedem zweiten Sonntag im Monat die Stadt auf einer **Tour mit der historischen Straßenbahn** aus den 1960-Jahren erleben.

Die Fahrt kostet 4 €, Start ist jeweils am Übersee-Museum um 10.30, 14 und 15.30 Uhr (www.bsag.de).

Auch wenn in den Bremischen Häfen nicht mehr allzu viel zu sehen ist, werden immer noch **Hafenrundfahrten** ab Martinianleger an der Schlachte angeboten. Immerhin erfährt man auf einer solchen Tour einiges über die Geschichte der Häfen. Buchbar bei der BTZ und der Reederei Hal över/ Schreiber. Im Angebot sind zudem Ausflüge weseraufwärts nach Verden oder auch flussabwärts Richtung Vegesack, Bremerhaven und Elsfleth. www.haloever.de.

Verschiedene geführte **Radtouren** in und um Bremen werden von „Abgefahren – bremen by bike" angeboten, darunter Innenstadt-Touren, Routen am Fluss entlang sowie die klassische Blockland-Runde ins grüne Umland (www.abgefahren-bremen.de). Auch der ADFC bietet gemeinsame Touren an.

Telefonieren

Die Festnetz-Vorwahlnummer für Bremen lautet 0421, die für Bremerhaven 0471. Die zentrale Nummer des Stadtamts Bremen ist die 361-0.

Wetter

Es gibt in Bremen das sogenannte Werder-Wetter, bei dem die grün-weißen Fußballer angeblich gar nicht verlieren können. Das sieht dann in ungefähr so aus, dass eine steife Brise, vorzugsweise aus Südwesten, durchs Stadion pfeift, es entweder nieselt oder junge Hunde regnet. Und das Ganze bei freundlichen drei bis sieben Grad Celsius. Aber erstens hat Werder bei solchem Schietwetter schon oft verloren und zweitens kann auch an der Weser die Sonne scheinen und das Thermometer über die 30-Grad-Marke klettern. Allzu häufig tut es das trotz des Klimawandels immer noch nicht, in Bremen herrscht tatsächlich vielfach das typische norddeutsche Schmuddelwetter mit relativ viel Wind und Regen.

Zeitungen/Magazine

Die überschaubare Presselandschaft in der Hansestadt wird bestimmt von den beiden Blättern der Bremer Tageszeitungen AG – dem **Weser Kurier** und den **Bremer Nachrichten** – mitsamt zahlreichen Lokal- und Regionalausgaben sowie einer Sonntagszeitung. Während der Weser Kurier erst nach dem Ende des Zweiten Weltkrieges erstmals publiziert wurde, zählen die Bremer Nachrichten von 1743 (bzw. der Vorgänger Bremer Wöchentliche Nachrichten) zu den drei ältesten noch erscheinenden Zeitungen in Deutschland. 1974 wurden die Bremer Nachrichten vom Weser Kurier übernommen, 1987 der Lokalteil zusammengelegt. In den letzten Jahren unterschieden sich die beiden Zeitungen nur noch durch die ersten vier Seiten. Das hatte zur Folge, dass die Politik-Redakteure der Bremer Nachrichten zwar an den Konferenzen teilnehmen durften, stellten die Weser-Kurier-Kollegen jedoch ihre Themenplanung für die Titelseite vor, mussten die Redakteure der Bremer Nachrichten den Konferenzsaal verlassen. Das unwürdige Schauspiel fand 2010 ein Ende, seitdem unterscheidet die beiden Blätter nur noch der Name bzw. das Logo.

Der **BREMER** bezeichnet sich als die Stadtillustrierte Bremens, das **MIX** liegt in zahlreichen Kneipen, Kinos und Kultureinrichtungen aus, ist kostenlos und hat neben zahlreichen Veranstaltungshinweisen auch einen redaktionellen Teil zu bieten.

Promenade am Europahafen in der Überseestadt

Kompakt

Alle Museen

Stadtgeschichte/ Bremisches

Focke-Museum: Exponate der Bremer Stadtgeschichte vom Mittelalter bis heute, ergänzt durch Ausstellungen u. a. zur bürgerlichen Wohnkultur, zur Ur- und Frühgeschichte und zum bäuerlichen Leben. Spannende Sonderausstellungen! ■ S. 86

Hafenmuseum: 120 Jahre Bremer Hafengeschichte werden attraktiv dargestellt, im Infocenter Überseestadt informiert das Museum über die junge Geschichte und die Planungen für die Zukunft des modernen Stadtteils. ■ S. 97

Dom-Museum: Schätze aus den Bischofsgräbern, u. a. die Überreste seidener Bischofsgewänder, zudem ebenfalls freigelegte mittelalterliche Wandgemälde und historisches Altargerät. ■ S. 31

WUSEUM: Meisterschale und DFB-Pokal, Europapokal der Pokalsieger: die Trophäen im Werder-Museum erinnern an die glorreichen Zeiten des einst so erfolgreichen SV Werder Bremen. Aber auch kuriose Exponate sind zu bestaunen. ■ S. 69

Kunst

Weserburg: Überaus sehenswertes Museum für Moderne Kunst auf einer Weserinsel. Es ist Konzept des Hauses immer wieder Neues zu präsentieren oder die Sammlungsbestände der Modernen Kunst von 1960 bis heute in einem neuen Licht zu zeigen. Sonderausstellungen komplettieren das Programm. ■ S. 46

Kunsthalle: Schwerpunkt der Dauerausstellung bildet neben dem Kupferstichkabinett die französische und deutsche Malerei des 19. und 20. Jh. mit Werken von Claude Monet, Édouard Manet, Paul Cézanne sowie Gemälden von Vincent van Gogh und Max Liebermann, aber auch moderne Installationen von John Cage und Nam June Paik. ■ S. 62

Gerhard-Marcks-Haus: Seine wohl berühmteste Plastik steht in der Bremer Altstadt: die Bremer Stadtmusikanten. Sein Nachlass, 400 Skulpturen, über 12.000 Handzeichnungen und mehr als 1200 Blätter Druckgrafik sind an der Kulturmeile Ostertor ausgestellt. ■ S. 64

Wilhelm-Wagenfeld-Haus: Präsentiert werden Werke des Bauhaus-Schülers Wilhelm Wagenfeld, einer der Pioniere der modernen Produktgestaltung in Deutschland. Immer wieder außergewöhnliche Sonderausstellungen. ■ S. 64

Paula Modersohn-Becker Museum: Zeigt Werke der bedeutenden deutschen Expressionistin, zudem die Sammlung Bernhard Hoetger. ■ S. 42

Ludwig Roselius Museum: Präsentiert Kunst und Kunsthandwerk aus Gotik, Renaissance und Barock, zudem einige wichtige Werke von Lucas Cranach dem Älteren. ■ S. 43

Diverses

Beck's Besucherzentrum: Führung durch das Museum der Brauerei, Einblick in das Sudhaus und die Abfüllanlage – inklusive eines Freibiers der weltberühmten Marke aus der markanten grünen Flasche. ■ S. 49

Universum Bremen: Wissenschaft zum Anfassen und begreifbar (im wahrsten Sinne) für jedermann; das bietet das Universum Bremen mit seinen drei Themenbereichen Mensch, Technik, Natur. Aufgrund seiner spannenden Ausstellungen und der besonderen Architektur längst ein Wahrzeichen der Hansestadt. ■ S. 83

Übersee-Museum: Unter dem Motto „Die Welt unter einem Dach" zeigt das Museum zahlreiche spannende Exponate aus aller Herren Länder und kombiniert einzigartig Völker-, Handels- und Naturkunde. ■ S. 143

In Worpswede

Große Kunstschau: Herzstück der Architektur von Bernhard Hoetger in Worpswede und darüber hinaus natürlich Ausstellungsort der Werke der ersten Worpsweder Malergeneration, von Heinrich Vogeler über Paula Modersohn-Becker bis zu Fritz Mackensen. ■ S. 103

Worpsweder Kunsthalle: Ältestes Museum Worpswedes, das am besten einen Überblick über die Geschichte des Ortes als Künstlerkolonie bietet; werden hier doch Werke der ersten, zweiten und dritten Generation von Worpsweder Künstlern gezeigt. ■ S. 103

Haus im Schluh: Das Museum am Rande des Ortes präsentiert die von Heinrich Vogelers Frau Martha gesammelten Bilder, Zeichnungen, Objekte, aber auch diverse, zum Teil kuriose Alltagsgegenstände des Künstlers. ■ S. 103

Barkenhoff: Wo der Maler, Grafiker, Designer und Architekt Heinrich Vogeler arbeitete und lange Zeit auch lebte, die Künstlerkollegen zum Austausch traf, wird heute das Werk Vogelers präsentiert. ■ S. 103

In Fischerhude

Otto-Modersohn-Museum: Das Museum in den Wümmewiesen am Rande von Fischerhude zeigt zeitlich wechselnd Bilder, Zeichnungen und Dokumente des Mitbegründers der Worpsweder Malerkolonie, der von 1908 bis 1943 in Fischerhude lebte. ■ S. 104

In Vegesack

Overbeck Museum: Das Museum im denkmalgeschützten Alten Packhaus ist einem der Gründerväter der Worpsweder Künstlerkolonie gewidmet. Zu sehen sind überwiegend die Landschaftsbilder von Overbeck und seiner Frau Hermine Overbeck-Rohte. ■ S. 106

In Bremerhaven

Klimahaus 8° Ost: Der Besucher begibt sich auf eine spannende Weltreise entlang des östlichen achten Längengrads, durch unterschiedliche Klimazonen, u. a. nach Sardinien, in den Niger, nach Samoa und über die Hallig Langeneß zurück nach Bremerhaven. Weitere Ausstellungsbereiche sind der Klimaentwicklung gewidmet. ■ S. 109

Deutsches Auswandererhaus: Als Besucher schlüpft man während des Rundgangs in die Rolle eines Auswanderers, wird zum armen Schlucker, der in der 3. Klasse die Überfahrt erdulden musste, oder zum reichen „Pinkel", der in der Luxusklasse reiste. ■ S. 111

Deutsches Schifffahrtsmuseum: Im Umbau begriffen. Zahlreiche Exponate im Gebäude und im vorgelagerten Museumshafen erzählen Wissenswertes zur Geschichte der deutschen Schifffahrt, von der Handelsmarine bis zu den Walfängern, über den industriellen Schiffbau und die Navigation im Wandel der Zeit. ■ S. 112

Historisches Museum Bremerhaven: Das ehemalige Morgenstern-Museum präsentiert in seiner Dauerausstellung Exponate zur Geschichte der Stadt Bremerhaven „und umzu". Der Schwerpunkt der Sammlung liegt in den Bereichen Hochseefischerei, Schiffbau und Werften. ■ S. 112

Museum der 50er Jahre: Für viele junge Leute sind die Möbel und Accessoires aus den 1950er-Jahren heute wieder „hip", Ältere werden sich zurückversetzt fühlen in alte Zeiten. In eine Zeit, in der kein Geringerer als Elvis Presley als US-Soldat in Bremerhaven stationiert war. ■ S. 112

World Future Lab im Klimahaus Bremerhaven

Kompakt

Alle Restaurants

Edle Küche

Das Kleine Lokal (Ostertor/Steintor), klein und fein, Gourmetküche im Viertel. ■ S. 72

Küche 13 (Ostertor), vom Michelin empfohlen. ■ S. 72

Grashoff's Bistro (Innenstadt/Wallanlagen), wo schon Loriot edel speiste. ■ S. 36

Isaak's Garden (Bürgerpark/Schwachhausen), arabisch-jüdische, mediterrane Küche. ■ S. 87

Topaz (Innenstadt/Marktplatz), seit Ewigkeiten auf hohem Niveau. ■ S. 38

Natusch (Bremerhaven), Klassiker unter den Fischrestaurants. ■ S. 117

Pier 6 (Bremerhaven), Traditionelles modern interpretiert. ■ S. 117

Schröter's Leib und Seele (Schnoor), Schlemmen im Schnoor. ■ S. 57

Chapeau La Vache (Bürgerpark/Schwachhausen), Hut ab vor dem, was hier aufgetischt wird. ■ S. 88

International

El Mundo (Überseestadt), ein Phänomen an der Waterkant. ■ S. 99

Medoo (Steintor), beste Bistro-Küche. ■ S. 72

Katzen-Café (Schnoor), keine Katzen, klasse Küche. ■ S. 57

Restaurant Am Deich (Neustadt), sympathische Crossover-Küche. ■ S. 50

D'Oro (Innenstadt/Marktplatz), eine Oase der Ruhe mitten im Zentrum. ■ S. 36

Markthalle Acht (Innenstadt/Marktplatz), Street-Food, von Burger bis Thai. ■ S. 36

Al Dar (Überseestadt), syrische Köstlichkeiten an der Weser. ■ S. 99

Riva (Überseestadt), kulinarische Reise nach Übersee. ■ S. 100

Jaya (Überseestadt), Asia-Küche am Europahafen. ■ S. 100

Runken-Eck (Ostertor), ehrliche, bodenständige deutsche Küche. ■ S. 73

Don Carlos (Ostertor), gute Tapas und mehr. ■ S. 73

Loui & Jules Grillboutique (Überseestadt), Burger und Steaks vom Grill. ■ S. 100

Engel WeinCafé (Ostertor), gute Weine und gutes Essen im Ambiente einer alten Apotheke. ■ S. 76

Bremisch/regional

Hammehütte/Neu Helgoland (Worpswede), Knipp, Kohl und Co. an der Hamme. ■ S. 104

Tafeln in Bremens heimlicher Hauptstraße

Ratskeller (Innenstadt/Marktplatz), Speisen in historischem Gewölbe. ■ S. 35

Teestübchen im Schnoor (Schnoor), erstklassig von morgens bis abends. ■ S. 57

Haus Berkelmann (Fischerhude), gemütlich-rustikales Ambiente. ■ S. 105

Treffpunkt Kaiserhafen (Bremerhaven), letztes Restaurant vor Amerika. ■ S. 117

Vegetarisch

Vengo (Ostertor), Paradies für Gemüseliebhaber. ■ S. 72

Vegefarm (Ostertor/Peterswerder), vegetarisch-vegane „Fleischgerichte". ■ S. 73

Pizza, Pasta, Italiener

Gallo (Ostertor/Peterswerder), perfekter Italiener für jeden Tag. ■ S. 73

Osteria (Innenstadt/Schlachte), Klassiker der cucina italiana. ■ S. 49

VaiVai (Schlachte/Überseestadt), Italiener im Industrielook. ■ S. 99

Antonios La Villa (Ostertor), Bremens schönster Garten. ■ S. 76

Atrium (Steintor), Oase mitten im „Viertel". ■ S. 76

Auf dem Wasser

Alexander von Humboldt (Schlachte), Speisen unter grünen Segeln. ■ S. 50

Ausflugslokale

Meierei (Bürgerpark), feines Traditionshaus im Bürgerpark. ■ S. 88

Haus am Walde (Bürgerpark), von Grünkohl bis Gemüsecurry. ■ S. 88

Stockhingers kultige Wurst vom Grill

Kuhsiel (Blockland), neuer Pächter, neues Glück. ■ S. 105

Gartelmann's Gasthof (Blockland), alteingesessen, immer wieder gut. ■ S. 105

Kurhaus Dangast (Dangast), der Rhabarberkuchen ist Kult! ■ S. 106

Zur Schleuse (Blockland/Lilienthal), edelstes Restaurant am Wümmedeich. ■ S. 105

Wümmeblick Höftdeich (Blockland), ehrliche, leckere Regionalküche. ■ S. 105

Imbisse/ Schnellrestaurants

Hafencasino – Truckerstop (Überseestadt), Kult-Gaststätte im Hafen. ■ S. 97

Stockhingers Bratwurstglöck'l (Innenstadt/Marktplatz), 1-a-Bratwurst vom Rost. ■ S. 35

Kiefert (Innenstadt/Marktplatz), Currywurst, Krakauer & Co. ■ S. 35

Fischbratküche Höpker (Bremerhaven), frisch und ohne Schnickschnack. ■ S. 117

Phở Việt (Überseestadt), gute Asia-Küche in der ehemaligen Kellogg-Kantine. ■ S. 146

Tandour (Ostertor/Steintor), Erfinder des Rollos. ■ S. 171

Eisläden/Konditoreien/ Cafés

Eis Molin (Bürgerpark, Schwachhausen), seit mehr als 50 Jahren lecker. ■ S. 87

Panciera (Ostertor), hier gibt's grün-weißes Werder-Eis. ■ S. 65

Café im Rilke-Haus (Fischerhude), Kuchen und Torten sind ein Gedicht. ■ S. 105

Raths-Konditorei Stecker (Innenstadt/Marktplatz), Bremische Leckereien am Markt. ■ S. 35

Kaffeemühle am Wall (Innenstadt/Wallanlagen), Kaffeesieren im Grünen. ■ S. 38

Gartelmanns Dielencafé (Blockland), Kuchenspezialitäten am Deich. ■ S. 105

Eiscafé Kaemena (Blockland), feinstes Bio-Eis an der Wümme. ■ S. 105

Verzeichnisse

Bremen im Kasten

Fotoverzeichnis

Alle Fotos von **Sven Bremer** außer: **Bremer Touristik Zentrale (BTZ):** S. 20, 95, 102, 134, 138, 142, 157 | **Bremer Touristik Zentrale (BTZ) / Silke Krause:** S. 14 | **Deutsches Auswandererhaus / Stefan Volk:** S. 111 | **Deutsches Schifffahrtsmuseum:** S. 113 | **Henning Anger:** S. 2 | **Klimahaus Bremerhaven:** S. 110, 169 | **Lennart Henze:** S. 60, 67, 68, 71, 151 | **Sternkultur:** S. 61 | **Universum Bremen:** S. 84, 144 | **Uwe Faust:** S. 46 | **www.babovic.de:** S. 22, 129

Vielen Dank!

Ich danke einmal mehr meinem Haus- und Hoflektor Peter fürs Lesen und die bisweilen kritischen Anmerkungen. Und ich danke Hilde und Lotti sowieso und dafür, dass es sie gibt.

Ganz großer Dank geht an Henning (so viele Elbe-Weser-Teller kann ich dir gar nicht spendieren) und an Ute, Karsten, Michael, Carmen und Judit aus dem Verlag. Und Dank an all jene, die mir Fotos und anderes Material zur Verfügung gestellt haben – und an alle, die ich vergessen haben könnte.

Was haben Sie entdeckt?

Haben Sie ein besonderes Restaurant, ein neues Museum oder ein nettes Hotel entdeckt? Wenn Sie Ergänzungen, Verbesserungen oder Tipps zum Buch haben, lassen Sie es uns bitte wissen!

Schreiben Sie an: Sven Bremer, Stichwort „Bremen" |
c/o Michael Müller Verlag GmbH | Gerberei 19, D – 91054 Erlangen |
sven.bremer@michael-mueller-verlag.de

▼ Kartenausschnitte im Buch

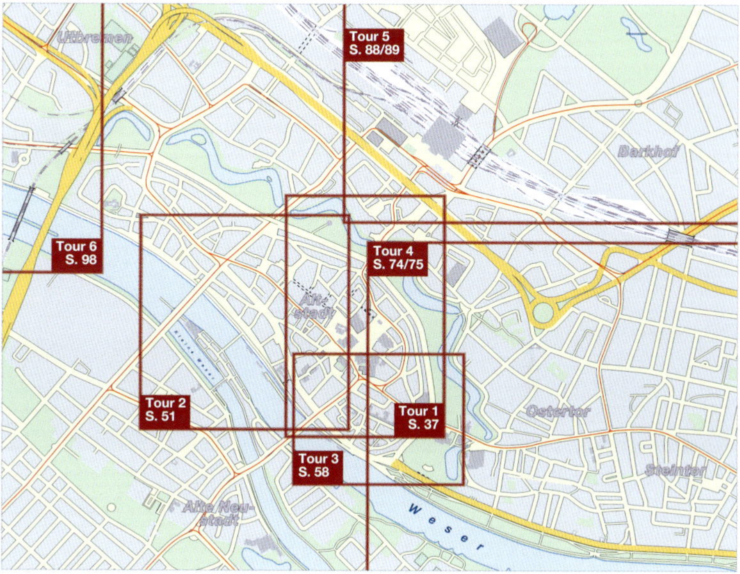

Kartenverzeichnis und Zeichenerklärung

Autobahn
Hauptverkehrs-/Nebenstraße
Bahnlinie
Straßenbahn
Fährlinie
Bebaute Fläche
Gebäude
Grünfläche
Gewässer
Rundgang Anfang/Ende
Information
Museum, Theater
Sehenswürdigkeit
Information
Denkmal, Brunnen
Parkplatz/Parkhaus
S-/Straßenbahn
Krankenhaus

Historischer Moorhof bei Augustendorf

Impressum

Text und Recherche: Sven Bremer | **Lektorat:** Carmen Wurm, Ute Fuchs (Überarbeitung) | **Redaktion:** Ute Fuchs | **Layout:** D&M Services GmbH: Jana Dillner, Claudia Hutter, Julia Lüssow | **Karten:** Hans-Joachim Bode, Theresa Flenger, Judit Ladik, Markus Lambracht, Tobias Schneider | **Herausnehmbare Karte:** Hans-Joachim Bode | **Fotos:** s. Fotoverzeichnis S. 172 | **Covergestaltung:** Karl Serwotka | **Innentitel:** Molenfeuer Überseehafen Süd | **Covermotive:** vorne: Schnoorviertel © mauritius images / Reinhard Eisele; hinten: Bremerhaven © Sven Bremer.

ISBN 978-3-95654-983-0

 Druck: Livonia Print, Riga.

Newsletter

Aktuelle Infos zu unseren Titeln, Hintergrundgeschichten zu unseren Reisezielen sowie brandneue Tipps erhalten Sie in unserem regelmäßig erscheinenden Newsletter, den Sie im Internet unter **www.michael-mueller-verlag.de** kostenlos abonnieren können.

Abruzzen ■ Ägypten ■ Albanien ■ Algarve ■ Algarve ■ Allgäu ■ Altmühltal & Fränk. Seenland ■ Amsterdam ■ Andalusien ■ Andalusien ■ Apulien ■ Australien – Der Osten ■ Azoren ■ Bali & Lombok ■ Barcelona ■ Bayerischer Wald ■ Berchtesgadener Land ■ Berlin ■ Bodensee ■ Bornholm ■ Bremen mit Bremerhaven ■ Bretagne ■ Brüssel ■ Budapest ■ Chalkidiki ■ Chiemgauer Alpen ■ Chios ■ Cilento ■ Comer See ■ Cornwall & Devon ■ Costa Brava ■ Costa de la Luz ■ Costa Rica ■ Côte d'Azur – Alpes Maritimes ■ Cuba ■ Dolomiten ■ Dolomiten ■ Dominikanische Republik ■ Dresden ■ Dublin ■ Düsseldorf ■ Ecuador ■ Eifel ■ Elba und der Toskanische Archipel ■ Elsass ■ Elsass ■ Fehmarn ■ Florenz & Chianti ■ Föhr & Amrum ■ Franken ■ Fränkische Schweiz ■ Fränkische Schweiz ■ Friaul-Julisch Venetien ■ Fuerteventura ■ Gardasee ■ Gardasee ■ Golf von Neapel ■ Gomera ■ Gran Canaria ■ Graubünden ■ Hamburg ■ Harz ■ Haute-Provence ■ Ibiza & Formentera ■ Irland ■ Island ■ Istanbul ■ Istrien ■ Kalabrien & Basilikata ■ Kanada – der Westen mit Südost-Alaska ■ Karpathos ■ Kärnten ■ Katalonien ■ Kefalonia & Ithaka ■ Köln ■ Kopenhagen ■ Korfu ■ Korsika ■ Korsika Fernwanderwege ■ Korsika ■ Kos ■ Krakau ■ Kreta ■ Kreta ■ Kroatische Inseln & Küstenstädte ■ Kvarner-Bucht – Zentralkroatien, Zagreb ■ Kykladen ■ Lago Maggiore ■ Lago Maggiore ■ La Palma ■ La Palma ■ Languedoc-Roussillon ■ Lanzarote ■ Latium mit Rom ■ Lesbos ■ Ligurien – Italienische Riviera, Genua, Cinque Terre ■ Ligurien ■ Limnos ■ Limousin & Auvergne ■ Liparische Inseln ■ Lissabon & Costa de Lisboa ■ Lissabon ■ London ■ Lübeck inkl. Travemünde ■ Madeira ■ Madeira ■ Madrid ■ Mailand ■ Mainfranken ■ Mainz ■ Mallorca ■ Mallorca ■ Malta, Gozo, Comino ■ Marken ■ Marseille ■ Mecklenburgische Seenplatte ■ Mecklenburg-Vorpommern ■ Menorca ■ Midi-Pyrénées ■ Mittel- und Süddalmatien ■ Montenegro ■ Moskau ■ München ■ Münchner Ausflugsberge ■ Naxos ■ Neuseeland ■ New York ■ Niederlande ■ Nord- u. Mittelengland ■ Nord- u. Mittelgriechenland ■ Norddalmatien ■ Norderney ■ Nördliche Sporaden – Skiathos, Skopelos, Alonnisos, Skyros ■ Nordportugal ■ Nordspanien ■ Normandie ■ Norwegen ■ Nürnberg, Fürth, Erlangen ■ Oberbayerische Seen ■ Oberitalien ■ Oberitalienische Seen ■ Odenwald mit Bergstraße, Darmstadt & Heidelberg ■ Ostfriesland – Ostfriesische Inseln ■ Ostseeküste – Mecklenburg-Vorpommern ■ Ostseeküste – von Lübeck bis Kiel ■ Paris ■ Peloponnes ■ Pfalz ■ Pfälzerwald ■ Piemont & Aostatal ■ Piemont ■ Polnische Ostseeküste ■ Porto ■ Portugal ■ Prag ■ Provence & Côte d'Azur ■ Provence ■ Rhodos ■ Rom ■ Rügen, Stralsund, Hiddensee ■ Rumänien ■ Rund um Meran ■ Sächsische Schweiz ■ Salzburg & Salzkammergut ■ Samos ■ Santorini ■ Sardinien ■ Sardinien ■ Schottland ■ Schwäbische Alb ■ Schwarzwald Mitte/Nord ■ Shanghai ■ Sizilien ■ Sizilien ■ Slowakei ■ Slowenien ■ Span. Jakobsweg ■ Sri Lanka ■ St. Petersburg ■ Steiermark ■ Stockholm ■ Straßburg ■ Südböhmen – Böhmerwald ■ Südengland ■ Südfrankreich ■ Südnorwegen ■ Südschwarzwald ■ Südschweden ■ Südtirol ■ Südtoscana ■ Südwestfrankreich ■ Sylt ■ Tallinn ■ Teneriffa ■ Teneriffa ■ Tessin ■ Thailand – der Norden ■ Thassos & Samothraki ■ Thüringen ■ Toscana ■ Toscana ■ Tschechien ■ Türkei ■ Türkei – Lykische Küste ■ Türkei – Mittelmeerküste ■ Türkei – Südägäis ■ Türkische Riviera – Kappadokien ■ Umbrien ■ USA – Südwesten ■ Usedom ■ Varadero & Havanna ■ Venedig ■ Venetien ■ Wachau, Wald- u. Weinviertel ■ Wales ■ Warschau ■ Westböhmen & Bäderdreieck ■ Wien ■ Zakynthos ■ Zypern

Reisehandbuch **MM-City** **MM-Wandern**

Register

Die in Klammern gesetzten Koordinaten verweisen auf die herausnehmbare Bremen-Karte.

Traditioneller Torfkahn auf der Hamme

Was haben Sie entdeckt?

Haben Sie ein besonderes Restaurant, ein neues Museum oder ein nettes Hotel entdeckt?

Wenn Sie Ergänzungen, Verbesserungen oder Tipps zum Buch haben, lassen Sie es uns bitte wissen!

Schreiben Sie an: Sven Bremer, Stichwort „Bremen" | c/o Michael Müller Verlag GmbH | Gerberei 19, D – 91054 Erlangen | sven.bremer@michael-mueller-verlag.de

BREMERHAVEN
MEER ERLEBEN!
SEESTADT BREMERHAVEN:
PERSPEKTIVWECHSEL TUT GUT!
MIT ABSTAND DEINE BESTE ZEIT.
ENTDECKE UNSERE WISSENS- UND
ERLEBNISWELTEN.
ERLEBNIS
BREMERHAVEN
www.bremerhaven.de

Unsere App zum Buch – unser Buch mit App

+ mmtravel® App

Diesen Städteführer besitzen Sie nicht nur auf Papier. Bei Ihrem Cityguide des Michael Müller Verlags ist die App **mmtravel**® inklusive.

Die App **mmtravel**® ...

... **ist ein echter, vollständiger Offline-Reiseführer:** alle Texte, alle Bilder und alle Karten – kompakt auf Ihrem Handy oder Tablet

... **besitzt auch offline alle digitalen Benefits:** Suchfunktion, Verlinkung von Text und Karte, eigene Favoriten und Kommentare

... **gestaltet den Städte-Trip nach Ihrem Geschmack und Ihren Interessen:** Die intuitive Filterfunktion hilft bei der Planung und vor Ort

... **enthält ausführlicher kommentierte Adressen (POIs) als andere Reise-Apps:** Sie können sogar nach „vegetarisch“, „hip“, „am Wasser“ oder „gratis“ auswählen

... **unterstützt Sie mit GPS:** Sie sehen, wo Sie sind, Ihre ausgewählte Tour und alle Tipps in der Nähe

Ihren Freischaltcode finden Sie im Umschlag

Noch mehr Service – gratis auf **www.mmtravel.com**

Auf mmtravel.com richten Sie sich Ihr Benutzerkonto ein. Die Seite macht aber noch mehr für Sie:

- Hier finden Sie Updates für Ihren Cityguide.
- Lust auf mehr Metropolen? Die Sneak-Preview zu allen Städteführern aus unserem Programm: die Stadtpläne mit sämtlichen POIs (Points of Interest) in Kurzform.